“十四五”时期水利类专业重点建设教材
高等职业教育系列教材

基础工程施工

庞崇安　主　编
周晓龙　刘建邦　张　炜　副主编
朱兆平　主　审

中国建筑工业出版社

图书在版编目（CIP）数据

基础工程施工 / 庞崇安主编；周晓龙，刘建邦，张炜副主编. — 北京：中国建筑工业出版社，2024.8

“十四五”时期水利类专业重点建设教材 高等职业教育系列教材

ISBN 978-7-112-29818-1

Ⅰ.①基… Ⅱ.①庞… ②周… ③刘… ④张… Ⅲ.①基础施工-高等职业教育-教材 Ⅳ.①TU753

中国国家版本馆CIP数据核字（2024）第087630号

本书为“十四五”时期水利类专业重点建设教材之一，依据国家职业教育教学标准和国家现行规范编写。教材以工作过程为导向，设置了岩土工程勘察、土方工程施工、基坑工程施工、浅基础施工、桩基础施工、软弱地基处理等六个单元。与线上教学平台配套，通过二维码链接线上资源。线上资源包括教学课件、教学视频、习题库、施工视频（动画）、规范文本等，可以开展线上线下混合式教学。

每个单元均设置了教学目标、教学要求和单元小结，方便读者学习。在单元开头以工程案例引入，针对重点难点以“特别提示”形式突出，在单元后面设置线上线下的练习方便读者自测。

本书可作为高等职业院校建筑工程技术、建设工程管理、建筑工程监理、水利水电建筑工程等专业的教学用书，也可作为自学考试、成人高等教育和在职工程技术人员的培训教材和自学用书，还可作为各类施工员、建造师等职业资格考试人员的参考用书。

为更好地支持本课程的教学，我们向使用本书的教师免费提供教学课件，有需要请与出版社联系，索要方式为：1. 邮箱 jckj@cabp.com.cn；2. 电话（010）58337285；3. 建工书院 http://edu.cabplink.com。

责任编辑：刘平平

责任校对：芦欣甜

“十四五”时期水利类专业重点建设教材
高等职业教育系列教材

基础工程施工

庞崇安 主 编

周晓龙 刘建邦 张 炜 副主编

朱兆平 主 审

*

中国建筑工业出版社出版、发行（北京海淀三里河路9号）

各地新华书店、建筑书店经销

北京科地亚盟排版公司制版

北京圣夫亚美印刷有限公司印刷

*

开本：787毫米×1092毫米 1/16 印张：13¾ 字数：342千字

2024年7月第一版 2024年7月第一次印刷

定价：**48.00**元（赠教师课件）

ISBN 978-7-112-29818-1

（42192）

前　　言

基础工程施工是高等职业教育土建类专业核心课程之一。课程贯彻建设行业标准，对接新标准、新规范、新技术、新方法，初步培养作业现场基本的管理与控制能力，为学生毕业后从事施工员、质量员等岗位技术工作打下坚实的职业和素质能力基础，也为学生中长期职业适应性、考取建造师职业资格证书、成为项目经理作好准备。本书是"十四五"时期水利类专业重点建设教材之一，依据国家职业教育教学标准和国家现行规范编写。教材以工作过程为导向，设置了岩土工程勘察、土方工程施工、基坑工程施工、浅基础施工、桩基础施工、软弱地基处理等六个单元。与线上教学平台配套，通过二维码链接线上资源。线上资源包括教学课件、教学视频、习题库、施工视频（动画）、规范文本等，可以开展线上线下混合式教学。

本书由浙江同济科技职业学院庞崇安担任主编，杭州科技职业学院周晓龙、山西水利职业技术学院刘建邦、浙江同济科技职业学院张炜担任副主编，浙江同济科技职业学院黄海荣、项鹏飞、浙大城市学院王震、浙江省工程物探勘察设计院有限公司姬耀斌参编。具体编写分工：庞崇安编写单元1、3、4，周晓龙编写单元2，黄海荣、项鹏飞、刘建邦编写单元5，张炜编写单元6。王震、姬耀斌编写本书的工程案例，并制作了多媒体素材。

浙江同济科技职业学院朱兆平担任本书的主审，他对本书作了认真细致的审阅，提出了很多宝贵意见。本书在编写过程中得到中国建筑工业出版社相关人员的大力支持，在此一并表示感谢。

由于编者水平所限，书中难免存在疏漏和不足之处，欢迎使用本教材的师生和广大读者批评指正。

目　录

单元 1 岩土工程勘察

【教学目标】

土木工程设计、施工和监理的技术人员，应对岩土工程勘察的任务、内容和方法有所掌握，以便向勘察单位正确地提出勘察任务的技术要求。学生在学习本章内容后，能够熟练阅读并理解、全面分析和正确应用岩土工程勘察资料；了解土的组成、物理力学性质和鉴别方法，为地基和基础工程施工做好准备。

【教学要求】

能力目标	知识要点	权重	自测分数
会阅读工程地质勘察报告，并运用勘察报告结果提出地基与基础设计方案的初步建议	能熟练陈述岩土工程勘察的任务、内容和方法	50%	
能根据工程地质勘察报告指导土方工程施工。根据地下水位埋藏条件判断地下水类别，以便为土方施工时制定合理的降水方案做准备	掌握基础埋深、地基持力层和地下水类别等概念	20%	
能通过室内土工试验测定土的物理性质指标，并应用土工试验结果判断土的种类、名称及土的分类	掌握土的工程分类、物理性质和力学性质	30%	

案例导入

拟在某市兴建一个医院项目，地下2层，地上为4～11层多高层组合的建筑，其中2栋11层，1栋10层和2栋4层裙房。该项目结构类型多样，包括了现浇钢筋混凝土框架剪力墙结构、钢与混凝土组合的混合结构、多层钢筋混凝土框架结构。地质情况大致如下：上部15～24m厚为黏土、粉质黏土层，下伏基岩为角砾岩，局部为泥质粉砂岩。地下水为松散岩类孔隙潜水和基岩裂隙水；场地潜水水位埋深0.20～1.65m，水位标高2.26～3.64m。东南西北周围环境不同，有已建道路、规划道路和空地。

天然地基浅基础持力层适合这个项目吗？若不适合，可选择什么样的基础类型？基坑开挖深度范围内会遇到哪些土层呢？周围环境对基坑支护方案的选择有没有影响？

1.1 阅读岩土工程勘察报告

1.1.1 工程地质勘察的目的与任务

1. 工程地质勘察的目的

工程地质勘察的目的是使用各种勘察手段和方法，调查研究和分析评价建筑场地和地基的工程地质条件，分析存在的地质问题，为设计和施工提供所需的工程地质资料。从而可以充分利用有利的自然和地质条件，避开或改造不利的地质因素，保证工程建筑物的安全稳定、经济合理和正常使用。

2. 工程地质勘察的任务

工程地质勘察的任务主要有下列几个方面：

（1）查明工程建筑地区的工程地质条件，阐明其特征、成因和控制因素，并指出其有利和不利的方面。

（2）分析研究与工程建筑有关的工程地质问题，做出定性和定量的评价，为建筑物的设计和施工提供可靠的地质资料。

（3）选择工程地质条件相对优越的建筑场地。建筑场地的选择和确定对安全稳定、经济效益影响很大，有时是工程成败的关键所在。在选址或选线工作中要考虑许多方面的因素，但工程地质条件常是重要因素之一，选择有利的工程地质条件，避开不利条件，可以降低工程造价，保证工程安全。

（4）配合工程建筑的设计与施工，根据地质条件提出建筑物类型、结构、规模和施工方法的建议。建筑物应适应场地的工程地质条件，施工方法和施工方案也与地质条件有关。

（5）提出改善和防治不良地质条件的措施和建议。任何一个建筑场地或工程线路，从地质条件方面来看都不会是十全十美的，但从工程措施角度来看几乎任何不良地质条件都是能克服的，场地选完之后，必然要制定改善和防治不良地质条件的措施。只有在了解不良地质条件的性质、范围和严重程度后才能拟定出合适的措施方案。

（6）预测工程兴建后对地质环境造成的影响，制定保护地质环境的措施。大型工程的兴建常改变或形成新的地质营力，因而可以引起一系列不良的环境地质问题，如开挖边坡引起滑坡、崩塌；矿产或地下水的开采引起地面沉降或塌陷；水库引起浸没、坍岸或诱发地震等，所以保护地质环境也是工程地质勘察的一项重要任务。

1.1.2 房屋建筑勘察的内容

1. 岩土工程勘察的等级划分

岩土工程勘察等级划分是根据工程重要性等级、场地复杂程度等级和地基复杂程度等级综合分析确定。“岩土工程勘察规范”将岩土工程勘察分为甲级、乙级和丙级三个等级。

（1）工程重要性等级是根据工程的规模和特征，以及由于岩土工程问题造成工程破坏或影响使用的后果，分为三级：

一级工程：重要工程，后果很严重；

二级工程：一般工程，后果严重；

三级工程：次要工程，后果不严重。

（2）场地等级根据场地复杂程度分为三个等级（表 1-1），一级场地为复杂场地；二级场地为中等复杂场地；三级场地为简单场地。

场地等级（复杂程度）划分表　　表 1-1

场地等级	特征条件	条件满足方式
一级场地（复杂场地）	对建筑抗震危险的地段	满足其中一条及以上者
	不良地质作用强烈发育	
	地质环境已经或可能受到强烈破坏	
	地形地貌复杂	
	有影响工程的多层地下水、岩溶裂隙水或其他复杂的水文地质条件，需专门研究的场地	
二级场地（中等复杂场地）	对建筑抗震不利的地段	满足其中一条及以上者
	不良地质作用一般发育，地质环境已经或可能受到一般破坏	
	地形地貌较复杂	
	基础位于地下水位的场地	
三级场地（简单场地）	抗震设防烈度小于或等于 6 度，或对建筑抗震有利的地段	满足全部条件
	不良地质作用不发育	
	地质环境基本未受破坏	
	地形地貌简单	
	地下水对工程无影响	

（3）地基等级根据地基复杂程度分为三个等级（表 1-2），一级地基为复杂地基；二级地基为中等复杂地基；三级地基为简单地基。

地基等级（复杂程度）划分表　　表 1-2

等级	特征条件	条件满足方式
一级地基（复杂地基）	岩土种类多，很不均匀，性质变化大，需特殊处理	满足其中一条及以上者
	多年冻土，严重湿陷、膨胀、盐渍、污染的特殊性岩土，以及其他情况复杂，需作专门处理的岩土	
二级地基（中等复杂地基）	岩土种类较多，不均匀，性质变化较大	满足其中一条及以上者
	除一级地基中规定的其他特殊性岩土	
二级地基（简单地基）	岩土种类单一，均匀，性质变化不大	满足全部条件
	无特殊性岩土	

知识拓展

所以岩土工程勘察按下列条件划分为甲级、乙级和丙级：

1）甲级：在工程重要性、场地复杂程度和地基复杂程度中，有一项或多项为一级者定为甲级；

2）乙级：除勘察等级为甲级和丙级外的勘察项目（建筑在岩质地基上的一级工程，当场地复杂程度等级和地基复杂程度等级均为三级时，岩土工程勘察等级可定为乙级）；

3）丙级：工程重要性、场地复杂程度和地基复杂程度等级均为三级者定为丙级。

特别提示

·例如对重要工程、地形地貌复杂和岩土很不均匀的地基为甲级勘察；对次要工程、地形地貌简单和岩土种类单一、均匀的为丙级勘察。

·通过勘察等级划分，有利于对岩土工程勘察各个工作环节按等级区别对待。确定各个勘察阶段中的工作内容和方法，确保工程质量和安全。

2. 岩土工程勘察的阶段划分

项目建设单位以勘察委托书的形式向勘察单位提供工程的建设程序、工程的功能特点、结构类型、建筑物层数和使用要求、是否设有地下室以及地基变形限制等方面的资料。勘察单位根据勘察委托书确定勘察阶段、勘察的内容和深度、工程设计参数并提出建筑地基基础设计与施工方案的建议。

为了对应建筑工程设计各阶段所需的工程地质资料，勘察工作也相应的分为可行性研究勘察、初步勘察、详细勘察和施工勘察四个阶段，如表 1-3 所示。

岩土工程勘察阶段　　表 1-3

岩土工程勘察阶段	勘察基本要求
可行性研究勘察（选址勘察）	符合选择场址方案的要求，对拟建场地的稳定性和适宜性作出评价
初步勘察	符合初步设计的要求，对场地内拟建建筑地段的稳定性作出评价
详细勘察（地基勘察）	符合施工图设计的要求；对单体建筑或建筑群提出详细的岩土工程资料和设计、施工所需的岩土参数，对建筑地基作出岩土工程评价，并对地基类型、基础形式、地基处理、基坑支护、工程降水和不良地质作用的防治等提出建议
施工勘察	对场地条件复杂或有特殊要求的工程，作出工程安全性评价和处理措施及建议

3. 工程地质勘探的方法

勘探工作包括物探、钻探和坑探等各种方法。它是被用来调查地下地质情况的；并且可利用勘探工程取样进行原位测试和监测。应根据勘察目的及岩土的特性选用上述各种勘探方法。主要有坑（槽）探、钻探、地球物理勘探等方法。

（1）坑（槽）探

坑（槽）探就是在建筑场地用人工或机械方式进行挖掘坑、槽、井、洞，直接观察岩土层的天然状态以及各地层的地质结构，并能取出接近实际的原状结构土样的一种方法。坑探是在钻探方法难以准确查明地下情况时，采用探井、探槽进行勘探。

特别提示（表 1-4）

坑（槽）探方法的特点与适用条件　　表 1-4

名称	特点	适用条件
探槽	在地表深度小于 3～5m 的长条形槽子	剥除地表覆土，揭露基岩，划分地层岩性，研究断层破碎带；探查残坡积层的厚度和物质、结构
探坑	从地表向下，铅直的、深度小于 3～5m 的圆形或方形小坑	局部剥除覆土，揭露基岩；作载荷试验、渗水试验，取原状土样
浅井	从地表向下，铅直的、深度 5～15m 的圆形或方形井	确定覆盖层及风化层的岩性及厚度；作载荷试验，取原状土样

续表

名称	特点	适用条件
竖井（斜井）	形状与浅井相同，但深度大于 15m，有时需支护	了解覆盖层的厚度和性质，作风化壳分带、软弱夹层分布、断层破碎带及岩溶发育情况、滑坡体结构及滑动面等；布置在地形较平缓、岩层又较缓倾的地段

（2）钻探

钻探是用钻机在地层中钻孔，以鉴别和划分地表下地层，沿孔深分层取样的一种勘探方法。钻探和坑探也称勘探工程，均是直接勘探手段，能可靠地了解地下地质情况，在工程勘察中是必不可少的。

（3）地球物理勘探

地球物理勘探简称物探，它是通过研究和观测各种地球物理场的变化来探测地层岩性、地质构造等地质条件的。物探是一种间接的勘探手段，它的优点是较之钻探和坑探轻便、经济而迅速，能够及时解决工程地质测绘中难于推断而又亟待了解的地下地质情况。它又可作为钻探和坑探的先行或辅助手段。常用的地球物探方法有直流电勘探、交流电勘探、重力勘探、磁法勘探、地震勘探、声波勘探、放射性勘探。

1.1.3　工程地质勘察报告

岩土工程勘察报告书一般由文字、图表和附件部分组成。岩土工程勘察报告书应包括下列内容：

（1）拟建工程的概况；

（2）勘察目的、技术要求和依据的技术标准；

（3）勘察方法和勘察工作量布置及其完成情况；

（4）场地地形、地貌、地质构造及稳定性评价；

（5）场地工程地质、水文地质条件；

（6）不良地质作用及其对场地或工程的影响和防治建议；

（7）岩土的工程特性指标及工程性能评价；

（8）地震基本烈度等于或大于 6 度时，应进行场地地震效应评价；

（9）各类工程的岩土工程分析、评价；

（10）环境工程地质分析评价；

（11）水、土对建筑材料的腐蚀性评价。

1-1 单元1
测验1

报告书基本图表部分应包括下列内容：

（1）勘探点主要数据一览表；

（2）勘探点平面布置图；

（3）工程地质柱状图；

（4）工程地质剖面图；

（5）原位测试成果图表；

（6）室内试验成果图表。

根据工程的性质和要求，报告书尚可附下列图表：

（1）综合工程地质图、水文地质图、构造地质图；

（2）基岩面、地下水位或其他参数的平面或剖面等值线图；

（3）不连续面统计分析图表；

(4) 岩土工程计算分析图表；

(5) 工程要求的其他图表。

勘察报告书可根据需要附下列附件：

(1) 任务委托书或技术要求，重要函电；

(2) 审查会纪要或审查报告；

(3) 各类专题报告等。

结合工程案例，阅读工程地质勘察报告。

【工程案例 1-1】 岩土工程勘察报告

1. 工程地质勘察概述

1) 工程概况

某医院项目建设用地面积约为 134758m²，建筑面积约为 306511m²，其中地上部分 178324m²，地下部分 128187m²。本工程是由地下 2 层（局部有夹层）、地上 4～11 层的多高层组合在一起的医院建筑，其中 2 栋 11 层（层高 57.55m）、1 栋 10 层（层高 53.35m）、2 栋 4 层裙房（层高 22.80m）以及其他 1 层的附属用房。十、十一层的病房楼为现浇钢筋混凝土框架剪力墙结构，十一层的行政楼为钢与混凝土组合的混合结构，属复杂高层建筑，门诊楼及部分小单体为多层钢筋混凝土框架结构，整个医院建筑下设有二层地下室（部分外扩为纯地下室）。高层部分预估单柱最大轴力标准值：行政楼为 17000kN/柱，病房楼为 14000kN/柱。本工程室内地坪设计标高±0.000，相当于 1985 国家高程 6.60m，室外地坪设计标高为 6.20m，抗震设防类别为乙类，拟采用桩基础。

2) 岩土工程勘察等级

根据拟建工程的建筑规模和特征，以及由于岩土工程问题造成工程破坏或影响正常使用的后果，本工程重要性等级为二级；

根据场地的复杂程度，拟建场地属二级场地（中等复杂场地）；

根据场地岩土种类较多、性质变化较大等特征，判定本场地地基等级为二级地基（中等复杂地基）。

本工程重要性等级为二级，场地复杂程度等级为二级，地基复杂程度等级为二级，综合判定本工程的岩土工程勘察等级为乙级。

3) 勘察目的与任务

本次岩土工程勘察的主要目的是通过岩土工程勘察，为拟建工程的地基基础设计提供所需的岩土工程地质依据和设计参数，其主要任务如下：

(1) 查明拟建场地勘探深度范围内工程地质岩土层纵横向的空间分布规律、地基各岩土层的类型、深度、工程特征，分析评价地基土的稳定性、均匀性；

(2) 查明不良地质作用的类型、成因、分布范围、发展趋势和危害程度，提出整治方案的建议；

(3) 查明埋藏的暗河、沟浜、防空洞、孤石等对工程不利的埋藏物，并提出处理方案；

(4) 提供各岩土层的物理力学性质指标及承载力特征值和变形计算参数，建议并评价地基基础方案；

(5) 查明拟建场地地下水类型、埋藏深度和变化幅度，并判定水和土对建筑材料的腐蚀性；

(6) 判定场地土类型和建筑场地类别，对建筑抗震有利、一般、不利和危险地段进行划分，为建筑抗震设计提供依据；

（7）提供桩基设计所需的岩土技术参数，提出适宜的桩型及桩端持力层建议，估算单桩竖向承载力特征值，分析桩基础施工中可能出现的岩土工程问题及相应的处理措施建议；

（8）提供基坑围护设计所需的岩土工程计算参数，并就基坑围护措施、降水方案、监测工作及施工开挖时应注意事项等提出建议。

4）勘察依据及所执行的主要技术规范、标准

根据上述勘察要求及本工程特点，本次勘察执行现行规范、规程和标准，主要技术标准有：

（1）国家标准

①《岩土工程勘察规范》（2009年版）GB 50021—2001；

②《建筑地基基础设计规范》GB 50007—2011；

③《建筑抗震设计规范》GB 50011—2010；

④《中国地震动参数区划图》GB 18306—2015；

⑤《土工试验方法标准》GB/T 50123—2019；

⑥《岩土工程勘察安全标准》GB/T 50585—2019；

⑦《工程测量标准》GB 50026—2020。

（2）行业标准

①《建筑基坑支护技术规程》JGJ 120—2012；

②《建筑桩基技术规范》JGJ 94—2008；

③《建筑工程地质勘探与取样技术规程》JGJ/T 87—2012；

④《建筑地基处理技术规范》JGJ 79—2012；

⑤《高层建筑岩土工程勘察标准》JGJ 72—2017；

⑥《软土地区工程地质勘察规范》JGJ 83—2011；

⑦《浅层地震勘查技术规范》DZ/T 0170—2020。

（3）地方标准

①《建筑地基基础设计规范》DB 33/T 1136—2017；

②《浙江省岩土工程勘察文件编制标准》DB J10-5-98；

③《工程建设岩土工程勘察规范》DB 33/T 1065—2019；

④《建筑基坑工程技术规程》DB 33/T1096—2014。

（4）其他

① 设计单位提供的拟建建筑总平面图（1∶1000）；

②《房屋建筑和市政基础设施工程勘察文件编制深度规定》（2010年度）；

③ 其他相关的规范及规程。

5）勘察方法和完成工作量

本工程勘察根据区域地质资料及我院在该场区附近的勘察成果，结合拟建建筑物规模特征及场地施工条件，采用野外钻探、取样（土、岩及水）做室内土工试验、标准贯入试验、重型动力触探及单孔剪切波速测试相结合的勘察手段。

勘探点主要按拟建建筑物周边线、角点及地下室范围线进行布置，本次详细勘察阶段共布置125个机械钻探孔，125个机械钻探孔均采用套管跟进和全孔泥浆护壁钻进，其中取土样钻孔57个（1个兼测波速，1个孔兼取水样）、综合钻孔4个（4个取样＋标贯＋动

探)、标贯＋动探孔 17 个、重型动力触探孔 11 个、波速测试孔 2 个，鉴别孔 33 个，取水孔 1 个。勘探点类型以及位置详见“勘探点平面位置图（图 1-1）”。

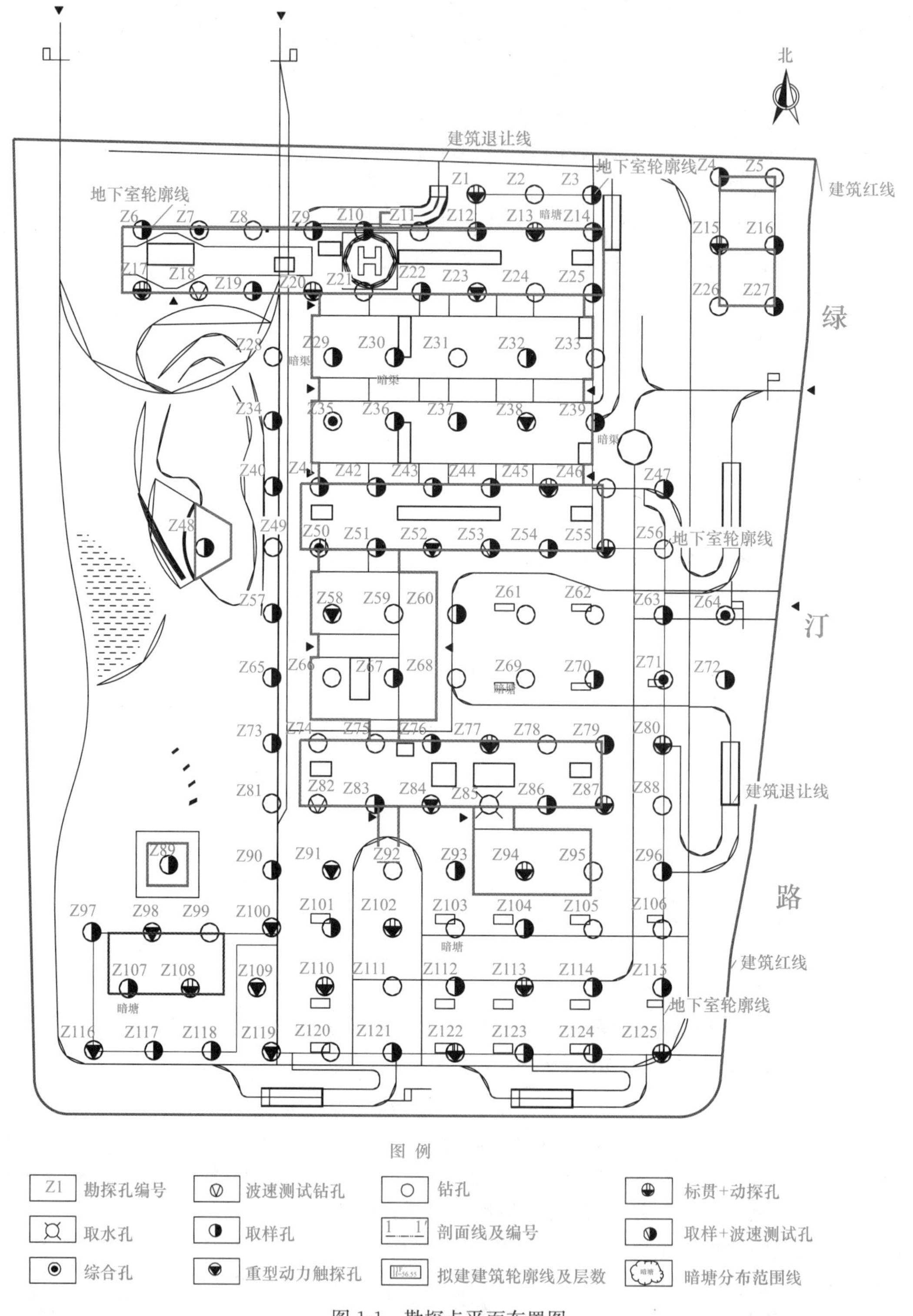

图 1-1 勘探点平面布置图

本次勘察安排8台XY-1型钻机进场施工，野外勘探工作分别于201×年8月21日～201×年8月25日以及201×年10月9日～201×年10月21日期间进行，历时18天。

2. 场地工程地质条件

1）场地地基岩土层的构成和特征

根据外业勘探、室内土工试验成果，结合场地土成因类型，场地勘探深度内范围内岩土层可划分为5个工程地质层，细分为15个工程地质亚层，各岩土层的空间分布详见工程地质剖面图（图1-2和图1-3），岩性特征自上而下分述如下。

①$_1$层杂填土：色杂，松散，主要由建筑垃圾、碎石以及碎砖块等组成，余为黏性土。场地表层局部分布，层顶高程3.09～4.47m，层厚0.50～3.00m。

①$_2$层素填土：灰色，灰黄色，松软，以软塑状黏性土为主，含少量碎石、植物根茎和腐殖质等，底部局部为塘泥。场地表层局部缺失，层顶高程3.08～4.38m，层厚0.30～2.80m。

①$_3$层塘泥：灰黑色为主，软塑～流塑，为原水塘塘泥及回填的淤泥质土，含大量有机质、腐殖质及碎砖等杂物，偶见生活垃圾。场地表层局部分布，层顶高程1.90～2.99m，层厚1.10～1.80m。

②$_1$层黏土：灰黄色，软可塑，局部为硬可塑，含铁锰质斑点，局部具层理，夹粉土薄层，摇振反应无，稍有光泽，干强度及韧性高。本层局部缺失，层顶高程0.98～3.43m，层厚0.20～4.40m。

②$_2$层黏质粉土：灰色、灰黄色，稍密，很湿，含云母碎屑及有机质，局部夹淤泥质土薄层，摇振反应迅速，干强度及韧性低。本层局部分布，层顶高程－0.81～1.96m，

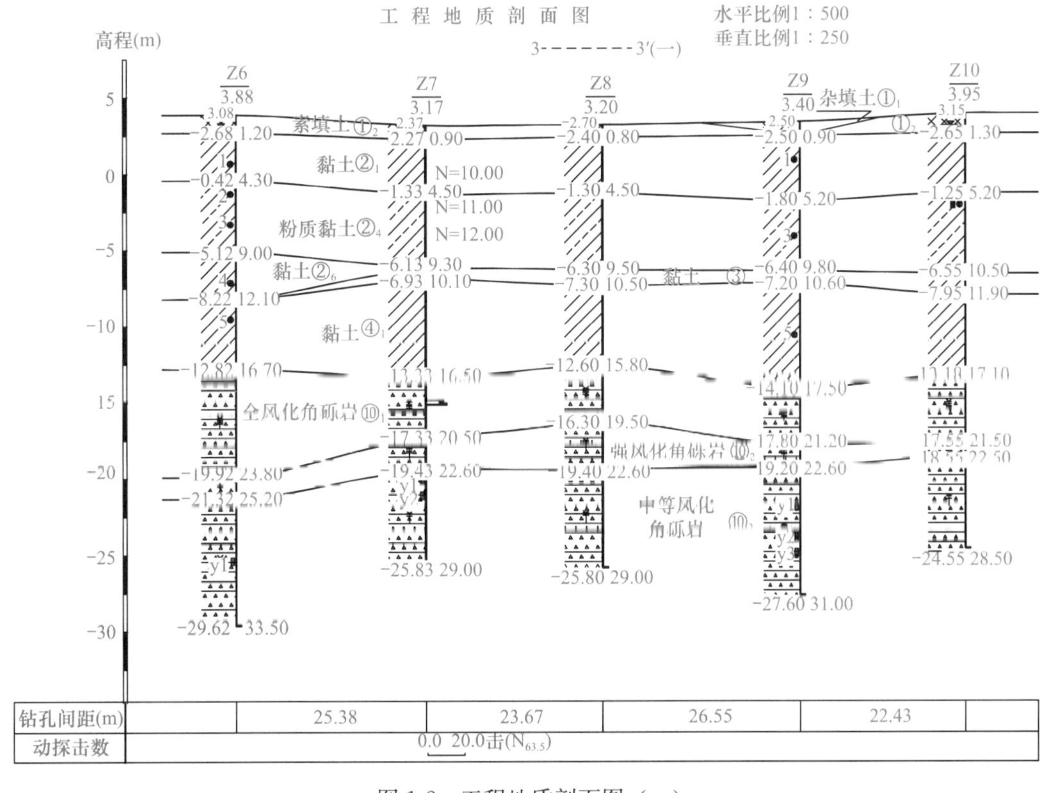

图1-2　工程地质剖面图（一）

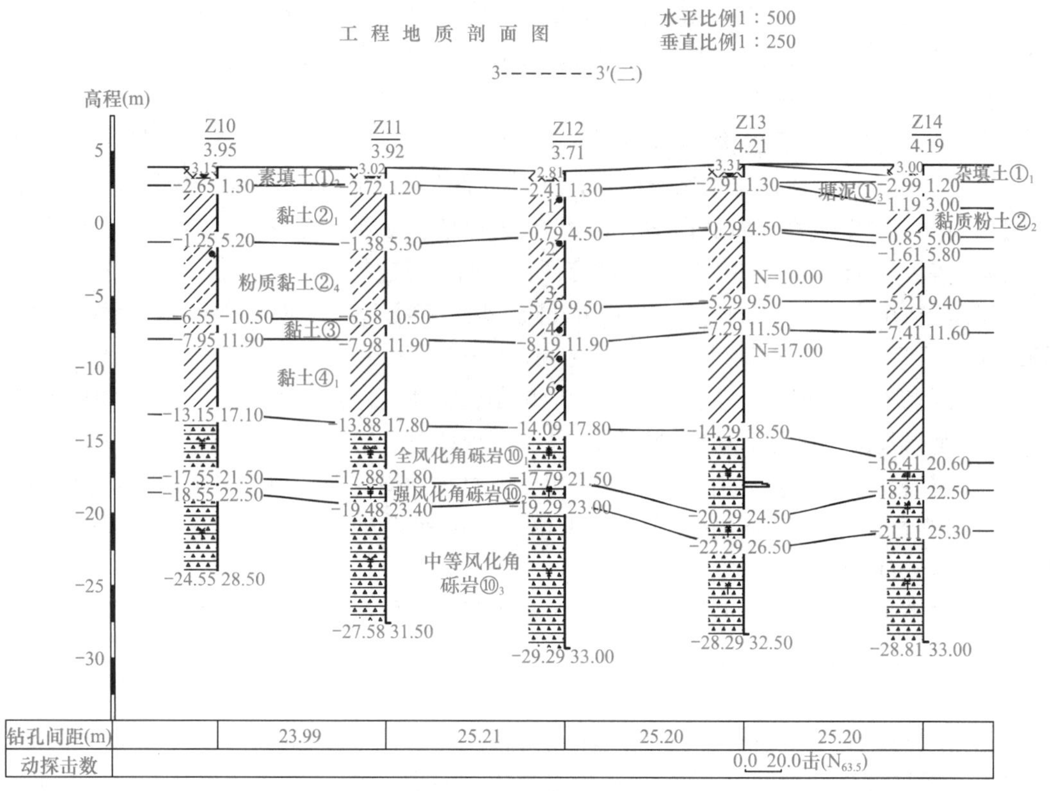

图 1-3 工程地质剖面图（二）

层厚 0.60～3.10m。

②3 层淤泥质粉质黏土：灰色，流塑，含少量有机质及腐殖质，局部夹薄层粉土，摇振反应无，稍有光泽，干强度及韧性中等。本层全场分布，层顶高程－1.14～2.81m，层厚 0.50～5.30m。

②4 层粉质黏土：灰黄色，青灰色，软可塑，含铁锰质斑点，局部具层理，夹粉土薄层，摇振反应无，稍有光泽，干强度及韧性中等。本层局部分布，层顶高程－2.46～1.70m，层厚 0.40～5.30m。

②5 层黏土：灰黄色，褐黄色，硬可塑，含铁锰质斑点及高岭土，局部夹粉土薄层，摇振反应无，稍有光泽，干强度及韧性高。本层局部缺失，层顶高程－6.17～2.20m，层厚 2.10～10.10m。

②6 层黏土：灰黄色，青灰色，浅灰色，软可塑，局部硬可塑，含铁锰质斑点，摇振反应无，稍有光泽，干强度及韧性高。本层局部分布，层顶高程－8.65～－0.40m，层厚 0.70～5.30m。

③ 层黏土：灰色，软塑，局部为流塑状淤泥质黏土，含少量有机质及腐殖质，层底含贝壳碎屑，摇振反应无，干强度及韧性高。本层局部缺失，层顶高程－9.77～－4.93m，层厚 0.60～5.90m。

④1 层黏土：灰黄色、青灰色，褐黄色，硬可塑，含氧化铁斑点及高岭土团块，摇振反应无，稍有光泽，干强度及韧性高。本层局部缺失，层顶高程－12.68～－6.55m，层厚 1.10～12.90m。

④$_2$层粉质黏土：灰黄色，青灰色，浅灰色，硬可塑，含氧化物斑点，局部含砂量较高，为含砂粉质黏土，偶见砾及碎石，摇振反应无，切面粗糙，干强度及韧性中等。本层局部分布，层顶高程−21.87～−10.66m，层厚0.60～5.30m。

⑩$_1$层全风化角砾岩：棕红色，局部为全风化泥质粉砂岩，岩芯风化较强烈，呈砂土状，局部为黏土状。本层局部缺失，层顶高程−24.77～−10.88m，层厚0.60～7.10m。

⑩$_2$层强风化角砾岩：棕红色，局部为强风化泥质粉砂岩，岩芯已风化成碎块状，短柱状，局部含中等风化岩块。本层全场分布，层顶高程−26.97～−11.90m，层厚0.70～10.90m。

⑩$_3$层中等风化角砾岩：棕红色，含角砾，角砾含量约50%～70%，粒径约2mm，最大粒径达10cm，呈次棱角状，泥质胶结，岩芯呈短柱状，碎块状，局部地段为中等风化泥质粉砂岩，具层状构造、泥质、粉砂质结构，岩芯呈柱状。裂隙不发育，风干后易开裂呈碎块状，浸水有软化现象。锤击声不清脆，较沉闷，较易击碎，浸水后指甲可刻划，干后易开裂，岩体较破碎，天然抗压强度标准值为2.10MPa，属极软岩，岩体基本质量等级为Ⅴ级，岩层钻探揭露无临空面、无洞穴、无软弱夹层。本层未揭穿，最大揭露层厚为14.30m。

场地地层分布及变化情况详见工程地质剖面图（图1-2和图1-3）和代表性钻孔柱状图（图1-4）。

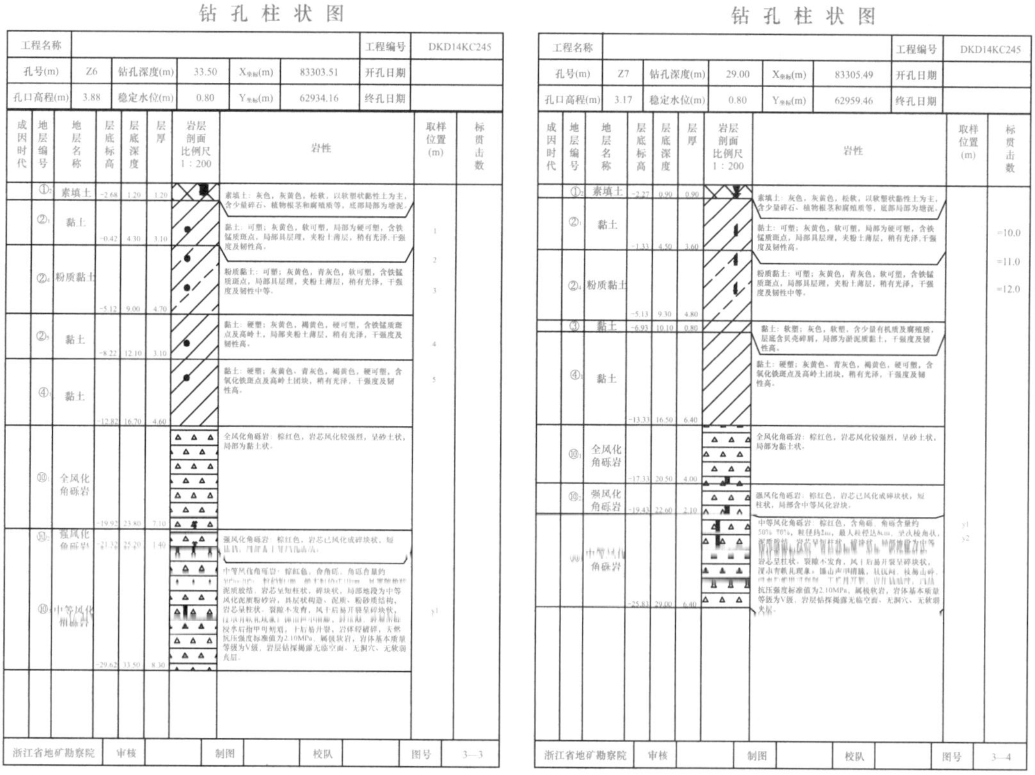

钻孔柱状图

工程名称						工程编号	DKD14KC245
孔号(m)	Z6	钻孔深度(m)	33.50	$X_{坐标}$(m)	83303.51	开孔日期	
孔口高程(m)	3.88	稳定水位(m)	0.80	$Y_{坐标}$(m)	62934.16	终孔日期	

成因时代	地层编号	地层名称	层底标高	层底深度	层厚	岩层剖面比例尺1:200	岩性	取样位置(m)	标贯击数
	①$_2$	素填土	−2.68	1.20	1.20		素填土：灰色，灰黄色，松软，以软塑状黏性土为主，含少量碎石、植物根茎和腐殖质等，底部局部为塘泥。		
	②$_1$	黏土	−0.42	4.30	3.10		黏土：可塑；灰黄色，软可塑，局部为硬可塑，含铁锰质斑点，局部具层理，夹粉土薄层，稍有光泽，干强度及韧性高。	1	
	②$_4$	粉质黏土	−5.12	9.00	4.70		粉质黏土：可塑；灰黄色，青灰色，软可塑，含铁锰质斑点，局部具层理，夹粉土薄层，稍有光泽，干强度及韧性中等。	2 3	
	②$_5$	黏土	−8.22	12.10	3.10		黏土：硬塑；灰黄色，褐黄色，硬可塑，含铁锰质斑点及高岭土，局部夹粉土薄层，稍有光泽，干强度及韧性高。	4	
	④$_1$	黏土	−12.82	16.70	4.60		黏土：硬塑；灰黄色、青灰色，褐黄色，硬可塑，含氧化铁斑点及高岭土团块，稍有光泽，干强度及韧性高。	5	
	⑩$_1$	全风化角砾岩	−19.92	23.80	7.10		全风化角砾岩：棕红色，岩芯风化较强烈，呈砂土状，局部为黏土状。		
	⑩$_2$	强风化角砾岩	−21.32	25.20	1.40		强风化角砾岩：棕红色，岩芯已风化成碎块状，短[illegible]		
	⑩$_3$	中等风化角砾岩	−29.62	33.50	8.30		中等风化角砾岩：棕红色，含角砾，角砾含量约[illegible]，泥质胶结，岩芯呈短柱状，碎块状，局部地段为中等风化泥质粉砂岩，具层状构造、泥质、粉砂质结构，岩芯呈柱状。裂隙不发育，风干后易开裂呈碎块状，[illegible]浸水后指甲可刻划，干后易开裂，岩体较破碎，天然抗压强度标准值为2.10MPa，属极软岩，岩体基本质量等级为Ⅴ级，岩层钻探揭露无临空面、无洞穴、无软弱夹层。	y1	

浙江省地矿勘察院	审核		制图		校队		图号	3—3

钻孔柱状图

工程名称						工程编号	DKD14KC245
孔号(m)	Z7	钻孔深度(m)	29.00	$X_{坐标}$(m)	83305.49	开孔日期	
孔口高程(m)	3.17	稳定水位(m)	0.80	$Y_{坐标}$(m)	62959.46	终孔日期	

成因时代	地层编号	地层名称	层底标高	层底深度	层厚	岩层剖面比例尺1:200	岩性	取样位置(m)	标贯击数
	①$_2$	素填土	−2.27	0.90	0.90		素填土：灰色，灰黄色，松软，以软塑状黏性土为主，含少量碎石、植物根茎和腐殖质等，底部局部为塘泥。		
	②$_1$	黏土	−1.33	4.50	3.60		黏土：可塑；灰黄色，软可塑，局部为硬可塑，含铁锰质斑点，局部具层理，夹粉土薄层，稍有光泽，干强度及韧性高。		=10.0
	②$_4$	粉质黏土	−5.13	9.30	4.80		粉质黏土：可塑；灰黄色，青灰色，软可塑，含铁锰质斑点，局部具层理，夹粉土薄层，稍有光泽，干强度及韧性中等。		=11.0 =12.0
	③	黏土	−6.93	10.10	0.80		黏土：软塑；灰色，软塑，含少量有机质及腐殖质，层底含贝壳碎屑，局部为淤泥质黏土，干强度及韧性高。		
	④$_1$	黏土	−13.33	16.50	6.40		黏土：硬塑；灰黄色、青灰色，褐黄色，硬可塑，含氧化铁斑点及高岭土团块，稍有光泽，干强度及韧性高。		
	⑩$_1$	全风化角砾岩	−17.33	20.50	4.00		全风化角砾岩：棕红色，岩芯风化较强烈，呈砂土状，局部为黏土状。		
	⑩$_2$	强风化角砾岩	−19.43	22.60	2.10		强风化角砾岩：棕红色，岩芯已风化成碎块状，短柱状，局部含中等风化岩块。		
	⑩$_3$	中等风化角砾岩	−25.83	29.00	6.40		中等风化角砾岩：棕红色，含角砾，角砾含量约50%～70%，粒径约[illegible]，最大粒径达[illegible]，呈次棱角状，[illegible]岩芯呈柱状。裂隙不发育，风干后易开裂呈碎块状，浸水有软化现象，锤击声不清脆，较沉闷，较易击碎，[illegible]抗压强度标准值为2.10MPa，属极软岩，岩体基本质量等级为Ⅴ级，岩层钻探揭露无临空面、无洞穴、无软弱夹层。	y1 y2	

浙江省地矿勘察院	审核		制图		校队		图号	3—4

图1-4　钻孔柱状图

2）地基各岩土层的物理力学性质指标及设计参数

按国家标准《岩土工程勘察规范》（2009年版）GB 50021—2001、浙江省标准《建筑地基基础设计规范》DB/T 1136—2017的要求，对各岩土层的物理力学性质指标进行分层统计，统计前剔除个别异常指标，结果详见地基土物理力学指标设计参数一览表（表1-5）。

地基土物理力学指标设计参数表

表 1-5

工程名称：××医院建设项目　　工程编号：DKD14KC245

岩土编号	岩土名称	含水量	土的重度	孔隙比	土的相对密度	液限	塑限	液性指数	塑性指数	压缩系数	压缩模量	粒径范围 20>(mm)	粒径范围 20~2(mm)	粒径范围 2~0.5(mm)	粒径范围 0.5~0.25(mm)	粒径范围 0.25~0.075(mm)	粒径范围 0.075~0.005(mm)	粒径范围 <0.005(mm)	固结快剪 黏聚力	固结快剪 内摩擦角	渗透系数 垂直	渗透系数 水平	天然单轴抗压强度标准值	标贯击数	动探击数	建议值 地基土承载力特征值	建议值 钻孔灌注桩 桩侧阻力特征值	建议值 钻孔灌注桩 桩端阻力特征值	建议值 抗拔系数	岩土编号
		ω_0	γ	e_0	G_s	ω_l	ω_p	I_L	I_P	α_{1-2}	E_{s1-2}								C_C	ϕ_C	k_v	k_h	f_{rk}	$N_{63.5}$	N	f_{ak}	q_{sa}	q_{pa}	λ	
		%	kN/m³	%	/	%	%	%	%	MPa⁻¹	MPa	%	%	%	%	%	%	%	kPa	°	*10⁻⁶ cm/s	*10⁻⁶ cm/s	MPa	击/10cm	击/30cm	kPa	kPa	kPa	/	
①₁	杂填土																													①₁
①₂	素填土																													①₂
①₃	塘泥																													①₃
②₁	黏土	32.4	18.8	0.924	2.73	39.2	21.1	0.63	18.1	0.34	5.9								27.2	17.5	2.00	2.14		8.4		100	12		0.70	②₁
②₂	黏质粉土	30.4	18.9	0.868	2.70					0.14	13.8					4.2	81.8	13.9	9.3	21.2	(500)	(500)		8.0		100	10		0.70	②₂
②₃	淤泥质粉质黏土	47.6	17.1	1.355	2.73	40.6	24.2	1.43	16.4	1.19	2.1								13.2	6.9	0.36	0.25				70	7		0.70	②₃
②₄	粉质黏土	30.5	19.2	0.853	2.73	36.7	21.7	0.59	15.0	0.34	5.6								23.3	18.6	4.43	3.01		10.1		160	14		0.70	②₄
②₅	黏土	28.0	19.6	0.792	2.74	38.4	20.3	0.43	18.1	0.25	7.4								30.2	20.3	2.83	2.51		16.3		170	18		0.70	②₅
②₆	黏土	30.7	19.1	0.869	2.74	38.6	20.4	0.57	18.2	0.32	6.1								29.7	18.5	(2.80)	2.80		11.8		160	16		0.70	②₆
③	黏土	36.0	18.4	1.021	2.73	38.3	21.1	0.88	17.2	0.53	4.2								15.2	9.4	0.38	0.56				90	12		0.70	③
④₁	黏土	25.2	19.8	0.728	2.73	35.8	18.7	0.38	17.1	0.22	7.9								28.5	20.7				17.8		190	22		0.70	④₁
④₂	粉质黏土	23.0	19.9	0.685	2.73	31.6	16.7	0.43	14.9	0.25	7.0								24.8	20.0				13.0		180	18		0.70	④₂
⑩₁	全风化角砾岩	24.6	19.3	0.769	2.73	33.7	18.4	0.41	15.4	0.30	6.3								25.5	20.1					15.5	220	30		0.70	⑩₁
⑩₂	强风化角砾岩																								23.7	350	55		0.70	⑩₂
⑩₃	中等风化角砾岩																						2.10			800	70	2800	0.65	⑩₃

备注：①表中承载力系根据相关规范及地区经验综合分析后提供的建议值而确定；②表中 E_s 值为 100～200kPa 时的值，使用时应根据实际应力状态取值（参考 $e\sim p$ 曲线）；③C、ϕ 值为试验峰值强度，取标准值；④“()”为经验值

浙江省地矿勘察院　　制表：　　校对：　　审核：　　审定：　　日期：2014 年 10 月

各岩土层地基土承载力特征值（f_{ak}）、桩侧土侧阻力特征值（q_{sa}）、桩端土端阻力特征值（q_{pa}）等建议设计参数是根据浙江省标准《建筑地基基础设计规范》DB 33/T 1136—2017、浙江省标准《工程建设岩土工程勘察规范》DB 33/T 1065—2019、国家标准《建筑地基基础设计规范》GB 50007—2011 和行业标准《建筑桩基技术规范》JGJ 94—2008 结合类似工程试桩资料并经综合分析土工试验及原位测试相关成果后综合判断确定，详见表 1-3，其具体数值应以相应载荷试验为准。

3）场地地下水

本场地勘探范围揭露地下水为松散岩类孔隙潜水和基岩裂隙水。

孔隙潜水含水层主要由表部填土及浅部粉质黏土、粉土组成。表部填土因土的性质不均性，其富水性差异性也较大。以黏性土为主的素填土、淤填土，其富水性和透水性均较差；由粗颗粒组成的杂填土，其富水性和透水性均较好，水量较大，主要接受大气降水的竖向渗入补给及地表水体的侧向渗入补给，对基坑施工影响较大。浅层黏性土、粉土属弱透水性土层，其中黏性富水性较差，粉土层富水性一般。勘察期间测得的地下水位埋藏深度大致在 0.20～1.65m，水位标高 2.26～3.64m，由于受到大气降水及地表径流的影响，水位变化较大，根据区域水文地质资料，浅层地下水水位变幅 0.50～2.00m；根据地下水水质资料分析，拟建场地地下水水质属 $HCO_3\cdot Cl\cdot SO_4$—$Ca\cdot Na$ 型，pH 值在 7.20～7.47 之间。本层含水层对基础工程影响主要涉及基坑工程的围护、开挖及降水等。

基岩裂隙水主要赋存于基岩的风化裂隙和构造裂隙中，含水性及透水性差，含水不均匀，无统一地下水位，主要受上部孔隙潜水下渗补给及高处基岩裂隙水补给，以及渗透等形式排泄，动态变化较大，基岩裂隙水水量一般微弱，根据本区域建筑施工经验，基岩裂隙水对本工程基础施工影响一般较小。

根据本次勘探所取潜水水样的水质分析结果，按国家标准《岩土工程勘察规范》（2009 年版）GB 50021—2001 的判定标准，本场地潜水对混凝土结构具微腐蚀性，对钢筋混凝土结构中的钢筋在干湿交替下具微腐蚀性、长期浸水下具微腐蚀性。根据区域水文地质资料及我院周边工程资料，本场地基岩裂隙水对混凝土结构具微腐蚀性，对钢筋混凝土结构中的钢筋具微腐蚀性。由于场地地下水水位埋深较浅，地下水位变化幅度较大，地下水位以上土层受毛细作用影响及雨水渗透影响，与地下水联系密切，故场地浅层土对建筑材料的腐蚀性评价视同地下水对建筑材料的腐蚀性评价。

4）场地和地基地震的效应

根据国标《建筑抗震设计规范》（2016 年版）GB 50011—2010 的有关规定，杭州市抗震设防烈度为 6 度，设计基本地震加速度为 0.05g，设计地震分组为第一组。

根据本场地所处的地形、地貌及勘探揭露地层情况，按《建筑抗震设计规范》（2016 年版）GB 50011—2010 第 4.1.1 条划分，拟建场地属对建筑抗震不利地段。

按国家标准《建筑抗震设计规范》（2016 年版）GB 50011—2010 第 4.1.3 条第 2 款的要求，在 Z18、Z53 和 Z82 孔进行了单孔剪切波速测试。经计算，本场地浅部 20m 土层的等效剪切波速 v_{se} 在 186～202m/s 之间。结合场地勘探成果资料，按《建筑抗震设计规范》（2016 年版）GB 50011—2010 第 4.1 节有关规定，该工程场地土的类型属中软土。

根据区域地质资料结合场地覆盖层厚度，按《建筑抗震设计规范》（2016 年版）GB 50011—2010 表 4.1.6 有关规定，建筑场地类别为Ⅱ类。

根据《中国地震动参数区划图》GB 18306—2015 及《建筑抗震设计规范》（2016 年版）GB 50011—2010 附录 A 规定，线址区抗震设防烈度为 6 度，设计基本地震加速度为 0.05g，设计地震分组为第一组。查表场地设计特征周期为 0.35s。

5）场地不良地质作用及特殊地质条件分析与评价

（1）不良地质作用

本场地属冲湖积平原区，根据区域地质资料及周边工程地质情况，下伏基岩为角砾岩，本场地周边无大面积开采地下水的历史记录，因此，拟建场地不具备发生岩溶、滑坡、泥石流、地面沉降等不良地质作用的条件。

（2）地下埋藏物

本次勘察期间未发现如墓穴、防空洞、孤石等对工程不利的埋藏物。但场地回填之前局部存在少量鱼塘以及沟渠，现已回填形成暗塘以及暗渠，其具体范围详见“勘探点平面位置图”。暗塘中的填土成分复杂、土质不均、结构松散，填土、塘泥在基坑开挖时，自稳定性差，另外填土中局部含有较多碎块石等，对地下室围护结构施工构成一定的影响，设计施工时应予以注意。

（3）特殊地质条件分析与评价

拟建场地分布有②$_3$ 层以及③层软土层，该两层土具压缩性高、渗透性弱、灵敏度较高、强度低等特性，基坑开挖时可能导致坑壁坍塌，基坑底隆起，灌注桩桩基施工时易引起夹泥、缩颈等问题，施工时应予以注意。

由于场地经过回填平整，场地填土局部厚度较大，最大达 3.00m，填土成分复杂，土质不均，结构松散，填土分布有较多的建筑垃圾、块石以及碎砖块，对工程桩基地下室基坑支护以及桩基施工构成一定障碍。

3. 场地地基土的岩土工程性质分析与评价

1）场地稳定性和适宜性的评价

区域地质构造隶属华东平原沉积区中的长江三角洲徐缓沉降区，新构造运动不明显，地震活动微弱，无活动断裂穿越，抗震设防烈度为 6 度，区域稳定性较好。场地地貌属冲湖积平原，第四纪覆盖层厚度 14～29m，场地地势开阔、平坦，由于远离山区，故不存在滑坡、崩塌、泥石流等不良地质作用；区域内未发现地面沉降，地下水不存在开采的降落漏斗及地下水咸水入侵情况，属于地质灾害危险性小的区域。故本场地稳定性较好，适宜本工程建设。

2）地基均匀性评价

拟建场地内第四系土层分布不甚均匀，层厚变化较大，并存在较厚的人工填土及软弱土层，可视为不均匀地基。

3）场地地基土的岩土工程性质分析与评价

根据本次勘探揭露，场地中①大层填土为新近填土，结构松散，土质不均匀，本层层厚不一，工程力学性质差，施工时应予挖除。

②$_1$ 层黏土呈软可塑状，属中压缩性土，该层局部分布，埋深较浅，工程力学性能一般；

②$_2$ 层黏质粉土呈稍密状，属中压缩性土，该层局部分布，埋深较浅，工程力学性能一般；

②$_3$ 层淤泥质粉质黏土呈流塑状，属高压缩性土，该层局部分布，工程力学性能差；

②$_4$ 层粉质黏土呈软可塑状，属中压缩性土，该层局部分布，工程力学性能一般；

②$_5$ 层黏土呈硬可塑状，属中压缩性土，该层局部缺失，工程力学性能一般；

②$_6$ 层黏土呈软可塑状，局部硬可塑，属中压缩性土，该层局部分布，工程力学性能一般；

③ 层黏土呈软塑状，该层属高压缩性，该层局部缺失，该层性质较差；

④$_1$ 层黏土呈硬可塑状，属中压缩性土，工程力学性质尚可，场地局部缺失，但埋深较浅，不宜作为本项目桩基础持力层；

④$_2$ 层黏土呈软可塑状，局部硬可塑，属中压缩性土，工程力学性质一般，场地局部分布；

⑩$_1$ 层全风化角砾岩，工程力学性质较好，但埋深较浅，不宜作为桩基基础持力层；

⑩$_2$ 层强风化角砾岩，工程力学性质较好，但埋深较浅，不宜作为桩基基础持力层；

⑩$_3$ 层中等风化角砾岩，该层力学性质较好，可作为拟建建筑的钻孔灌注桩桩端持力层；

综上所述，⑩$_3$ 层中等风化角砾岩可作为本场地拟建建筑物钻孔灌注桩桩基础的桩端持力层。

4. 基础方案分析及评价

1）浅基础分析与评价

本工程设 2 层地下室，本场地±0.000 标高为 6.60m，基坑开挖深度约 10m，其底板大部分位于②$_4$ 层粉质黏土以及②$_5$ 层黏土中，该层工程力学性质一般。本工程最大柱荷载为 17000kN，鉴于场地工程地质条件，本工程不宜采用天然地基浅基础持力层，宜采用桩基础。

2）桩基础分析与评价

（1）桩基持力层的选择

根据拟建建筑物的结构、荷载以及场地地基土的分布特征，拟建物应采用桩基础，桩型可选择钻孔灌注桩。

钻孔灌注桩可选择⑩$_3$ 层中等风化角砾岩作为桩端持力层，桩端全截面进入⑩$_3$ 层的深度应综合荷载、上覆土层基岩、桩径以及桩长等诸多因素，根据拟建场地工程地质条件及拟建物荷载情况，桩端全截面进入⑩$_3$ 层以不小于 2.00m 为宜，桩径可选用 Φ800～Φ1000。

（2）钻孔灌注桩桩基础施工可行性分析及注意事项

钻孔灌注桩成桩范围内大多为杂填土、黏性土、黏质粉土、淤泥质土以及风化基岩，成桩一般无困难。设计、施工时应注意以下问题：

① 施工前应清除桩位处表部杂填土中的大石块、碎石块，护筒埋设应至原状土内，防止跑浆、漏浆现象影响桩基施工质量及对后期基坑开挖产生不良影响；

② 钻孔灌注桩施工时需要配足钢筋笼长度，保证混凝土强度；

③ 严格控制桩底沉渣；

④ 施工应采取措施防止淤泥质土的缩颈、粉土、黏性土糊桩以及砂土层塌孔等问题，施工时严格控制泥浆比重，同时应注意对孔底沉渣厚度的控制；桩基施工前先进行试成桩，并根据试成桩经验确定施工参数和施工工艺，确保成桩质量；

⑤ 钻孔灌注桩承载力与施工质量密切相关，施工时，必须严格执行相关规范、规程

和设计要求，同时，应选择资质高、信誉好的施工单位及监理单位，确保桩基质量；

⑥ 钻孔灌注桩施工时对废浆的排放应采取设置泥浆池等措施，防止桩基施工时泥浆排放污染环境；

⑦ 桩基持力层顶面应在钻进速率、返渣和取样鉴别的基础上，结合工程地质剖面综合确定；

⑧ 按规范规定，应以桩的静载荷试验最终确定单桩竖向承载力特征值，并按规范规定抽取一定数量的桩进行小应变检测，桩基施工时建议先进行试沉（成）桩，以确定桩基施工参数和不同基岩桩端持力层时的单桩承载力特征值；

⑨ 鉴于本场地$⑩_2$层强风化角砾岩局部夹有中等风化角砾岩块，当桩基施工进入$⑩_2$层时，施工难度可能较大，钻进速度缓慢，成孔时间会较长。施工时宜选择功率匹配的成桩机械和施工经验丰富的施工队伍。

3）基坑开挖分析与评价

本工程设置2层地下室，本场地±0.000标高为6.60m，基坑开挖深度约11m，按照基坑开挖深度、规模及破坏后果的严重性，基坑安全等级为一级。

拟建地下室开挖深度范围内涉及的土层有①大层填土、$②_1$层黏土、$②_2$层黏质粉土夹粉砂、$②_3$层淤泥质粉质黏土、$②_4$层粉质黏土、$②_5$层黏土、$②_6$层黏土以及③层黏土，基坑底板除局部坐位于$②_4$层粉质黏土以及$②_5$层黏土上，根据场地工程地质条件结合环境条件分析：基坑东侧、北侧距离已建道路较近，可考虑桩排式支护结构加角支撑。桩排式支护结构加角支撑支护体系的主体桩型采用灌注桩，桩间采用高压旋喷压密注浆法或三轴水泥搅拌桩止水。该方案的特点是施工时无振动，对周围邻近建筑物、道路和地下管线影响较小。主要缺点是施工速度慢，场地泥浆处理较困难，土方开挖面较小，工期较长，其成本费用较高。

基坑南侧为规划道路、西侧为空地，可自然放坡，局部支护形式可考虑土钉墙喷锚支护。因场地浅部为填土和粉质黏土、粉土，地下水位较高，在丰水期接近地表，分布连续，透水性差至一般，对基坑开挖排水有一定影响，开挖前应降低地下水位。可在基坑范围内采用集水井明排进行降排水或其他有效降排水措施。具体支护方案应请专业设计单位进行专项设计，并经专家论证后实施。

施工时应注意以下几点：

（1）基坑开挖前应采取有效的降水措施，将地下水位降到基坑底面以下，以防地基土的扰动、塌方、渗水等现象的发生；

（2）基坑开挖过程中应注意施工质量和止水方法；

（3）基坑的土方应由中间向四周分层均匀对称开挖，严禁超挖，挖土时严禁机械碰撞支护结构及工程桩，坑壁周边严禁堆放弃土及重型机械；基坑开挖过程应加强坑壁、坑底和周边的变形监测；

（4）由于基坑开挖时，坑底部分位于③层黏土中，该层土质较差，必要时应进行适当加固处理；

（5）施工时应对周边环境（道路、管线等）和支护结构的变形进行监测，并及时反馈监测结果，以便设计人员提供相应的技术措施，实现信息化施工，确保基坑支护施工安全。

4）基坑抗浮设计分析与评价

拟建工程设2层地下室，由于本工程地下水位较高，受浮体积较大，设计应考虑施工和运营期间的抗浮要求，需设置抗拔桩。桩型可建议采用钻孔灌注桩，桩长根据抗拔力要求计算确定。

根据区域水文地质资料及勘察期间实测最高稳定水位，并结合场地地形地貌特征，地下水补给排泄条件等，建议地下室地下水抗浮水位取室外设计地坪标高以下0.5m进行抗浮验算。

5. 结论与建议

1）结论

（1）场地勘探深度范围内可划分为5个工程地质层，细分为15个工程地质亚层，基本查明了地基各岩土层的主要物理力学性质指标。

（2）根据区域地质条件和拟建场地的工程地质条件，本场地稳定性较好，适宜本工程建设。

（3）本场地地处冲湖积平原区，下伏基岩为角砾岩，局部为泥质粉砂岩，本工程周边无大面积开采地下水的历史记录，因此，拟建场地不具备发生岩溶、滑坡、泥石流、地面沉降等不良地质作用的条件。本次勘察期间未发现如墓穴、防空洞、孤石等对工程不利的埋藏物。但场地回填之前局部存在少量鱼塘以及沟渠，现已回填形成暗塘以及暗渠，其具体范围详见“勘探点平面位置图”。

（4）勘察区内地下水为松散岩类孔隙潜水和基岩裂隙水；本次勘察期间测得场地潜水水位埋深0.20～1.65m，水位标高2.26～3.64m。孔隙潜水主要接受大气降水和地表水渗入补给，地下水位随季节和气候动态变化，一般变化幅度不大，年变幅0.5～2.0m。

根据水质分析报告：该场地潜水对混凝土结构具微腐蚀性，对钢筋混凝土结构中钢筋在干湿条件下具微腐蚀性，在长期浸水条件下具微腐蚀性；根据区域水文地质资料及邻近项目的勘察资料：本区承压水对混凝土具微腐蚀性，对钢筋混凝土结构中的钢筋具微腐蚀性。

场地浅层土对建筑材料的腐蚀性评价视同地下水的腐蚀性评价。

（5）根据邻近建筑桩基施工经验，地下水对桩基施工一般影响较小。

（6）本场地处于抗震设防烈度6度区，对应的设计基本地震加速度值为0.05g，设计地震分组为第一组，建筑场地类别为Ⅱ类，设计特征周期值为0.35s，属对建筑抗震不利地段。

2）建议

（1）拟建建（构）筑物建议采用钻孔灌注桩，可选择⑩$_3$层中等风化角砾岩作为桩端持力层，桩端全截面进入⑩$_3$层以不小于2.00m为宜，桩径可选用Φ800～Φ1000。

（2）根据场地工程地质条件结合环境条件分析，本基坑工程建议东侧、北侧距离已建道路较近，可考虑桩排式支护结构加角支撑。基坑南侧为规划道路、西侧为空地，可自然放坡，局部支护形式可考虑土钉墙喷锚支护。同时采用集水井明排进行降排水或其他有效降排水措施。具体支护方案应请专业设计单位进行专项设计，并经专家论证后实施。基坑开挖过程中应加强坑壁、坑底和周边道路、管线的变形监测工作，发现问题及时处理。基坑周边严禁堆放弃土及重型机械，以防坑壁失稳。

(3) 基槽开挖时应做好验槽工作，建议对拟建建筑物进行沉降观测。

(4) 桩基施工前应先进行试沉（成）桩，确定桩基施工参数和桩基施工机械设备，并按规范要求通过静载荷试验确定不同基岩作持力层的单桩竖向承载力特征值、单桩竖向抗拔承载力特征值，桩基施工完成后应按有关规范要求抽取一定比例的桩进行小应变检测桩身质量。

(5) 场地地下水抗浮设防水位建议取室外设计地坪标高以下 0.5m 计。

(6) 场地表层为杂填土，存在建筑垃圾以及碎块石，施工前应予以挖除，以免影响桩基施工质量和围护结构安全。

(7) 地下水及场地土对建筑材料的腐蚀性的影响应按《工业建筑防腐蚀设计标准》GB/T 50046—2018 的有关规定采取相应的防护措施。

1-2 单元 1 测验 2

(8) 由于本场地建筑面积较大，原为低洼地（有较多积水已抽干），场地原始标高大概为 3.09～4.47m，设计±0.000 为 6.60m，故土方填（挖）方量较大，因此会造成土方、基坑工程施工以及工程桩桩基础施工工作协调不合理，影响桩基础成桩质量以及工程进度，在科学合理管理情况下，土方、基坑工程施工以及工程桩桩基础施工最好由同一个施工队伍进行。

1.2 土工试验

1.2.1 土的形成与组成

土是岩石经风化、剥蚀、搬运、沉积等过程，在复杂的自然环境中所生成的各类松散沉积物。土是由固体矿物颗粒、水和气体三部分组成的三相体系，即由固相、液相和气相组成（图 1-5）。土的三相组成、土中粒组的相对含量等影响了土的物理性质和状态，土的物理性质和状态又在很大程度上决定了它的力学性质。为了更直观地反映土中三相物质的比例关系，把土中分散的三相物质分别集中起来，并按适当的比例绘出三相示意图，如图 1-6 所示。

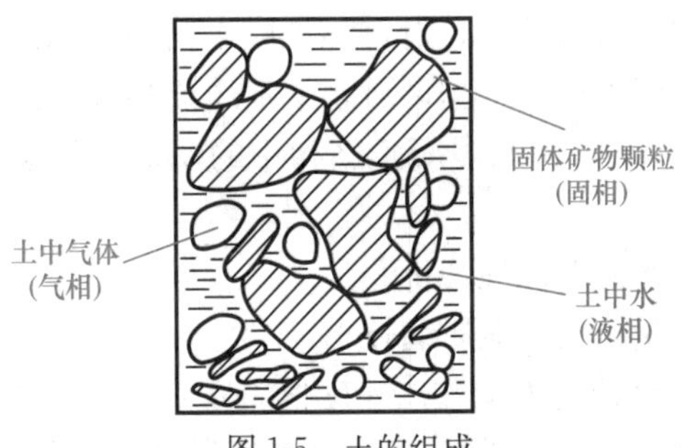

图 1-5　土的组成

1-3 土的形成与组成

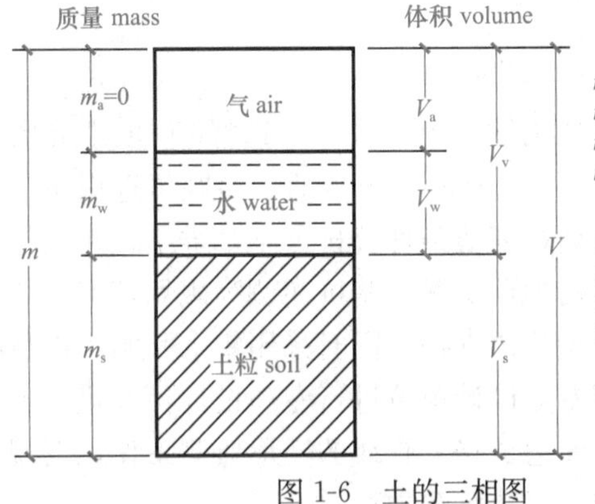

图 1-6　土的三相图

1.2.2　土的物理性质指标

由土工试验直接测得的指标为基本物理性质指标。土的基本物理性质指标有土的密度ρ、土的含水率ω和土粒比重d_s。土的其他物理性质指标可由土的基本物理性质指标推导出来。

1. 土的天然密度

土的天然密度是指单位体积土的质量，用ρ表示，单位g/cm³或kg/m³。

$$\rho = \frac{m}{V} \tag{1-1}$$

天然状态下，土的密度参考值：一般黏性土ρ=1.8～2.0g/cm³，砂土ρ=1.6～2.0g/cm³。土的密度一般用环刀法直接测定。

单位体积土所受的重力称为土的重力密度，简称土的重度，用γ表示，单位kN/m³。

$$\gamma = \rho \cdot g \tag{1-2}$$

式中　g一般取10m/s²。

2. 土的含水率

土中水的质量与土颗粒质量之比称为土的含水率，符号w，用百分比表示。

$$w = \frac{m_w}{m_s} \times 100\% = \frac{m - m_s}{m_s} \times 100\% \tag{1-3}$$

同一种土，含水率越大，土越潮湿，土质就越软，承载力越低。土的含水率常用烘干法或酒精燃烧法测定。

3. 土粒的比重

土粒的质量与同体积4℃时纯水质量之比称为土粒比重或土粒相对密度，用符号d_s表示，为无量纲值。

$$d_s = \frac{m_s}{V_s \cdot \rho_w} \tag{1-4}$$

土粒比重的参考值：黏性土2.70～2.75；砂土一般为2.65左右。土粒相对密度可用比重瓶法测定。

4. 土的干密度和干重度

土的干密度ρ_d：单位体积重土颗粒的质量，单位g/cm³。

$$\rho_d = \frac{m_s}{V} \tag{1-5}$$

干重度γ_d：单位体积土中颗粒的重力，单位kN/m³。

$$\gamma_d = \rho_d \cdot g$$

土的干密度ρ_d在一定程度上反映了土粒排列的紧密程度，常用来作为人工填土压实质量的控制指标。

5. 土的饱和密度和饱和重度

土的饱和密度ρ_{sat}：土中孔隙完全被水充满时土的密度，单位g/cm³。

$$\rho_{sat} = \frac{m_s + m_w}{V} = \frac{m_s + \rho_w V_v}{V} \tag{1-6}$$

饱和重度γ_{sat}：土中孔隙完全被水充满时土的重度，单位kN/m³。

$$\gamma_{sat} = \rho_{sat} \cdot g \tag{1-7}$$

6. 土的有效密度和有效重度

土的有效密度 ρ'：扣除水的浮力后单位体积土的质量。地下水位以下的土层，受到水的浮力作用，土的实际重量将减小，此时单位体积的质量也称为浮密度。

$$\rho' = \frac{m_s - V_s\rho_w}{V} = \rho_{sat} - \rho_w \tag{1-8}$$

有效重度 γ'：在地下水位以下，土体受到浮力作用时土的重度，也称浮重度。

$$\gamma' = \rho' \cdot g = \gamma_{sat} - \gamma_w \tag{1-9}$$

特别提示

· 对于同一种土，土的天然重度 γ、干重度 γ_d、饱和重度 γ_{sat} 和浮重度 γ' 在数值上有如下关系：$\gamma_{sat} > \gamma > \gamma_d > \gamma'$。

7. 土的孔隙比

土的孔隙比 e：土中孔隙体积与土粒体积之比。

$$e = \frac{V_v}{V_s} \tag{1-10}$$

土的孔隙比 e 用来评价天然土层的密实程度。当砂土 $e<0.6$ 时，呈密实状态，为良好地基；当黏性土 $e>1.0$ 时，为软弱地基。

8. 土的孔隙率

土的孔隙率 n：土中孔隙体积与总体积之比，用百分数表示。

$$n = \frac{V_v}{V} \times 100\% \tag{1-11}$$

土的孔隙率 n 反映土中孔隙大小的程度。

9. 土的饱和度

饱和度 S_r：土中水的体积占土中孔隙体积的百分比。

$$S_r = \frac{V_w}{V_v} \times 100\% \tag{1-12}$$

饱和度说明土中孔隙被水充满的程度，即土的潮湿程度。当 $S_r \leqslant 50\%$ 时，土为稍湿的；当 $50\% < S_r \leqslant 80\%$ 时，土为很湿的；当 $S_r > 80\%$ 时，土是饱和的。

特别提示

· 土的其他物理性质指标可根据基本物理性质指标进行推导。比如：假设土粒体积 $V_s=1$，可推导的三相图如图 1-7 所示。

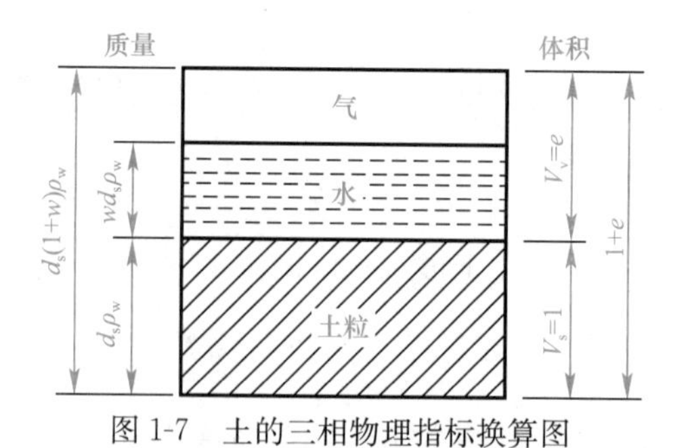

图 1-7　土的三相物理指标换算图

土的基本物理性质指标和其他物理性质指标之间的换算关系及常见值见表 1-6。

土的物理性质指标换算公式及常见值　　表 1-6

指标	符号	表达式	单位	换算公式	常见值
密度 重度	ρ γ	$\rho=\frac{m}{V}$ $\gamma=\rho\cdot g$	g/cm³、 kg/m³ kN/m³	$\gamma=\frac{(d_s+S_re)\ \gamma_w}{1+e}$ $\gamma=\frac{d_s\ (1+\omega)\ \gamma_w}{1+e}$	1.6～2.2 16～22
土粒相对密度	d_s	$d_s=\frac{m_s}{V_s\cdot\rho_w}$		$d_s=\frac{S_re}{\omega}$	砂土 2.65～2.69 粉土 2.70～2.71 黏性土 2.72～2.75
含水率	ω	$\omega=\frac{m_w}{m_s}\times100\%$	%	$\omega=\frac{S_re}{d_a}\times100\%$ $=\left(\frac{\gamma}{\gamma_d}-1\right)\times100\%$	砂土 0～40% 黏性土 20%～60%
干密度 干重度	ρ_d γ_d	$\rho_d=\frac{m_s}{V}$ $\gamma_d=\rho_d\cdot g$	kg/m³ kN/m³	$\gamma_d=\frac{\gamma}{1+\omega}=\frac{\gamma_wd_s}{1+e}$	1.3～2.0 13～20
饱和密度 饱和重度	ρ_{sat} γ_{sat}	$\rho_{sat}=\frac{m_s+\rho_wV_v}{V}$ $\gamma_{sat}=\rho_{sat}\cdot g$	kg/m³ kN/m³	$\gamma_{sat}=\frac{d_s+e}{1+e}\gamma_w$	1.8 ～ 2.3 18 ～ 23
有效密度 有效重度	ρ' γ'	$\rho'=\rho_{sat}-\rho_w$ $\gamma'=\gamma_{sat}-\gamma_w$	kg/m³ kN/m³	$\gamma'=\frac{(d_s-1)\gamma_w}{1+e}$	0.8～1.3 8～13
孔隙比	e	$e=\frac{V_v}{V_s}$		$e=\frac{n}{1-n}$ $e=\frac{d_s\gamma_w\ (1+\omega)}{\gamma}-1$	砂土 0.3～0.9 黏性土 0.4～1.2
孔隙率	n	$n=\frac{V_v}{V}\times100\%$	%	$n=\frac{e}{1+e}\times100\%$	砂土 25%～45% 黏性土 30%～60%
饱和度	S_r	$S_r=\frac{V_w}{V_v}\times100\%$	%	$S_r=\frac{\omega d_s}{e}=\frac{\omega\gamma_d}{n\gamma_w}$	0～1

【工程案例 1-2】　某一块试样在天然状态下的体积为 60cm³，称得其质量为 108g，将其烘干后称得质量为 96.43g，根据试验得到的土粒相对密度 d_s 为 2.7，试求试样的密度、干密度、饱和密度、含水率、孔隙比、孔隙率和饱和度（图 1-8）。

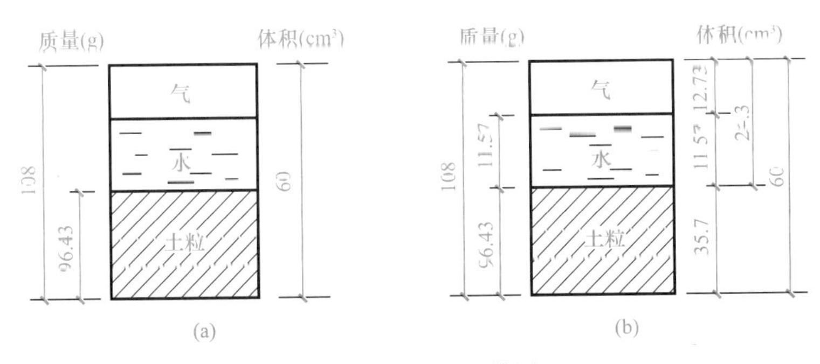

图 1-8　土的三相简图

(a) 已知条件；(b) 完整的简图

【解】（1）已知 $V=60\text{cm}^3$，$m=108\text{g}$，烘干后土粒质量为 96.43g，画出三相简图（图 1-8（a））。

（2）确定三相简图中的未知量，并填写在三相简图中（图 1-8（b））。

已知 $m_s=96.43\text{g}$，则水的质量 $m_w=m-m_s=108-96.43=11.57\text{g}$

$$水的体积 V_w=m_w/\rho_w=11.57/1=11.57\text{cm}^3$$

已知 $d_s=2.7$，则

$$土粒体积 V_s=m_s/\rho_s=96.43/2.7=35.7\text{cm}^3$$

$$孔隙体积 V_v=V-V_s=60-35.7=24.3\text{cm}^3$$

$$气相体积 V_a=V_v-V_w=24.3-11.57=12.73\text{cm}^3$$

（3）确定其余的物理性质指标。

$$土的密度 \rho=m/V=108/60=1.8\text{g/cm}^3$$

$$干密度 \rho_d=m_s/V=96.43/60=1.61\text{g/cm}^3$$

1-4 单元 1 测验 3

$$饱和密度 \rho_{sat}=\frac{m_s+\rho_w V_v}{V}=\frac{96.43+1\times24.3}{60}=2.01\text{g/cm}^3$$

$$土的含水率 \omega=m_w/m_s=11.57/96.43=12\%$$

$$孔隙比 e=V_v/V_s=24.3/35.7=0.68$$

$$孔隙率 n=V_v/V=24.3/60=40.5\%$$

$$饱和度 S_t=V_w/V_v=11.57/24.3=48\%$$

1.2.3 土工试验

（一）实训一：土的含水率试验（烘干法）

本试验方法适用于粗粒土、细粒土、有机质土和冻土。

1-5 土工试验

1. 试验目的

测定土样的含水率。

2. 试验原理

首先称量含水土样的质量，然后称量去除水分后干土的质量，将两者的差作为土样中所含水分的质量。去除水分的方法直接决定测量结果，理论上，土样中所含水的质量是指其中自由水的质量，当温度在 100～150℃范围时，一般不会破坏结合水，所以要求精确测量时，温度应控制在 100～150℃范围内。

3. 试验仪器与设备

本试验所用的主要仪器设备，应符合下列规定：

（1）电热烘箱：应能控制温度为 105～110℃。

（2）天平：称量 200g，最小分度值 0.01g；称量 1000g，最小分度值 0.1g。

（3）其他：干燥器、称量盒。

4. 操作步骤

含水率试验，应按下列步骤进行：

（1）取有代表性试样：细粒土 15～30g，砂类土 50～100g，砂砾石 2～5kg。将试样放入称量盒内，立即盖好盒盖，称量，细粒土、砂类土称量应准确至 0.01g，砂砾石称量应准确至 1g。当使用恒质量盒时，可先将其放置在电子天平或电子台秤上清零，再称量装有试样的恒质量盒，称量结果即为湿土质量。

(2) 揭开盒盖，将试样和盒放入烘箱，在105～110℃下烘到恒量。烘干时间，对黏质土，不得少于8h；对砂类土，不得少于6h；对有机质含量为5%～10%的土，应将烘干温度控制在65～70℃的恒温下烘至恒量。

(3) 将烘干后的试样和盒取出，盖好盒盖放入干燥器内冷却至室温，称干土质量。

5. 计算土的含水率

试样的含水率，应按下式计算，准确至0.1%。

$$\omega=\left(\frac{m_0}{m_d}-1\right)\times 100 \tag{1-13}$$

式中 ω——含水率（%）；

m_d——干土质量（g）；

m_0——湿土质量（g）。

6. 试验要求

本试验必须对两个试样进行平行测定，测定的最大允许平行差值应符合：当含水率小于10%时为±0.5%；当含水率大于等于10%时、小于等于40%为±1%；当含水率大于40%时为±2%。取两个测值的算术平均值，以百分数表示。

7. 试验记录

含水率试验记录表见表1-7。

含水率试验记录 表1-7

任务单号						试验者			
试验日期						计算者			
天平编号						校核者			
烘箱编号									
试样编号	试样说明	盒号	盒质量（g）	盒加湿土质量（g）	盒加干土质量（g）	水分质量（g）	干土质量 m_d（g）	含水率 w（%）	平均含水率 $\bar{w}$（%）
			(1)	(2)	(3)	(4)=(2)−(3)	(5)=(3)−(1)	(6)=$\frac{(4)}{(5)}\times 100$	(7)

(二) 实训二：土的密度试验（环刀法）

本试验方法适用于细粒土。

1. 试验目的

测定土的密度。

2. 试验仪器与设备

本试验所用的主要仪器设备，应符合下列规定：

（1）环刀：内径为 61.8mm 和 79.8mm，高度为 20mm。

（2）天平：称量 500g，最小分度值 0.1g；称量 200g，最小分度值 0.01g。

3. 操作步骤

（1）测出环刀的容积 V，在天平上称环刀质量 m_1。

（2）取直径和高度略大于环刀的原状土样或制备土样。

（3）环刀取土：在环刀内壁涂一薄层凡士林，并将环刀刃口向下放在土样上。随之将环刀垂直下压，并用切土刀沿环刀外侧切削土样，边压边削至土样高出环刀。根据试样的软硬采用钢丝锯或切土刀整平环刀两端土样，擦净环刀外壁。

（4）将取好土样的环刀放在天平上称量，称环刀和土的总质量 m_2，准确至 0.1g。

4. 计算土的密度

$$\rho = \frac{m}{V} = \frac{m_2 - m_1}{V} \tag{1-14}$$

5. 试验要求

（1）密度试验应进行两次平行测定，两次测定的差值不得大于 0.03g/cm^3，取两次测值的平均值。

（2）密度计算准确至 0.01g/cm^3。

6. 试验记录

密度试验记录表见表 1-8。

密度试验记录表（环刀法） 表 1-8

任务单号		试验者	
试验日期		计算者	
天平编号		校核人员	
烘箱编号			

试样编号	环刀号	环刀体积 V (cm^3)	湿土质量 m_0 (g)	湿密度 ρ (g/cm^2)	含水率 w (%)	平密度 ρ_d (g/cm^3)	平均干密度 $\bar{\rho}_d$ (g/cm^3)

（三）实训三：土粒比重试验

本试验采用比重瓶法测土粒比重。此方法适用于粒径小于5mm的各类土。

1. 试验目的

本试验的目的是测定土粒比重。

2. 试验仪器与设备

本试验所用的主要仪器设备，应符合下列规定：

（1）比重瓶：容积100mL或50mL，分长颈和短颈两种。

（2）天平：称量200g，最小分度值0.001g。

（3）恒温水槽：最大允许误差应为±1℃。

（4）砂浴：应能调节温度。

（5）真空抽气设备：真空度−98kPa。

（6）温度计：测量范围0～50℃，分度值0.5℃。

（7）筛：孔径5mm。

（8）其他：烘箱、纯水、漏斗、滴管。

知识拓展

比重瓶的校准，应按下列步骤进行：

（1）将比重瓶洗净、烘干，称量两次，准确至0.001g。取其算术平均值，其最大允许平均差值应为±0.002g。

（2）将煮沸并冷却的纯水注入比重瓶，对长颈比重瓶，达到刻度为止。对短颈比重瓶，注满水，塞紧瓶塞，多余水自瓶塞毛细管中溢出。移比重瓶入恒温水槽。待瓶内水温稳定后，将瓶取出，擦干外壁的水，称瓶、水总质量，准确至0.001g。测定两次，取其算术平均值，其最大允许平行差值应为±0.002g。

（3）将恒温水槽水温以5℃级差调节，逐级测定不同温度下的瓶、水总质量。

（4）以瓶、水总质量为横坐标，温度为纵坐标，绘制瓶、水总质量与温度的关系曲线。如图1-9所示。

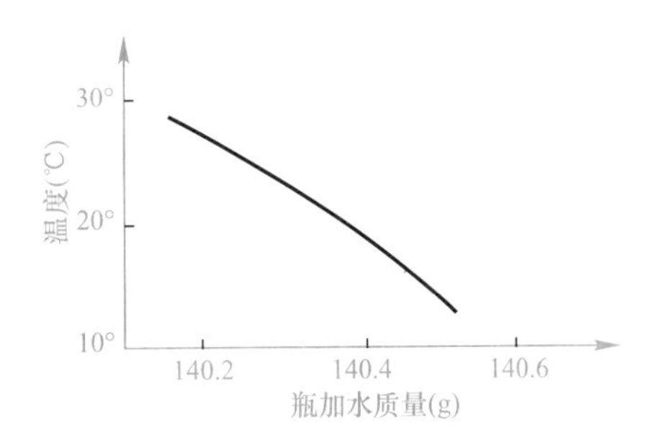

图1-9　温度和瓶、水质量关系曲线

3. 操作步骤

（1）将比重瓶烘干。当使用100mL比重瓶时，应称粒径小于5mm的烘干土15g装入；当使用50mL比重瓶时，应称粒径小于5mm的烘干土12g装入。

（2）可采用煮沸法或真空抽气法排除土中的空气。向已装有干土的比重瓶注入纯水至瓶的一半处，摇动比重瓶，将瓶放在砂浴上煮沸，煮沸时间自悬液沸腾起砂土不得少于30min，细粒土不得少于1h。煮沸时应注意不使土液溢出瓶外。

特别提示

如采用中性液体，不能用煮沸法。

（3）将纯水注入比重瓶，当采用长颈比重瓶时，注水至略低于瓶的刻度处；当采用短颈比重瓶时，应注水至近满，有恒温水槽时，可将比重瓶放于恒温水槽内。待瓶内悬液温度稳定及瓶上部悬液澄清。

（4）当采用长颈比重瓶时，用滴管调整液面恰至刻度处，以弯液面下缘为准，擦干瓶外及瓶内壁刻度以上部分的水，称瓶、水、土总质量；当采用短颈比重瓶时，塞好瓶塞，使多余水分自瓶塞毛细管中溢出，将瓶外水分擦干后，称瓶、水、土总质量。称量后应测定瓶内水的温度。

（5）根据测得的温度，从已绘制的温度与瓶、水总质量关系中查得瓶、水总质量。

4. 计算土粒比重

土粒的比重，用纯水测定时，应按下式计算：

$$G_s = \frac{m_d}{m_{bw} + m_d - m_{bws}} \cdot G_{wT} \tag{1-15}$$

式中 m_{bw}——比重瓶、水总质量（g）；

m_{bws}——比重瓶、水、干土总质量（g）；

G_{wT}——T℃时纯水的比重（可查物理手册），准确至0.001。

5. 试验要求

（1）本试验称量应准确至0.001g，温度应准确至0.5℃。

（2）本试验应进行2次平行测定，试验结果取其算术平均值，其最大允许平行差值应为±0.02。

6. 试验记录

比重试验记录表见表1-9。

比重试验记录表（比重瓶法） 表1-9

任务单号						试验环境				
试验日期						试验者				
试验标准						校核者				
烘箱编号						天平编号				
试样编号	比重瓶号	温度（℃）	液体比重 G_{kT}	干土质量 m_d（g）	比重瓶、液总质量 m_{bk}（g）	比重瓶、液、土总质量 m_{bks}（g）	与干土同体积的液体质量（g）	比重 G_s	平均比重 $\overline{G}_s$	备注
		(1)	(2)	(3)	(4)	(5)	(6)=(3)+(4)−(5)	$(7)=\frac{(3)}{(6)}\times(2)$		

1.2.4 土的物理状态指标

（一）无黏性土的密实度

无黏性土主要是指砂土和碎石土，其工程性质与其密实度密切相关。密实状态时，结构稳定，强度较高，压缩性小，可作为良好的天然地基；疏松状态时，则是不良地基。因此，密实度是反映无黏性土工程性质的主要指标。

1. 评判砂土密实度的方法

（1）孔隙比 e

孔隙比 e 可以用来表示砂土的密实度。根据孔隙比 e，可按表 1-10 将砂土分为密实、中密、稍密和松散四种状态。

砂土的密实度　　表 1-10

土的名称	密实度			
	密实	中密	稍密	松散
砾砂、粗砂、中砂	$e<0.6$	$0.60\leqslant e\leqslant 0.75$	$0.75<e\leqslant 0.85$	$e>0.85$
细砂、粉砂	$e<0.7$	$0.70\leqslant e\leqslant 0.85$	$0.85<e\leqslant 0.95$	$e>0.95$

（2）相对密实度 D_r

由于用天然孔隙比来评定砂土密实度没有考虑到颗粒级配的因素，同样密实度的砂土在粒径均匀时，孔隙比值较大；而当颗粒大小混杂、级配良好时，孔隙比值应较小，并且取原状土样测定天然孔隙比较困难。因此，用相对密实度 D_r 来评定砂土的密实度，考虑到砂土的级配因素，显得合理。

相对密实度 D_r 的表达式为

$$D_r=\frac{e_{max}-e}{e_{max}-e_{min}} \tag{1-16}$$

式中　e_{max}——砂土在最松散状态下的孔隙比，即最大孔隙比；

e_{min}——砂土在最密实状态下的孔隙比，即最小孔隙比；

e——砂土在天然状态下的孔隙比。

由式（1-16）可以看出，当 $e=e_{min}$ 时，$D_r=1$，表示土处于最密实的状态；当 $e=e_{max}$ 时，$D_r=0$，表示土处于最松散状态。判定砂土密实度的标准如下：

$0.67<D_r\leqslant 1$　　密实

$0.33<D_r\leqslant 0.67$　中密

$0<D_r\leqslant 0.33$　　松散

知识拓展

砂的相对密实度是通过砂的最大干密度和最小干密度试验测定的。砂的最小干密度 ρ_{dmin} 采用漏斗法和量筒法测定；砂的最大干密度 ρ_{dmax} 采用振动锤击法测定。获得 ρ_{dmin} 和 ρ_{dmax} 后，则 e_{max} 和 e_{min} 可用下列公式求得：

$$e_{max}=\frac{\rho_w d_s}{\rho_{dmin}}-1 \tag{1-17}$$

$$e_{min}=\frac{\rho_w d_s}{\rho_{dmax}}-1 \tag{1-18}$$

把求得的 e_{max}、e_{min} 代入式（1-16）即可求得 D_r。

理论上，相对密实度是判定砂土密实度的好方法，但由于砂土的原状土样很难取得，天然孔隙比难以准确测定，故相对密实度的精度也就无法保证。规范根据标准贯入试验锤击数 N 来评定砂土的密实度。

（3）根据原位标准贯入试验判别

《建筑地基基础设计规范》GB 50007—2011，（以下简称《规范》）采用未经修正的标准贯入试验锤击数 N，将砂土的密实度按表 1-11 分为松散、稍密、中密、密实。

砂土的密实度　　表 1-11

标准贯入试验锤击数 N	密实度
$N \leqslant 10$	松散
$10 < N \leqslant 15$	稍密
$15 < N \leqslant 30$	中密
$N > 30$	密实

知识拓展

标准贯入试验（SPT：Standard Penetration Test）适用于砂土、粉土和一般黏性土。试验时，先行钻孔，再把上端接有钻杆的标准贯入器放至孔底，然后用质量为 63.5kg 的锤，从 76cm 的高度自由下落将贯入器先打入土中 15cm，之后开始记录每打入 10cm 的锤击数，累计打入 30cm 的锤击数为标准贯入试验锤击数 N。标准贯入试验设备如图 1-10 所示。标准贯入试验成果 N 值，可对砂土、粉土、黏性土的物理状态，土的强度、变形参数、地基承载力、单桩承载力，砂土和粉土的液化，成桩的可能性等做出评价。

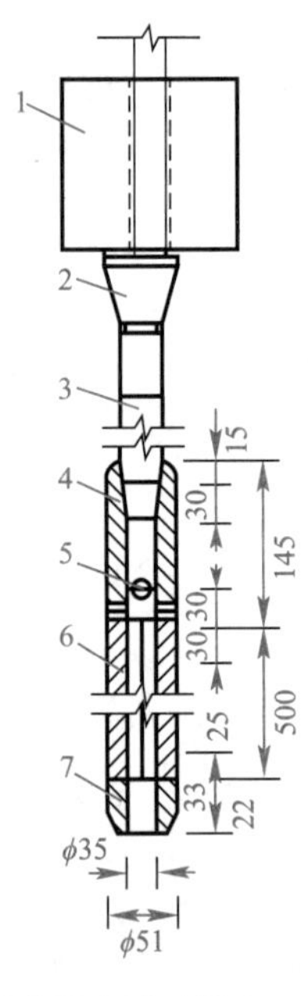

图 1-10　标准贯入试验设备（单位：mm）

1—穿心锤；2—锤垫；3—触探杆；4—贯入器头；5—出水孔；6—由两半圆形管并和而成的贯入器身；7—贯入器靴

2. 评判碎石土密实度的方法

碎石土为粒径大于 2mm 的颗粒含量超过全重 50%的土。试验时不易取得原状土样，《规范》采用以重型圆锥动力触探锤击数 $N_{63.5}$ 为主将碎石土的密实度划分为松散、稍密、中密、密实（表 1-12），同时也可采用野外鉴别法（表 1-13）确定其密实度。

碎石土的密实度 表 1-12

重型圆锥动力触探锤击数 $N_{63.5}$	密实度
$N_{63.5} \leqslant 5$	松散
$5 < N_{63.5} \leqslant 10$	稍密
$10 < N_{63.5} \leqslant 20$	中密
$N_{63.5} > 20$	密实

注：1 本表适用于平均粒径小于等于 50mm 且最大粒径不超过 100mm 的卵石、碎石、圆砾、角砾。对于平均粒径大于 50mm 或最大粒径大于 100mm 的碎石土，可按表 1-11 鉴别其密实度；
2. 表内 $N_{63.5}$ 为经综合修正后的平均值。

碎石土的密实度野外鉴别方法 表 1-13

密实度	骨架颗粒含量和排列	可挖性	可钻性
密实	骨架颗粒含量大于总重的 70%，呈交错排列，连续接触	锹、镐挖掘困难，用撬棍方能松动，井壁一般较稳定	钻进极困难，冲击钻探时，钻杆、吊锤跳动不剧烈，孔壁较易坍塌
中密	骨架颗粒含量等于总重的 60%～70%，呈交错排列，大部分接触	锹、镐可挖掘，井壁有掉块现象，从井壁取出大颗粒处，能保持颗粒凹面形状	钻进较困难，冲击钻探时，钻杆、吊锤跳动不剧烈，孔壁有坍塌现象
稍密	骨架颗粒含量等于总重的 55%～60%，排列混乱，大部分不接触	锹可以挖掘，井壁易坍塌，从井壁取出大颗粒后砂土立即坍落	钻进较容易，冲击钻探时，钻杆稍有跳动，孔壁易坍塌
松散	骨架颗粒含量小于总重的 55%，排列十分混乱，绝大部分不接触	锹易挖掘，井壁极易坍塌	钻进很容易，冲击钻探时，钻杆无跳动，孔壁极易坍塌

知识拓展

圆锥动力触探试验（DPT：Dynamic Penetration Test）是利用一定的锤击动能，将标准规格的圆锥型探头贯入土中，根据打入土中一定深度的锤击数，判定土的力学特性，具有勘探和测试双重功能。圆锥动力触探试验的类型可分为轻型、重型和超重型三种，其规格和适用土类应符合表 1-14 的规定。轻型动力触探设备如图 1-11 所示。

圆锥动力触探类型 表 1-14

类型		轻型	重型	超重型
落锤	锤的质量（kg）	10	63.5	120
	落距（cm）	50	76	100
探头	直径（mm）	40	74	74
	锥角（°）	60	60	60
探杆直径（mm）		25	42	50～60
指标		贯入 30cm 的读数 N10	贯入 10cm 的读数 N63.5	贯入 10cm 的读数 N120
主要适用岩土		浅部的填土、砂土、粉土、黏性土	砂土、中密以下的碎石土、极软岩	密实和很密的碎石土、软岩、极软岩

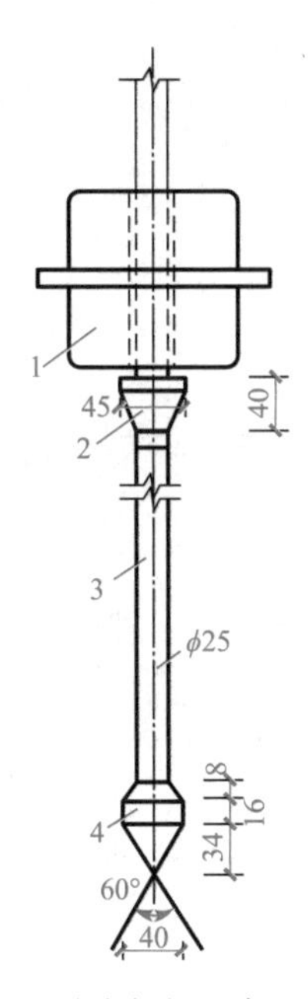

图 1-11　轻型动力触探设备（单位：mm）
1—穿心锤；2—锤垫；3—触探杆；4—尖锥头

（二）黏性土的物理特性

黏性土的颗粒很细，土的比表面积（单位体积颗粒的总表面积）大，土粒表面与水相互作用的能力较强，土粒间存在黏聚力。水对黏性土的工程性质影响较大（表 1-15）。

黏性土的分类　　表 1-15

塑性指数 I_P	土的名称
$I_P>17$	黏土
$10<I_P\leqslant17$	粉质黏土

1. 界限含水率

当土中含水率变化时，土表现为固态、半固态、可塑状态和流动状态，如图 1-12 所示。当天然含水率 $w<w_S$ 时，土体处于固态；当 $w_S<w\leqslant w_P$ 时，土体处于半固态；当 $w_P<w\leqslant w_L$ 时，土体处于可塑状态；当 $w>w_L$ 时，土体处于流动状态。

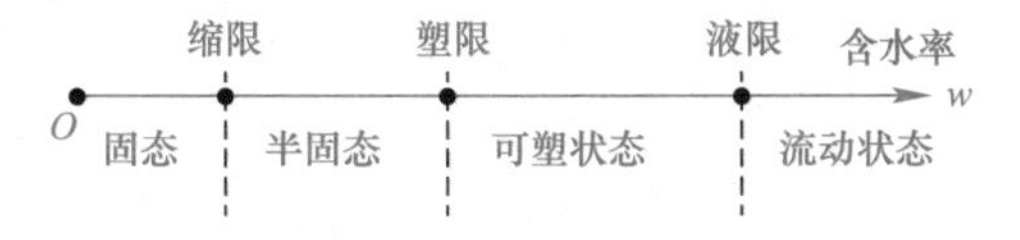

图 1-12　土的物理状态与含水量的关系

黏性土由一种状态转变到另一种状态的分界含水率，称为界限含水率。

缩限（w_S）：固态与半固态的界限含水率。

塑限（w_P）：半固态与可塑状态的界限含水率（也称为塑性下限）。

液限（w_L）：可塑状态与流动状态的界限含水率（也称流限或塑性上限）。

2. 塑性指数 I_P

塑性指数 I_P 是液限与塑限的差值（去掉百分号），即土处在可塑状态的含水率变化范围。

$$I_P = w_L - w_P \tag{1-19}$$

塑性指数越大，土处在可塑状态的含水率范围越大，土的可塑性越好。

在工程实际中用塑性指数作为黏性土定名的标准，黏性土的分类见表1-15。

特别提示

塑性指数表示土的可塑性范围，它主要与土中黏粒含量有关。黏粒含量增多，土的比表面积增大，土中结合水含量高，塑性指数就大。

3. 液性指数 I_L

液性指数 I_L 是天然含水率与塑限的差值（去掉百分号）与塑性指数之比。它是表示天然含水率与界限含水率相对关系的指标，反映黏性土天然状态的软硬程度，又称相对稠度。

$$I_L = \frac{w - w_P}{I_P} = \frac{w - w_P}{w_L - w_P} \tag{1-20}$$

当 $w < w_P$ 时，$I_L < 0$，土呈坚硬状态；当 $w > w_L$ 时，$I_L > 1$，土处于流动状态。根据液性指数 I_L 的大小，《规范》将黏性土划分为坚硬、硬塑、可塑、软塑、流塑五种软硬状态，如表1-16所示。

黏性土的状态　　表1-16

液性指数 I_L	状态
$I_L \leqslant 0$	坚硬
$0 < I_L \leqslant 0.25$	硬塑
$0.25 < I_L \leqslant 0.75$	可塑
$0.75 < I_L \leqslant 1$	软塑
$I_L > 1$	流塑

1.2.5　土的力学性质指标

1. 土的压缩性指标

地基土在荷载作用下体积减小的特性，称为土的压缩性。土的压缩由三部分组成：①水和气体从孔隙中被挤出；②土中水和封闭气体被压缩；③固体颗粒被压缩。其中，固体土颗粒和水的压缩量很小，可忽略不计。土的压缩变形主要是由孔隙体积减小造成的。

土的压缩随时间增长的过程称为固结。对于透水性大的无黏性土，其压缩过程在很短的时间内就可以完成；而对于透水性小的黏性土，其压缩稳定所需的时间要比砂土长得多。研究土的压缩性大小及其特征的室内试验方法是侧限压缩试验，也称为固结试验。“侧限”是指土样不能产生侧向膨胀只能产生竖向压缩变形。图1-13和图1-14分别是固结容器示意图和三联固结仪。

如图1-15所示，原状土样初始高度为 H_0，初始孔隙比为 e_0，设当施加压力 p_i 后，土样的稳定变形量为 s_i，变形稳定后的孔隙比为 e_i，则土样变形稳定后的高度为 $H_i = h_0 - s_i$。由于试验过程中土粒体积 V_s 不变，侧限条件下土样横截面面积不变，可得：

$$\frac{H_0}{1+e_0} = \frac{H_i}{1+e_i} \tag{1-21}$$

将 $H_i = h_0 - s_i$ 代入上式中，整理得在压力 p_i 作用下土样的孔隙 e_i 为

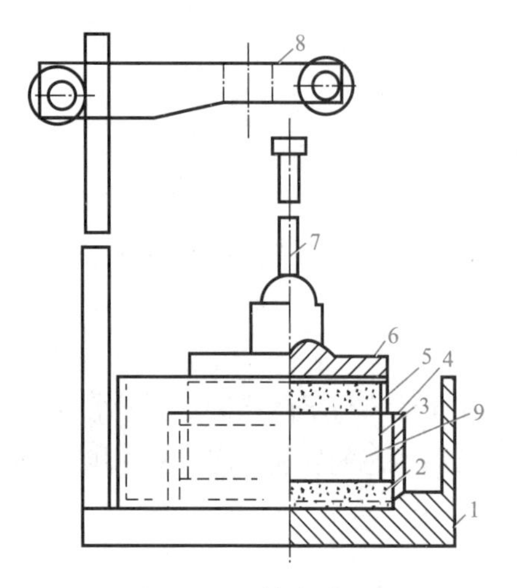

图 1-13　固结容器示意

1—水槽；2—护环；3—环刀；4—导环；5—透水板；
6—加压上盖；7—位移计导杆；8—位移计架；9—试样

图 1-14　三联固结仪

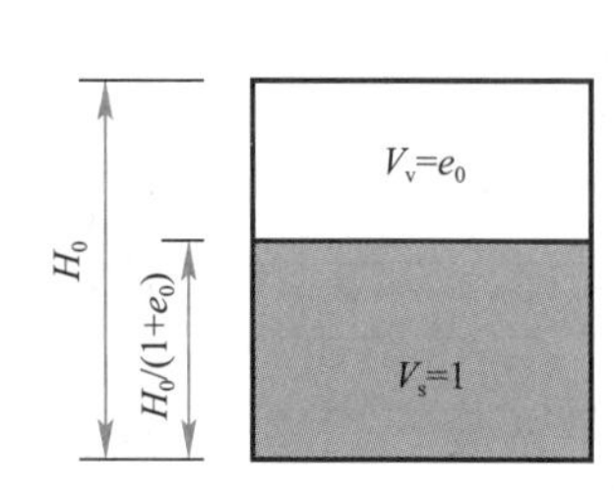

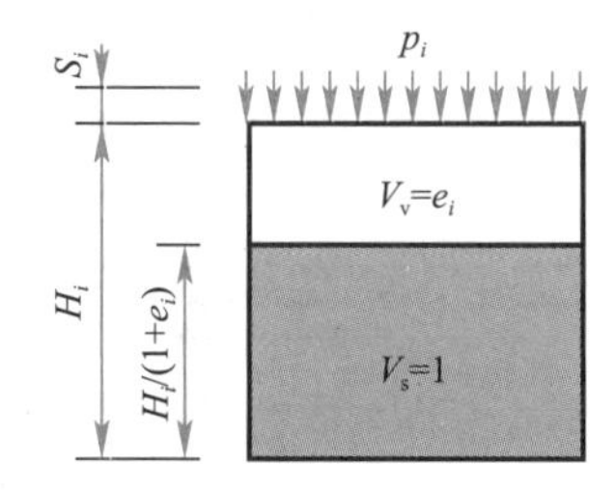

图 1-15　土样压缩示意

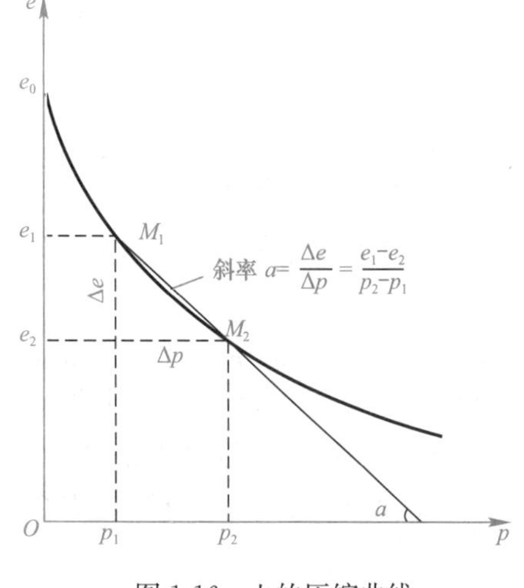

图 1-16　土的压缩曲线

$$e_i = e_0 - \frac{s_i}{H_0}(1 + e_0) \tag{1-22}$$

式中　e_0——原状土的孔隙比。

根据第 i 级荷载下的稳定变形量 s_i，由式（1-22）计算得到该级荷载下的孔隙比 e_i。然后以压力 p 为横坐标，孔隙比 e 为纵坐标，绘制 e-p 曲线，则为土的压缩曲线，如图 1-16 所示。

特别提示

压缩性不同的土，其压缩曲线也不相同。曲线越陡，说明在相同的压力增量作用下，土样的孔隙比变化得越显著，因此土的压缩性越高；反之，曲线越平缓，土的压缩性越低。

土的压缩性通常用压缩系数来表示。压缩系数 a 表示在单位压力增量作用下土的孔隙比的减小量。因此，曲线上任一点的切线斜率就表示相应的压力作用下土的压缩性高低。当压力变化范围不大时，土的压缩性可近似用图 1-15 中的割线 M_1M_2 的斜率来表示，当压力由 p_1 增至 p_2 时，相应的孔隙比由 e_1 减小到 e_2，则压缩系数为

$$a=\tan\alpha=-\frac{\Delta e}{\Delta p}=\frac{e_1-e_2}{p_2-p_1} \tag{1-23}$$

压缩系数 a 的常用单位为 MPa^{-1}，p 的常用单位为 kPa，则式（1-23）可写为：

$$a=1000\frac{e_1-e_2}{p_2-p_1} \tag{1-24}$$

压缩系数 a 值越大，土的压缩性就越大。《建筑地基基础设计规范》GB 50007—2011 规定，地基土的压缩性可按 p_1 为 100kPa，p_2 为 200kPa 时相对应的压缩系数值 a_{1-2} 划分为低、中、高压缩性，并符合以下规定：

当 $a_{1-2}<0.1MPa^{-1}$ 时，为低压缩性土；

当 $0.1MPa^{-1}\leqslant a_{1-2}<0.5MPa^{-1}$ 时，为中压缩性土；

当 $a_{1-2}\geqslant 0.5MPa^{-1}$ 时，为高压缩性土。

在完全侧限的条件下，土的竖向应力变化量与其相应的竖向应变变化量之比，称为土的压缩模量，用 E_s 表示。工程上也常用室内试验求压缩模量 E_s 作为土的压缩性指标。压缩模量按式（1-25）计算：

$$E_s=\frac{1+e_0}{a} \tag{1-25}$$

式中　E_s——土的压缩模量（MPa）；

e_0——土的天然（自重压力下）孔隙比；

a——从土自重压力至土的自重压力与附加压力之和压力段的压缩系数 MPa^{-1}。

E_s 与 a 成反比，即 E_s 越大，a 越小，土的压缩性越低。一般 $E_s<4MPa^{-1}$，为高压缩性土，$E_s=4\sim15MPa^{-1}$ 为中压缩性土，$E_s>15MPa^{-1}$ 为低压缩性土。

2. 土的抗剪强度指标

土的抗剪强度是指土体对于外荷载所产生的剪应力的极限抵抗能力。土体发生剪切破坏时，将沿着其内部某一曲面（滑动面）产生相对滑动，而该滑动面上的剪应力就等于土的抗剪强度。

1776 年，库仑（Coulomb）根据试验结果，将土的抗剪强度 τ_f 表达为滑动面上法向应力的函数，即

对黏性土　$$\tau_f=c+\sigma\cdot\tan\varphi \tag{1-26}$$

对砂土　$$\tau_f=\sigma\cdot\tan\varphi \tag{1-27}$$

式中　τ_f——土的抗剪强度（kPa）；

σ——作用在剪切面上的法向应力（kPa）；

φ——土的内摩擦角（°）；

c——土的黏聚力（kPa）。

抗剪强度线（图 1-17）以 σ 为横坐标，以 τ_f 为纵坐标，直线在纵坐标上的截距为黏聚力 c，与横坐标的夹角为土的内摩擦角 φ。

土的黏聚力 c、内摩擦角 φ 称为土的抗剪强度指标。对一种土，抗剪强度指标是常数。上式称为库仑定律，可知黏性土的抗剪强度由内摩擦力和黏聚力两部分组成。一部分是与剪切面上作用的法向应力无关的抵抗颗粒间相互滑动的力，称为黏聚力。土的黏聚力主要来自土的结构性。砂土的黏聚力通常为零，所以又称为无黏性土。另一部分是与剪切

面上作用的法向应力有关的抵抗颗粒间相互滑动的力，称为摩阻力，通常与法向应力成正比例关系，其本质是摩擦力。摩擦力包括颗粒表面的滑动摩擦力和颗粒相互咬合的咬合摩擦力。

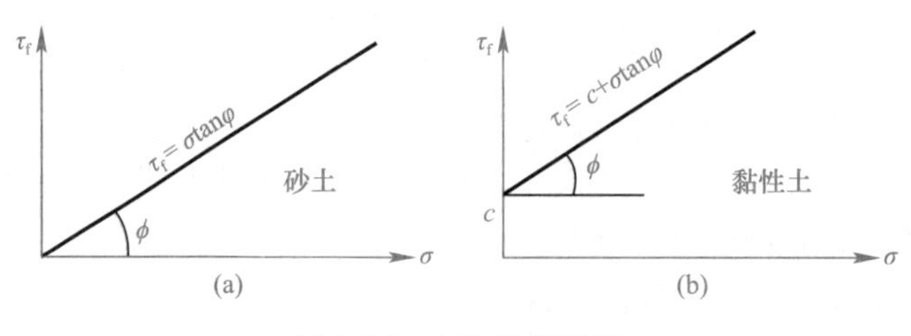

图 1-17　土的抗剪强度

（a）砂土；（b）黏性土

知识拓展

土的抗剪强度可以通过室内试验和现场试验测定。常用的室内试验包括：直接剪切试验、三轴压缩试验、无侧限抗压强度试验。现场原位测试有：十字板剪切试验、大型直接剪切试验。

1.2.6　土的工程分类与鉴别

1. 岩土的分类

《建筑地基基础设计规范》GB 50007—2011 把建筑物地基的岩土分为岩石、碎石土、砂土、粉土、黏性土和人工填土六类。

（1）岩石

岩石按坚硬程度分为：坚硬岩、较硬岩、较软岩、软岩、极软岩。

岩石按完整程度分为：完整、较完整、较破碎、破碎、极破碎。

（2）碎石土

碎石土为粒径大于 2mm 的颗粒含量超过全重 50%的土。碎石土按表 1-17 分为漂石、块石、卵石、碎石、圆砾和角砾。

碎石土的分类　　表 1-17

土的名称	颗粒形状	粒组含量
漂石 块石	圆形及亚圆形为主 棱角形为主	粒径大于 200mm 的颗粒含量超过全重 50%
卵石 碎石	圆形及亚圆形为主 棱角形为主	粒径大于 20mm 的颗粒含量超过全重 50%
圆砾 角砾	圆形及亚圆形为主 棱角形为主	粒径大于 2mm 的颗粒含量超过全重 50%

碎石土的密实度分为松散、稍密、中密、密实（表 1-13）。

（3）砂土

砂土为粒径大于 2mm 的颗粒含量不超过全重 50%、粒径大于 0.075mm 的颗粒超过全重 50%的土。砂土按表 1-18 分为砾砂、粗砂、中砂、细砂和粉砂。

砂土的密实度按表 1-10 分为松散、稍密、中密、密实。

砂土的分类 表1-18

土的名称	粒组含量
砾砂	粒径大于2mm的颗粒含量占全重25%～50%
粗砂	粒径大于0.5mm的颗粒含量超过全重50%
中砂	粒径大于0.25mm的颗粒含量超过全重50%
细砂	粒径大于0.075mm的颗粒含量超过全重85%
粉砂	粒径大于0.075mm的颗粒含量超过全重50%

（4）粉土

粉土为介于砂土与黏性土之间，塑性指数 I_P 小于或等于10且粒径大于0.075mm的颗粒含量不超过全重50%的土。

（5）黏性土

黏性土为塑性指数 I_P 大于10的土，可按表1-15分为黏性土、粉质黏土。

黏性土的状态根据液性指数 I_L 的大小，分为坚硬、硬塑、可塑、软塑、流塑五种状态（表1-16）。

（6）人工填土

人工填土根据其组成和成因，可分为素填土、压实填土、杂填土、冲填土。素填土为由碎石土、砂土、粉土、黏性土等组成的填土。经过压实或夯实的素填土为压实填土。杂填土为含有建筑垃圾、工业废料、生活垃圾等杂物的填土。冲填土为由水力冲填泥砂形成的填土。

2. 土的工程分类

在建筑施工中，按土石坚硬程度、施工开挖的难易将土石划分为八类，如表1-19所示。

土的工程分类 表1-19

土的分类	土的级别	土的名称	坚实系数 f	密度（kg/m³）	开挖方法及工具
一类土（松软土）	Ⅰ	砂土、粉土、冲积砂土层；疏松的种植土、淤泥（泥炭）	0.5～0.6	600～1500	用锹、锄头挖掘，少许用脚蹬
二类土（普通土）	Ⅱ	粉质黏土；潮湿的黄土；夹有碎石、卵石的砂；粉土混卵（碎）石；种植土、填土	0.6～0.8	1100～1600	用锹、锄头挖掘，少许用镐翻松
三类土（坚土）	Ⅲ	软及中等密实黏土；重粉质黏土、砾石土；干黄土、含有碎石卵石的黄土、粉质黏土；压实的填土	0.8～1.0	1750～1900	主要用镐，少许用锹、锄头挖掘，部分用撬棍
四类土（砂砾坚土）	Ⅳ	坚硬密实的黏性土或黄土；含碎石、卵石的中等密实的黏性土或黄土；粗卵石；天然级配砂石；软泥灰岩	1.0～1.5	1900	整个先用镐、撬棍，后用锹挖掘，部分用楔子及大锤
五类土（软石）	Ⅴ～Ⅵ	硬质黏土；中密的页岩、泥灰岩、白垩土；胶结不紧的砾岩；软石灰岩及贝壳石灰岩	1.5～4.0	1100～2700	用镐或撬棍、大锤挖掘，部分使用爆破方法
六类土（次坚石）	Ⅶ～Ⅸ	泥岩、砂岩、砾岩；坚实的页岩、泥灰岩、密实的石灰岩；风化花岗岩、片麻岩及正长岩	4.0～10.0	2200～2900	用爆破方法开挖，部分用风镐

续表

土的分类	土的级别	土的名称	坚实系数 f	密度（kg/m³）	开挖方法及工具
七类土（坚石）	Ⅹ～ⅩⅢ	大理岩；辉绿岩；玢岩；粗、中粒花岗岩；坚实的白云岩、砂岩、砾岩、片麻岩、石灰岩；微风化安山岩、玄武岩	10.0～18.0	2500～3100	用爆破方法开挖
八类土（特坚石）	ⅩⅣ～ⅩⅥ	安山岩；玄武岩；花岗片麻岩；坚实的细粒花岗岩、闪长岩、石英岩、辉长岩、辉绿岩、玢岩、角闪岩	18.0～25.0 以上	2700～3300	用爆破方法开挖

注：1. 土的级别为相当于一般16级土石分类级别；
2. 坚实系数 f 为相当于普氏岩石强度系数。

3. 土的可松性

土的可松性是指土经过挖掘以后，组织破坏体积增加的性质，以后虽经回填压实，仍不能恢复成原来的体积。土的可松性程度一般以可松性系数表示，它是挖填土方时，计算土方机械生产率、回填土方量、运输机具数量、进行场地平整规划竖向设计、土方平衡调配的重要参数。各类土的可松性系数见表1-20。

各种土的可松性参考数值 **表1-20**

土的类别	体积增加百分比（%）		可松性系数	
	最初	最终	K_s	K'_s
一类土（种植土除外）	8～17	1～1.25	1.08～1.17	1.01～1.03
一类土（植物性土、泥炭）	20～30	3～4	1.20～1.30	1.03～1.04
二类土	14～28	1.5～5	1.14～1.28	1.02～1.05
三类土	24～30	4～7	1.24～1.30	1.04～1.07
四类土（泥灰岩、蛋白石除外）	26～32	6～9	1.26～1.32	1.06～1.09
四类土（泥灰岩、蛋白石）	33～37	11～15	1.33～1.37	1.11～1.15
五～七类土	30～45	10～20	1.30～1.45	1.10～1.20
八类土	45～50	20～30	1.45～1.50	1.20～1.30

注：K_s 为最初可松性系数，即土挖掘后的松散系数；K'_s 为最终可松性系数，即土挖掘后再填方压实后的松散系数。

K_s——为最初可松性系数，$K_s=\frac{V_2}{V_1}$；

K'_s——为最终可松性系数，$K'_s=\frac{V_3}{V_1}$；

V_1——开挖前土的自然体积；

V_2——开挖后土的松散体积；

V_3——土经回填压实后的体积。

【工程案例1-3】 某工程基槽土方体积为1300m³，基槽内基础体积为500m³，基础施工完成后，用原来的土进行夯填。根据施工组织的要求，应将多余的土方全部事先运走，试确定回填土的预留量和弃土量？已知 $K_s=1.35$，$K'_s=1.15$。

【解】 回填土的弃土量=[(1300−500)/1.15]×1.35=939m³

回填土的预留量=1300×1.35−939=816m³

知识拓展——土的现场鉴别方法

碎石土、砂土的现场鉴别方法见表1-21；碎石土密实度野外鉴别方法见表1-13。

碎石土、砂土现场鉴别方法　　表1-21

鉴别方法	碎石土		砂土				
	卵（碎）石	角砾	砾砂	粗砂	中砂	细砂	粉砂
观察颗粒粗细	大部分（一半以上）颗粒超过10mm（蚕豆粒大小）	大部分（一半以上）颗粒超过2mm（小高粱粒大小）	约有四分之一以上的颗粒超过2mm（小高粱粒大小）	约有一半以上的颗粒超过0.5mm（细小米粒大小）	约有一半以上的颗粒超过0.25mm（鸡冠花粉粒大小）	颗粒粗细程度较精制食盐稍粗，与粗玉米粉近似	颗粒粗细程度较精制食盐稍细，与小米粉相似
干燥时的状态及强度	颗粒完全分散	颗粒完全分散	颗粒完全分散	颗粒完全分散，但有个别胶结一起	颗粒基本分散，但有局部胶结在一起（但一碰即散开）	颗粒大部分分散，少量胶结（胶结部分稍加碰撞即散）	颗粒小部分分散，大部分胶结在一起（稍加压力也可分散）
湿润时用手拍击	表面无变化	表面无变化	表面无变化	表面无变化	表面偶有水印	表面有水印（翻浆）	表面有显著翻浆现象
粘着程度	无粘着感觉	无粘着感觉	无粘着感觉	无粘着感觉	无粘着感觉	偶有轻微粘着感觉	有轻微粘着感觉

单元小结

工程地质勘察报告是工程地质勘察的成果，是地基基础设计、制定土方施工方案和进行工程预算的重要依据。本单元介绍了工程地质勘察相关知识，包括勘察的目的、任务和内容（勘察等级、勘察阶段和勘察方法）。为引导学生正确识读、分析利用勘察报告，本单元安排了一实际工程详细勘察报告，以培养学生理论联系实际和进行交底工作的职业能力。勘察报告列举了勘察目的与任务、勘察依据、勘察方法和完成工作量，主要对建筑场地工程地质条件进行综合阐述，对场地地基土的岩土工程性质进行分析和评价，并提出相关的基础设计方案和施工建议。

认识工程地质，不仅要熟悉地质勘察报告的内容，而且要熟悉土的性质。本单元介绍了土的物理力学性质指标，土的分类和鉴别方法。

习　题

一、选择题

1. 根据土方开挖的难易程度不同，可将土石划分为（　　）个大类。

A. 四　　B. 六　　C. 八　　D. 十

2. 主要用镐，少许用锹、锄头挖掘，部分用撬棍的方式开挖的是（　　）。

A. 二类土　　B. 三类土　　C. 四类土　　D. 五类土

3. 主要采用爆破方法开挖，部分用风镐的方式开挖的是（　　）。

A. 四类土　　B. 五类土　　C. 六类土　　D. 七类土

4. 在土的物理性质指标中，直接通过试验测定的是（　　）。

A. d_s，w，e　　B. d_s，w，γ　　C. d_s，γ，e　　D. γ，w，e

5. 黏性土由流动状态转变为可塑状态的分界含水率称为（　　）。

A. 界限　　B. 缩限　　C. 塑限　　D. 液限

6. 塑限与缩限之间的范围为（　　）状态。

A. 流动　　B. 可塑　　C. 半固态　　D. 固态

7. 判别黏性土软硬状态的指标是（　　）。

A. 塑性指数　　B. 液性指数　　C. 压缩系数　　D. 压缩模量

8. 某土的天然含水率 $w=36\%$，塑限 $w_P=26\%$，液限 $w_L=42\%$，该土为（　　）。

A. 粉土　　B. 黏土　　C. 粉质黏土　　D. 淤泥质土

9. 某土的天然含水率 $w=45\%$，塑限 $w_P=28\%$，液限 $w_L=40\%$，孔隙比 $e=1.2$，该土为（　　）。

A. 黏土　　B. 粉质黏土　　C. 淤泥质黏土　　D. 淤泥质粉质黏土

二、填空题

1. 主要采用锹、锄头挖掘方式进行开挖的土石类别有______和______。

2. 主要采用镐进行开挖，并配合其他方法开挖的土石类别有_______、_______和_______。

3. 只能采用爆破方法进行开挖的土石类别有______和______。

4. 土是由______、______和______组成的三相体系。

5. 地基土的压缩性指标有______和______。

6. 压缩系数越大，土的压缩性______。压缩模量越大，土的压缩性______。

三、简答题

1. 工程地质勘察的任务有哪些？分哪几个阶段？

2. 工程地质勘察报告有哪些内容？

3. 土由哪几部分组成？

4. 土的物理性质指标有哪几个？哪些是直接测定的？

四、应用案例

1. 已知某钻孔原状土样，用体积为 $72cm^3$ 的环刀取样，经实验测得：土的质量 $m_1=130g$，烘干后质量 $m_2=115g$，土粒相对密度 $d_s=2.70$，试用三相简图法求其他物理性质指标。

2. A、B 两种土样，试验结果见表 1-22，试确定土的名称和软硬状态。

试验结果　　表 1-22

土样	天然含水率 ω（%）	塑限含水率 ω_P（%）	液限含水率 ω_L（%）
A	40.4	25.4	47.9
B	23.2	21.0	31.2

1-6 单元自测

实训任务一　某地质勘察报告的阅读和使用

一、任务对象

地质勘察报告一份。

二、任务要求

学生完成地质勘察报告的识读任务并进行地质勘察报告交底工作。

（1）了解结束语或建议中场地类别、场地类型；结合地质勘察报告描述土层分布、标高、厚度、均匀性、稳定性。

（2）结合地质勘察报告描述持力层土的走向、标高、物理力学性质、物理状态。

（3）查看地质勘察报告中持力层土质、地基承载力特征值、地基类型和基础砌筑标高。了解持力层土质下是否存在软弱下卧层。如果有，需验算一下软弱下卧层的承载力是否满足要求。

（4）结合钻探点号查看地质剖面图，再次确定基础埋置标高。以报告中建议的最高埋深为起点，画一条水平线从左向右贯穿剖面图，看此水平线是否绝大部分落在了报告所建议的持力层土质标高层范围内，以此确定基础埋深。对于局部未进入持力层的小部分回填土，可在验槽时与勘察单位共同协商，采取局部清除，用级配砂石替换等方法处理。

（5）结合地质勘察报告描述地下水类型、历年来地下水位最高标高和抗浮水位、土的渗透系数、地下水的腐蚀性。

（6）结合地质勘察报告描述是否有不良地质现象，施工中将采取何种措施预防地基事故的发生。

三、方案实施

（1）学生分组，每组6人，以小组为单位组织实施。

（2）识读地质勘察报告并进行地质勘察报告交底工作。

实训任务二　××工程土的室内物理力学性质指标的测定

一、研究对象

某场地表层土。

二、任务要求

（1）学生观察并用手触摸感受各类土的感官性质，初步判断土的类型。

（2）进行室内土工实验，测定土样的基本物理性质指标（土的密度 ρ、土的含水率 w 和土粒相对密度 d_s）。

（3）根据土的基本物理性质指标，计算导出土的其他物理性质指标。

三、方案实施

（1）学生分组，每组 6 人，以小组为单位组织实施。

（2）完成土工实验报告。

单元 2

土方工程施工

【教学目标】

通过学习土方工程施工，具备土方施工方案编制、土方工程量计算、降水方案设计等能力，了解土方施工主要内容，掌握土方工程量计算方法，掌握土方工程施工工艺流程、施工要点、质量验收要求，掌握降水设计方法、降水方案设计，熟悉降水工艺流程和施工要点。

【教学要求】

能力目标	知识要点	权重	自测分数
能根据地形图和地质勘察报告等资料进行场地平整土方工程量计算	掌握场地平整土方工程量方格网等计算方法，掌握土方量计算要点	35%	
能根据施工图纸和现场实际情况编写土方施工方案	掌握土方施工内容、施工工艺及土方施工质量要点	35%	
能根据施工图纸和现场实际情况制定施工降水方案，并进行降水设计	掌握施工降水设计计算要点，熟悉施工降水施工工艺流程	30%	

案例导入

某建筑工程项目，地下一层，地下室底板底标高为−4.5m，地上为十层。地下水位在地面下1m位置，场地为城市郊区荒地，场地起伏不平，现施工单位拟进场施工，需对场地进行平整，并进行土方工程施工。

思考：1. 该工程场地如何平整？

2. 该工程是否应该降水？如何进行降水设计？

3. 该工程土方工程量如何计算？

2.1 土方工程机械化施工

土方工程施工是建筑施工的一个主要分部工程，也是建筑工程施工的第一道工序，它包括土方开挖、运输、回填压实等主要施工过程，以及排水、降水、土壁支护等准备和辅助过程。常见的土方工程有场地平整、土方开挖、土方回填等。

知识拓展

随着建筑、水利工程建设规模的日益发展，世界上一些大型工程的土石方开挖量常达到数千万立方米，甚至超过亿立方米，如巴基斯坦塔贝拉土石坝（坝体填筑量达1.2亿m^3）和中国葛洲坝水利枢纽土石方开挖量均超过1亿m^3；巴西伊泰普水电站工程，土石方开挖量达6010万m^3。因此一些发达国家土石方施工机械化水平日益向大型、高效方面发展，主要特点是：①发展大容量、大功率、高效率的土石方施工机械，如10m^3以上的挖掘机，100t级以上的自卸汽车；②各工序所采用的机械配套成龙，容量、效率互相配合；③广泛应用液压技术；④采用电子技术和新材料，广泛应用自动控制技术；⑤既注意发展一机多用的多功能机械，又注意发展专用机械；⑥注意施工机械的维修和保养。土方开挖施工如图2-1所示。

图2-1 土方开挖施工现场

土（石）方工程有人工开挖、机械开挖和爆破三种开挖方法。人工开挖只适用于小型基坑（槽）、管沟及土方量少的场所，对大量土方一般均选择机械开挖。当开挖难度很大，如冻土、岩石土的开挖，也可采用爆破技术进行爆破。土方工程的施工过程主要包括：土方开挖、运输、填筑与压实等。常用的施工机械有：推土机、铲运机、单斗挖土机、装载机等，施工时应正确选用施工机械，加快施工进度。

2.1.1 推土机施工

1. 推土机的特点

推土机操纵灵活，运转方便，所需工作面较小、行驶速度快、易于转移，能爬30°左右的缓坡，因此应用较广（图 2-2）。多用于场地清理和平整、开挖深度 1.5m 以内的基坑，填平沟坑，以及配合铲运机、挖土机工作等。此外，在推土机后面可安装松土装置，破、松硬土和冻土，也可拖挂羊足辗进行土方压料工作。推土机可以推挖一～三类土，运距在 100m 以内的平土或移挖作填，宜采用推土机，尤其是当运距在 30～60m 之间最有效，即效率最高。

图 2-2　推土机

2. 作业方法

推土机可以完成铲土、运土和卸土三个工作行程和空载回驶行程。铲土时应根据土质情况，尽量采用最大切土深度在最短距离（6～10m）内完成，以便缩短低速运行时间，然后直接推运到预定地点。回填土和填沟渠时，铲刀不得超出土坡边沿。上下坡坡度不得超过 35°，横坡不得超过 10°。几台推土机同时作业，前后距离应大于 8m。

2.1.2　铲运机施工

1. 铲运机的特点

铲运机的特点是能综合完成铲土、运土、平土或填土等全部土方施工工序，对行驶道路要求较低，操纵灵活、运转方便，生产率高，在土方工程中常应用于大面积场地平整，开挖大基坑、沟槽以及填筑路基、堤坝等工程（图 2-3）。适宜于铲运含水率不大于 27% 的松土和普通土，不适于在砾石层和冻土地带及沼泽区工作，当铲运三、四类较坚硬的土时，宜用推土机助铲（图 2-4）或用松土机配合将土翻松 0.2～0.4m，以减少机械磨损，提高生产率。

2. 开行路线

铲运机的基本作业是铲土、运土、卸土三个工作行程和一个空载回驶行程。在施工中，由于挖填区的分布情况不同，为了提高生产效率，应根据不同施工条件（工程大小、运距长短、土的性质和地形条件等），选择合理的开行路线和施工方法。

由于挖填区的分布不同，应根据具体情况选择开行路线，铲运机的开行路线有：①环形路线；②大环形路线；③8 字形路线等（图 2-5）。

图 2-3　铲运机

图 2-4　顶推助铲法

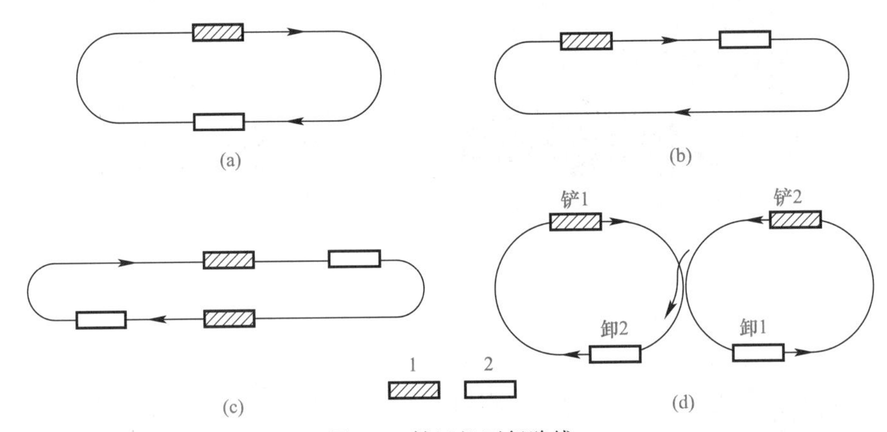

图 2-5　铲运机开行路线

(a) 环形路线；(b) 环形路线；(c) 大环形路线；(d)“8”字形路线

2.1.3　单斗挖掘机施工

1. 正铲挖掘机

正铲挖掘机挖掘能力大，生产率高，适用于开挖停机面以上的一～四类土，它与运土汽车配合能完成整个挖运任务（图 2-6）。可用于开挖大型干燥基坑以及土丘等。

1）适用范围

(1) 开挖含水率不大于 27%的一～四类土和经爆破后的岩石与冻土碎块；

(2) 大型场地整平土方；

(3) 工作面狭小且较深的大型管沟和基槽路堑；

(4) 独立基坑；

(5) 边坡开挖。

2）开挖方式

正铲挖掘机的挖土特点是“前进向上，强制切土”。根据开挖路线与运输汽车相对位置的不同，一般有以下两种（图 2-7）：

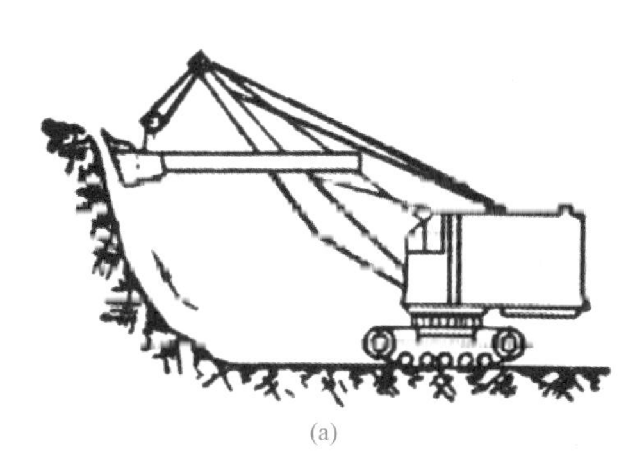
(a)

(b)

图 2-6　正铲挖掘机
(a) 正铲示意图　(b) 正铲图片

(1) 正向开挖，侧向卸土

正铲向前进方向挖土，汽车位于正铲的侧向装土。本法铲臂卸土回转角度小于 90°，装车方便，循环时间短，生产效率高，用于开挖工作面较大，深度不大的边坡、基坑（槽）、沟渠和路堑等，为最常用的开挖方法。

(2) 正铲向前进方向挖土，汽车停在正铲的后面。本法开挖工作面较大，但铲臂卸土回转角度较大，约 180°，且汽车要侧向行车，增加工作循环时间，生产效率降低（回转角度 180°，效率降低约 23%；回转角度 130°，降低约 13%）。用于开挖工作面较大，且较深的基坑（槽）、管沟和路堑等。

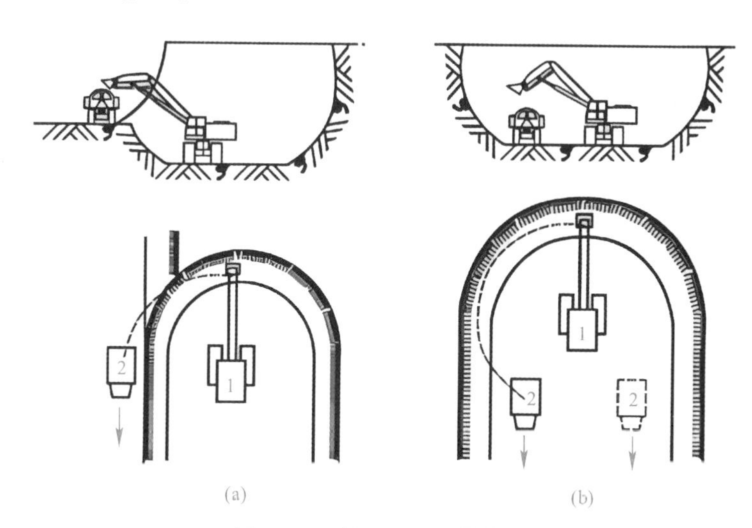

图 2-7　正铲挖掘机工作方式
(a) 正向开挖，侧向卸土；(b) 正向开挖，后方卸土
1—正铲挖掘机；2—自卸汽车

2. 反铲挖掘机

反铲挖掘机操作灵活，挖土、卸土均在地面作业，不用开运输道（图 2-8）。

挖土特点是“后退向下，强制切土”，其挖掘力不比正铲小，能开挖停机面以下的一至三类土，宜用于开挖深度不大于 4m 的基坑、基槽、管沟，也适用湿土、含水量较大的及地下水位以下的土壤开挖和对地下水位较高处的土。反铲挖土机的工作方式有沟端开挖和沟侧开挖两种（图 2-9）。

图 2-8 反铲挖掘机

（a）反铲示意图；（b）反铲图片

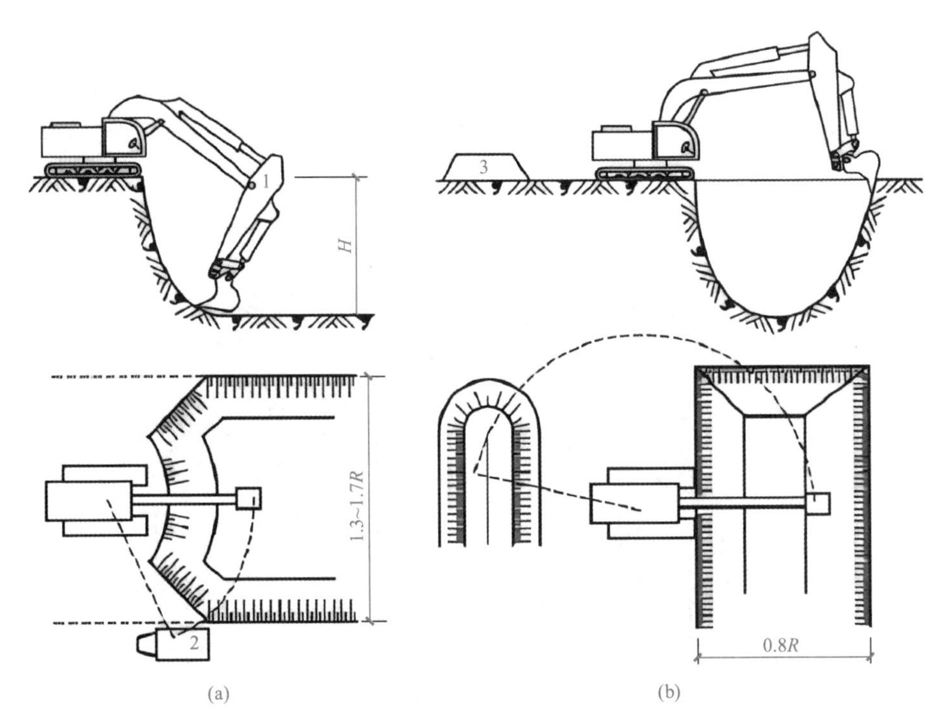

图 2-9 反铲挖掘机工作方式

（a）沟端开挖；（b）沟侧开挖

1—反铲挖土机；2—自卸汽车；3—弃土堆

3. 拉铲挖掘机

拉铲挖掘机的挖土特点是：后退向下，自重切土（图 2-10）。其挖土半径和挖土深度较大，能开挖停机面以下的一到二级土，工作时，利用惯性力将铲斗甩出去，挖得比较远。但不如反铲灵活准确，宜用于开挖大而深的基坑或水下挖土。

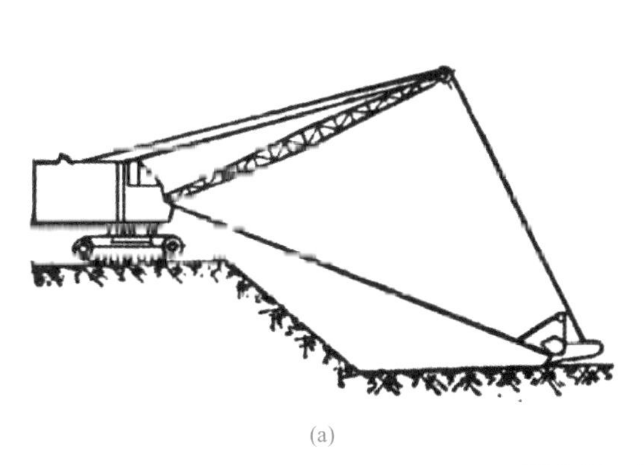

(a)

(b)

图 2-10　拉铲挖掘机

(a) 拉铲示意图；(b) 拉铲图片

4. 抓铲挖掘机

抓铲挖掘机挖土特点是：直上直下，自重切土，挖掘力较小，适用于开挖停机面以下的一～二类土，如挖窄面深的基坑，疏通旧有渠道以及挖取水中淤泥等，或用于装卸碎石，矿渣等松散材料（图 2-11）。在软土地基的地区，常用于开挖基坑等。

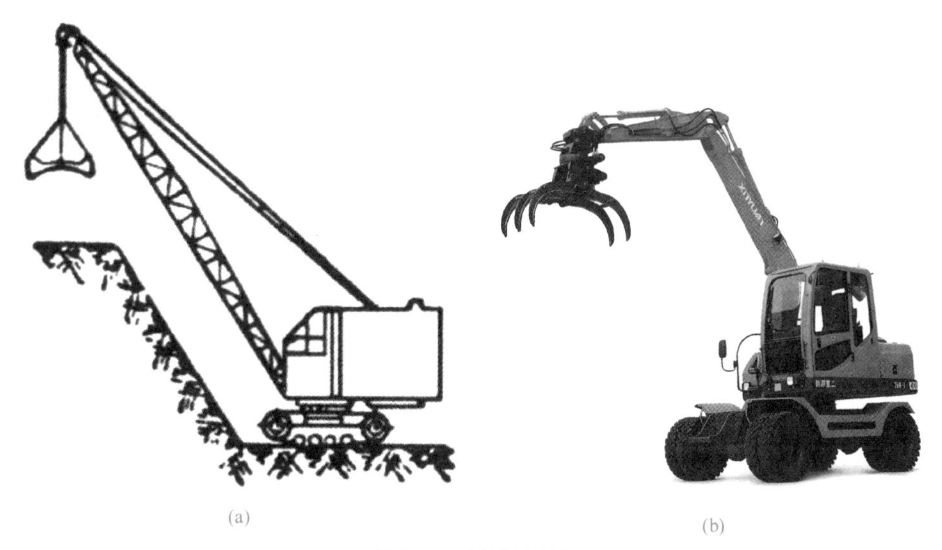

(a)　　(b)

图 2-11　抓铲挖掘机

(a) 抓铲示意图；(b) 抓铲图片

5. 开挖基坑时根据下述原则选择机械

1）土的含水率较小，可结合运距长短、挖掘深浅，分别采用推土机、铲运机或正铲挖土机配合自卸汽车进行施工。当基坑深度在 1～2m，基坑不太长时可采用推土机；深度在 2m 以内长度较大的线状基坑，宜由铲运机开挖；当基坑较大，工程量集中时，可选用正铲挖土机挖土。

2）如地下水位较高，又不采用降水措施，或土质松软，可能造成正铲挖土机的铲运机陷车时，则采用反铲，拉铲或抓铲挖土机配合自卸汽车较为合适，挖掘深度见有关机械的性能表。

 知识拓展

常用土方机械的选择如表 2-1 所示。

常用土方机械的选择　　表 2-1

名称、特性	作业特点	适用范围及辅助设备
推土机 操作灵活，运转方便，需工作面小，可挖土运土，易于转移，行驶速度快，应用广泛	1. 推平； 2. 运距 100m 内的堆土（效率最高为 60m）； 3. 开挖浅基坑； 4. 推送松散的硬土、岩石； 5. 回填、压实； 6. 配合铲运机助铲； 7. 牵引； 8. 上坡坡度 30°左右，下坡坡度最大 35°，横坡最大为 10°，几台同时作业前后距离应大于 8m	1. 推一～四类土； 2. 找平表面，场地平整； 3. 短距离移挖作填，回填基坑（槽）、管沟并压实； 4. 开挖不大于 1.5m 的基坑（槽）； 5. 堆筑高 1.5m 内的路基、堤坝； 6. 羊足碾； 7. 配合挖土机从事集中土方、清理场地、修路开道等土方挖后运出，需配备装土、运土设备，推挖三四类土应用松土机预先翻松
铲运机 操作简单灵活，不受地形限制，不需特设道路，准备工作简单，能独立工作，不需其他机械配合就能完成铲土、运土、卸土、填筑、压实等工作，行驶速度快，易于转移，需用劳动力少，生产效率高	1. 大面积整平； 2. 开挖大型基坑、沟渠； 3. 运距 800～1500m 内的挖运土（效率最高为 200～350m）； 4. 填筑路基、堤坝； 5. 回填压实土方； 6. 坡度控制在 20°以内	1. 开挖含水率 27%以下的一～四类土； 2. 大面积场地平整压实； 3. 运距 800m 内的挖运土方； 4. 开挖大型基坑（槽、管沟）、填筑路基等；但不适于砾石层、冻土地带及沼泽地区使用。开挖坚土时需用推土机助铲，开挖三、四类土宜先用松土机预先翻动 20～40cm；自行式铲运机用轮胎行驶，适合于长距离，但开挖亦须用助铲
正铲挖掘机 装车轻便灵活，回转速度快，移位方便，能挖掘坚硬土层，易控制开挖尺寸，工作效率高	1. 开挖停机面以上土方； 2. 工作面应在 1.5m 以上，开挖合理高度 2～4m； 3. 开挖高度超过挖土机挖掘高度时，可采取分层开挖； 4. 装车外运	1. 开挖含水量不大于 27%的一～四类土和经爆破后的岩石与冻土碎块； 2. 大型场地整平土方； 3. 工作面狭小且较深的大型管沟和基槽、路堑； 4. 独立基坑； 5. 边坡开挖； 土方外运应配备自卸汽车，工作面应有推土机配合平土、集中土方进行联合作业
反铲挖掘机 操作灵活，挖土、卸土均在地面作业，不用开运输道	1. 开挖地面以下深度不大的土方； 2. 最大挖土深度 4～6m，经济合理深度为 1.5～3m； 3. 可装车和两边甩土、堆放； 4. 较大较深基坑可用多层接力挖土	1. 开挖含水量大的一～三类的砂土或黏土； 2. 管沟和基槽； 3. 独立基坑； 4. 边坡开挖。 土方外运应配备自卸汽车，工作面应有推土机配合推到附近堆放
拉铲挖掘机 可挖深坑，挖掘半径及卸载半径大，操纵灵活性较差	1. 开挖停机面以下土方； 2. 可装车和甩土； 3. 开挖截面误差较大； 4. 可将土甩在基坑（槽）两边较远处堆放	1. 挖掘一～三类土，开挖较深较大的基坑（槽）、管沟； 2. 大量外借土方； 3. 填筑路基、堤坝； 4. 挖掘河床； 5. 不排水挖取水中泥土 土方外运需配备自卸汽车，配备推土机创造施工条件

续表

名称、特性	作业特点	适用范围及辅助设备
抓铲挖掘机 钢绳牵拉灵活性较差，工效不高，不能挖掘坚硬土	1. 开挖直井或沉井土方； 2. 装车或甩土； 3. 排水不良也能开挖； 4. 吊杆倾斜角度应在45°以上，距边坡应不小于2m	1. 土质比较松软，施工面较狭窄的深基坑、基槽； 2. 水中挖取土，清理河床； 3. 桥基、桩孔挖土； 4. 装卸散装材料 土方外运时，按运距配备自卸汽车
装载机 操作灵活，回转移位方便、快速，可装卸土方和散料，行驶速度快	1. 开挖停机面以上土方； 2. 轮胎式只能装松散土方，履带式可装较实土方； 3. 松散材料装车； 4. 吊运重物，用于铺设管	1. 外运多余土方； 2. 履带式改换挖斗时，可用于开挖； 3. 装卸土方和散料； 4. 松软土的表面剥离； 5. 地面平整和场地清理等工作； 6. 回填土； 7. 拔除树根 土方外运需配备自卸汽车，作业面经常用推土机平整并推松土方

2.2　场地平整

2.2.1　场地平整程序

场地平整，就是指通过挖高填低，将原始地面改造成满足工程施工需要的场地平面。

2-1 场地平整

场地平整的一般施工工艺如下：现场勘察→清除地面障碍物→标定整平范围→设置水准基点→设置方格网，测量标高→计算土方挖填工程量→平整土方→场地碾压→验收。

当确定平整工程后，施工人员首先应到现场进行勘察，了解场地地形、地貌和周围环境。根据建筑总平面图及规划了解并确定现场平整场地的大致范围。平整前必须把场地平整范围内的障碍物如树木、电线、电杆、管道、房屋、坟墓等清理干净，然后根据总图要求的标高，从水准基点引进基准标高作为确定土方量计算的基点。

2.2.2　场地平整的一般要求

1. 平整场地应做好地面排水。平整场地的表面坡度应符合设计要求，如设计无要求时，一般应向排水沟方向做成不小于0.2%的坡度。

2. 平整后的场地表面应逐点检查，检查点为每100~400m^2取1点，但不少于10点；长度、宽度和边坡均为每20m取1点，每边不少于1点。

3. 场地平整应经常测量和校核其平面位置、水平标高和边坡坡度是否符合设计要求。平面控制桩和水准控制点应采取可靠措施加以保护，定期复测和检查；土方不应堆在边坡边缘。

4. 填土应尽量采用同类土填筑，并控制土的含水率在最优含水量范围内。当采用不同的土填筑时，应按土类有规则地分层铺填，将透水性大的土层置于透水性较小的土层之下，不得混杂使用，边坡不得用透水性较小的土封闭，以利水分排出和基土稳定，并避免在填方内形成水囊和产生滑动现象。

5. 填土应从最低处开始，由下向上整宽度分层铺填碾压或夯实。

2.2.3 场地平整土方量计算

土方量的计算有方格网法和横截面法，可根据地形具体情况采用。

1. 方格网法

用于地形较平缓或台阶宽度较大的地段。计算方法较为复杂，但精度较高，其计算步骤和方法如下：

1）划分方格网

将地形图划分方格网（或利用地形图的方格网），将场地划分成边长 $a=10\sim40\text{m}$ 的若干方格。将相应设计标高和自然地面标高分别标注在方格点的右上角和右下角。将自然地面标高与设计地面标高的差值，即各角点的施工高度（挖或填），填在方格网的左上角，挖方为（－），填方为（＋）。

2）自然标高确定

每个方格的角点自然标高，一般可根据地形图上相邻两等高线的标高，用插入法求得。插入法假定两等高线之间的地面坡度按直线变化。如求角点 4 的地面标高（H_4），见图 2-12。

$$h_x :(H_B - H_A) = xL$$

$$h_x = \frac{H_B - H_A}{L} x$$

$$H_{ij} = H_A + h_x \tag{2-1}$$

为了避免繁琐的计算，通常采用图解法（图 2-13）。用一张透明纸，上面画 6 根等距离的平行线。把该透明纸放到标有方格网的地形图上，将 6 根平行线的最外边两根分别对准 A 点和 B 点，这时 6 根等距的平行线把 A、B 之间的 0.5m 高差分成 5 等分，于是便可直接读得角点 4 的地面标高 $H_4=44.34\text{m}$。其余各角点标高均可用图解法求出。

当无地形图时，亦可在现场打设木桩定好方格网，然后用仪器直接测出。

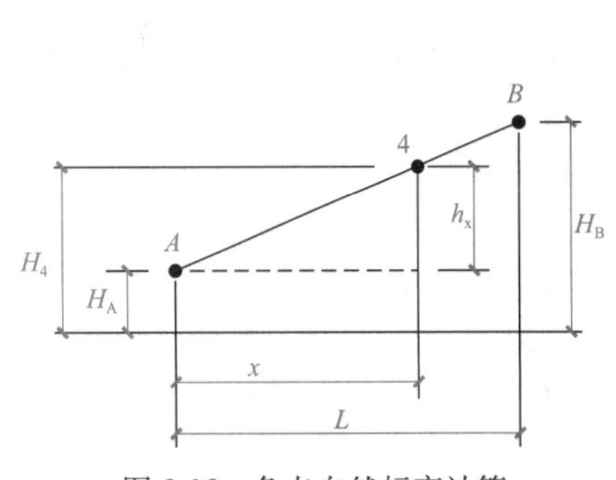

图 2-12 角点自然标高计算

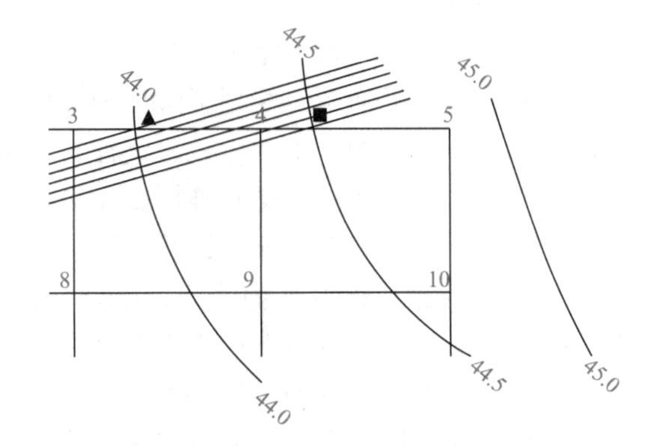

图 2-13 插入法图解法

3）计算场地设计标高

对较大面积的场地平整，正确地选择场地平整高度（设计标高），对节约工程投资、加快建设速度均具有重要意义。一般选择原则是：在符合生产工艺和运输的条件下，尽量利用地形，以减少挖方数量；场地内的挖方与填方量应尽可能达到互相平衡，以降低土方运输费用；同时应考虑最高洪水位的影响等。场地平整高度计算常用的方法为"挖填土方量平衡法"，因其概念直观，计算简便，精度能满足工程要求，应用最为广泛，其计算步骤和方法如下：

① 初定设计标高

一般要求是，使场地内的土方在平整前和平整后相等而达到挖方和填方量平衡，如图 2-14 所示。

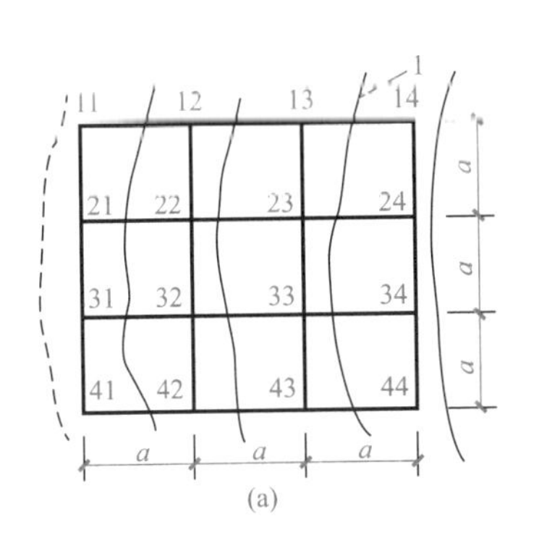

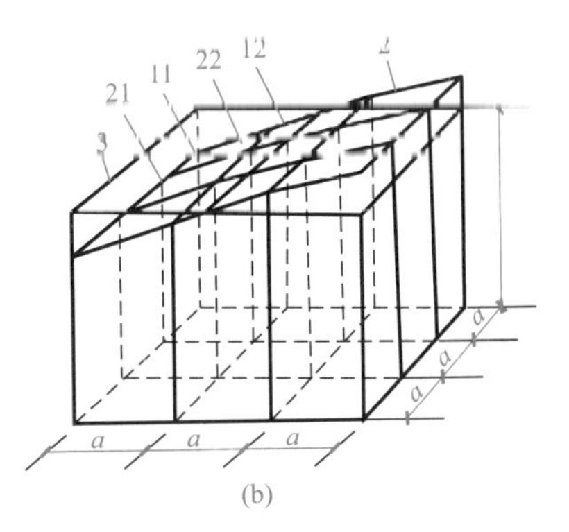

图 2-14　场地设计标高计算简图

(a) 地形图上划分方格；(b) 设计标高示意

1—等高线；2—自然地坪；3—平整标高平面；4—自然地面与平整标高平面的交线（零线）

设达到挖填平衡的场地平整标高为 H_0，则由挖填平衡条件，H_0 值可由下式求得：

$$H_0 na^2 = \sum_{i=1}^{n} \left(a^2 \frac{H_{i1}+H_{i2}+H_{i3}+H_{i4}}{4}\right) \Rightarrow H_0 = \frac{\sum H_1 + 2\sum H_2 + 3\sum H_3 + 4\sum H_4}{4n} \tag{2-2}$$

式中　H_0——所计算的场地设计标高（m）；

a——方格边长；

n——方格数；

$H_{i1},\cdots,H_{i4}$——任一方格的四个角点的标高；

H_1——一个方格共有的角点标高（m）；

H_2——二个方格共有的角点标高（m）；

H_3——三个方格共有的角点标高（m）；

H_4——四个方格共有的角点标高（m）。

② 考虑设计标高的调整值

上式计算的 H_0，为一理论数值，实际尚需考虑：土的可松性；设计标高以下各种填方工程用土量，或设计标高以上的各种挖方工程量；边坡填挖土方量不等；部分挖方就近弃土于场外，或部分填方就近从场外取土等因素。考虑这些因素所引起的挖填土方量的变化后，适当提高或降低设计标高。考虑排水坡度对设计标高的影响。

式（2-2）计算的 H_0 未考虑场地的排水要求（即场地表面均处于同一个水平面上），实际均应有一定排水坡度。如场地面积较大，应有 0.2%以上排水坡度，尚应考虑排水坡度对设计标高的影响。故场地内任一点实际施工时所采用的设计标高 H_0(m) 可由下式计算：

单向排水时　$$H_n = H_0 + l \times i \tag{2-3}$$

双向排水时　$$H = H_0 \pm l_x i_x \pm l_y i_y \tag{2-4}$$

式中　l——该点至 H_0 的距离（m）；

i——x 方向或 y 方向的排水坡度（不少于 0.2%）；

l_x、l_y——该点于 $x-x$、$y-y$ 方向距场地中心线的距离（m）；

i_x、i_y——分别为 x 方向和 y 方向的排水坡度；

±——该点比 H_0 高则取“+”号，反之取“－”号。

4）计算施工高度

将相应设计标高和自然地面标高分别标注在方格点的右上角和右下角。将自然地面标高与设计地面标高的差值，即各角点的施工高度（挖或填），填在方格网的左上角，挖方为（－），填方为（+）。

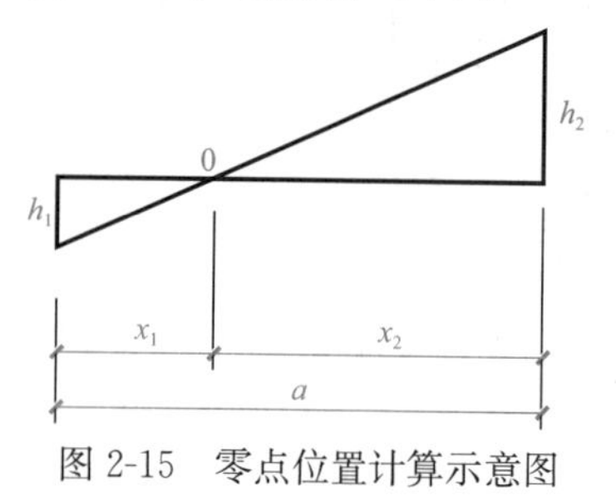

图 2-15　零点位置计算示意图

5）计算零点位置

在一个方格网内同时有填方或挖方时，应先算出方格网边上的零点的位置（图 2-15），并标注于方格网上，连接零点即得填方区与挖方区的分界线（即零线）。

零点的位置按下式计算（式 2-5）：

$$x_1=\frac{h_1}{h_1+h_2}\times a \quad x_2=\frac{h_2}{h_1+h_2}\times a \tag{2-5}$$

式中　x_1、x_2——角点至零点的距离（m）；

h_1、h_2——相邻两角点的施工高度（m），均用绝对值；

a——方格网的边长（m）。

零点位置图解法为省略计算，亦可采用图解法直接求出零点位置，方法是用尺在各角上标出相应比例，用尺相接，与方格相交点即为零点位置。这种方法可避免计算（或查表）出现的错误。

6）计算各方格土方工程量

按方格网底面积图形和表 2-2 所列体积计算公式计算每个方格内的挖方或填方量，或用查表法计算，有关计算用表见表 2-2。

常用方格网点计算公式　　表 2-2

项目	图式	计算公式
一点填方或挖方（三角形）	h_1 h_2 c h_3 h_4 b	$V=\frac{1}{2}bc\frac{\sum h}{3}=\frac{bch_3}{6}$ 当 $b=a=c$ 时，$V=\frac{a^2h_3}{6}$
两点填方或挖方（梯形）	b d h_1 h_2 a h_3 h_4 c e	$V_+=\frac{b+c}{2}a\frac{\sum h}{4}=\frac{a}{8}(b+c)(h_1+h_3)$ $V_-=\frac{d+e}{2}a\frac{\sum h}{4}=\frac{a}{8}(d+e)(h_2+h_4)$
三点填方或挖方（五角形）	h_1 h_2 a h_3 h_4 b	$V=\left(a^2-\frac{bc}{2}\right)\frac{\sum h}{5}$ $=\left(a^2-\frac{bc}{2}\right)\frac{h_1+h_2+h_3}{5}$

续表

项目	图式	计算公式
四点填方或挖方（正方形）	h_1 h_2 h_3 h_4	$V=\frac{a^2}{4}\sum h=\frac{a^2}{4}(h_1+h_2+h_3+h_4)$

注：1. a 是方格网的边长（m），b、c 是零点到一角的边长（m），h_1、h_2、h_3、h_4 是方格网四角点的施工高程（m），用绝对值代入；$\sum h$ 是填方或挖方施工高程的总和（m），用绝对值代入；V 是挖方或填方体积（m^3）；
2. 本表公式是按各计算图形底面积乘以平均施工高程而得出的。

7）计算土方总量

将挖方区（或填方区）所有方格计算土方量汇总，即得该场地挖方和填方的总土方量。

2. 断面法

当地形复杂起伏变化较大，或地狭长、挖填深度较大且不规则的地段，宜选择断面法进行土方量计算（图 2-16）。

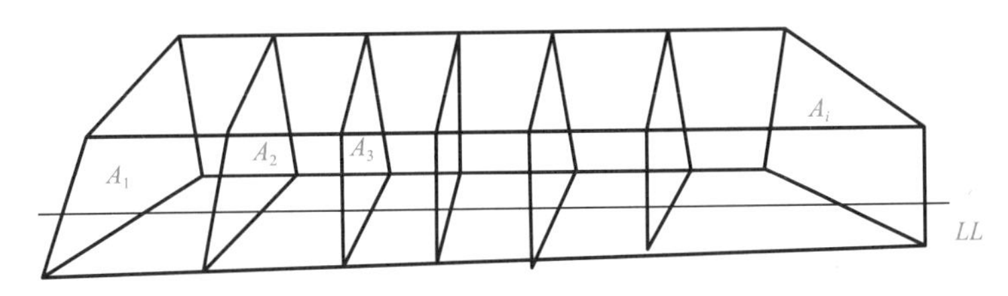

图 2-16　断面法计算土方量

图 2-16 为一渠道的测量图形，利用断面法进行计算土方量时，可根据渠 LL，按一定的长度 L 设断面 A_1、A_2、A_3…A_i 等。

断面法的表达式为：

$$V=\sum_{i=2}^{n}V_i=\sum_{i=2}^{n}(A_{i-1}+A_i)\frac{L_i}{2} \tag{2-6}$$

在式（2-6）中，A_{i-1}，A_i 分别为第 i 单元渠段起终断面的填（或挖）方面积；L_i 为渠段长；V_i 为填（或挖）方体积。

土石方量精度与间距 L 的长度有关，L 越小，精度就越高。但是这种方法计算量大，尤其是在范围较大、精度要求高的情况下更为明显；若是为了减少计算量而加大断面间隔，就会降低计算结果的精度；所以断面法存在着计算精度和计算速度的矛盾。

3. 土方的平衡与调配计算

计算出土方的施工标高、挖填区面积、挖填区土方量，并考虑各种变动因素（如土的松散率、压缩率、沉降量等）进行调整后，应对土方进行综合平衡与调配。土方平衡调配工作是土方规划设计的一项重要内容，其目的在于使土方运输量或土方运输成本为最低的条件下，确定填、挖方区土方的调配方向和数量，从而达到缩短工期和提高经济效益的目的。进行土方平衡与调配，必须综合考虑工程和现场情况、进度要求和土方施工方法以及分期分批施工工程的土方堆放和调运问题，经过全面研究，确定平衡调配的原则之后，才可着手进行土方平衡与调配工作，如划分土方调配区，计算土方的平均运距、单位土方的运价，确定土方的最优调配方案。

土方的平衡与调配原则为：

1）挖方与填方基本达到平衡，减少重复倒运。

2）挖（填）方量与运距的乘积之和尽可能为最小，即总土方运输量或运输费用最小。

3）好土应用在回填密实度要求较高的地区，以避免出现质量问题。

4）取土或弃土应尽量不占农田或少占农田，弃土尽可能有规划地造田。

5）分区调配应与全场调配相协调，避免只顾局部平衡，任意挖填而破坏全局平衡。

6）调配应与地下构筑物的施工相结合，地下设施的填土，应留土后填。

7）选择恰当的调配方向、运输路线、施工顺序，避免土方运输出现对流和乱流现象，同时便于机具调配、机械化施工。

4. 场地平整土方量计算例题

某建筑场地地形图如图2-17所示，方格网 $a=20$m，土质为中密的砂土，设计泄水坡度 $i_x=3‰$，$i_y=2‰$，不考虑土的可松性对设计标高的影响，试确定场地各方格角点的设计标高，并计算挖填土方量。

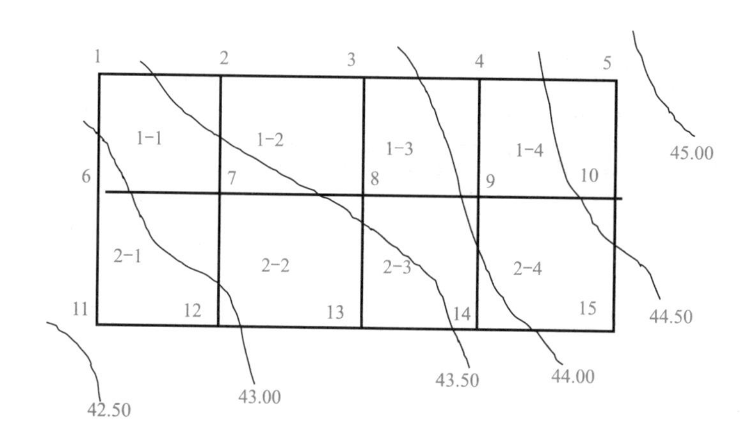

图2-17　某建筑场地地形图

1）计算角点地面标高

用插入法求出等高线44.0～44.5间角点4的地面标高 H_4，如图2-18所示。

$$h_x=\frac{44.5-44.0}{22.6}\times 15.5=0.34\text{m}$$

$$H_4=H_A+h_4=44.0+0.34=44.34\text{m}$$

通常采用图解法求出各角点的地面标高（图2-19）：

2）计算场地设计标高 H_0

$$\sum H_1=43.24+44.8+44.17+42.58=174.79\text{m}$$

$$2\sum H_2=2\times(43.67+43.94+44.34+44.67+43.67+43.23+42.9+42.94)=698.72\text{m}$$

$$3\sum H_3=0$$

$$4\sum H_4=4\times(43.35+43.76+44.17)=525.12\text{m}$$

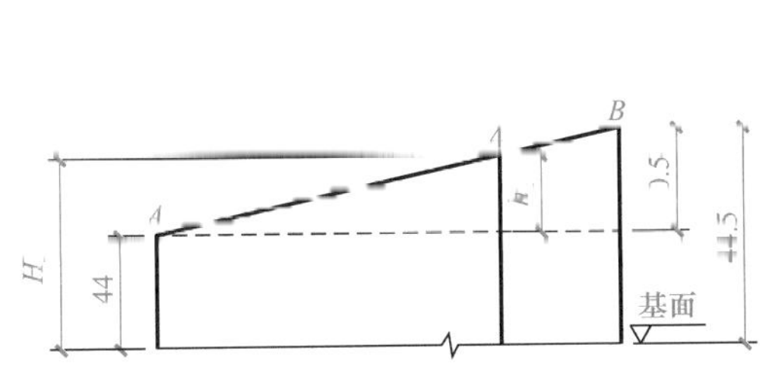

图 2-18　插入法

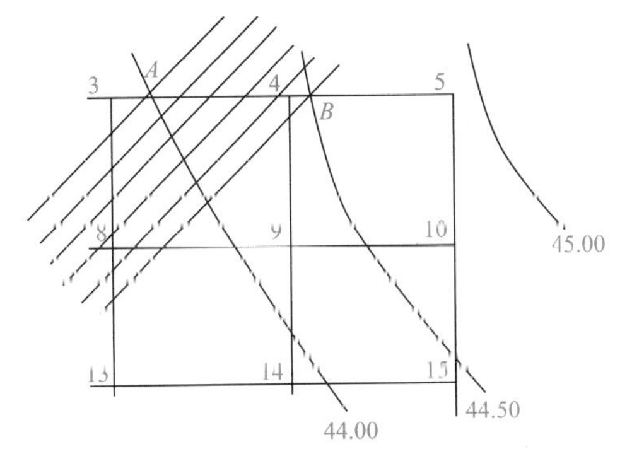

图 2-19　图解法

$$H_0=\frac{\sum H_1+2\sum H_2+3\sum H_3+4\sum H_4}{4n}$$

$$=\frac{174.99+698.72+525.12}{4\times 8}=43.71\text{m}$$

3）场地设计标高的调整（图 2-20）

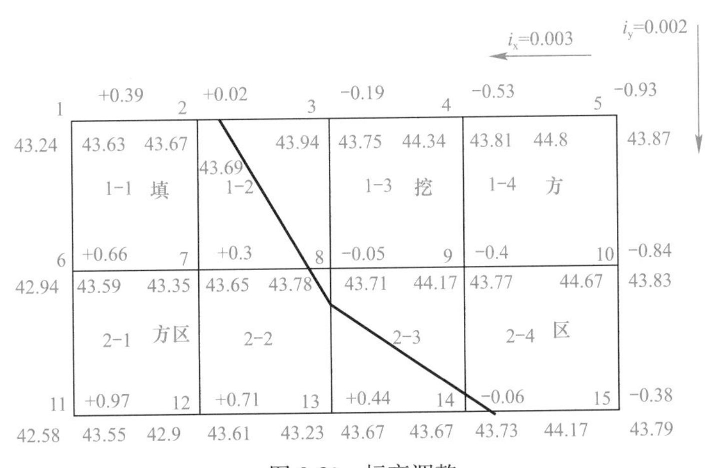

图 2-20　标高调整

以场地中心点 8 为 H_0，其余各角点设计标高为：

$$H_{ij}=H''_0\pm L_x i_x\pm L_y i_y$$

$$H''_0=H_0$$

$$H_1=H_0-40\times 0.003+20\times 0.002$$
$$=43.71-0.12+0.04=43.63\text{m}$$

$$H_2=H_0-20\times 0.003+20\times 0.002$$
$$=43.71-0.06+0.04=43.69\text{m}$$

$$H_6=H_0-40\times 0.003+0=43.71-0.12=43.59\text{m}$$

$$H_7=H_0-20\times 0.003=43.71-0.06=43.65\text{m}$$

$$H_{11}=H_0-40\times 0.003-20\times 0.002$$
$$=43.71-0.12-0.04=43.55\text{m}$$

$$H_{12}=H_0-20\times0.003-20\times0.002$$
$$=43.71-0.06-0.04=43.61\text{m}$$

4）计算各方格角点施工高度

$$h_n=H_{ij}-H_n$$

H_n——自然地面标高；H_{ij}——设计标高。

$$h_1=43.63-43.24=+0.39\text{m}$$
$$h_2=43.69-43.67=+0.02\text{m}$$
$$h_3=43.75-43.94=-0.19\text{m}$$

5）计算零点，标出零线（图 2-21、图 2-22）

$$x_1=\frac{h_2}{h_2+h_3}a$$
$$x_2=\frac{h_3}{h_2+h_3}a$$
$$h_2=+0.02\text{m}$$
$$h_3=-0.19\text{m}$$
$$x_1=\frac{20\times0.02}{0.02+0.19}=1.9\text{m}$$
$$x_2=\frac{20\times0.19}{0.02+0.19}=18.1\text{m}$$

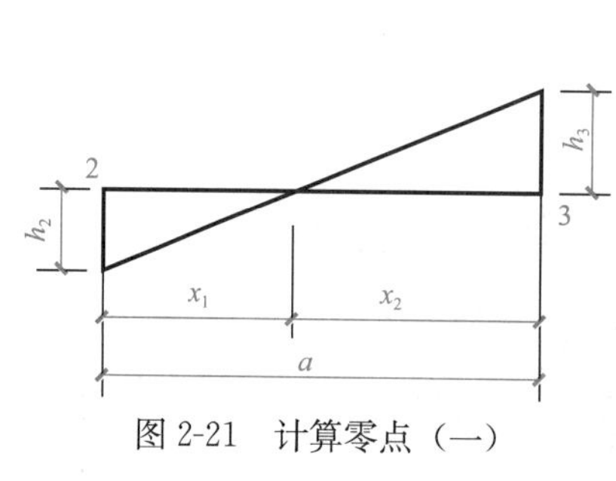

图 2-21　计算零点（一）

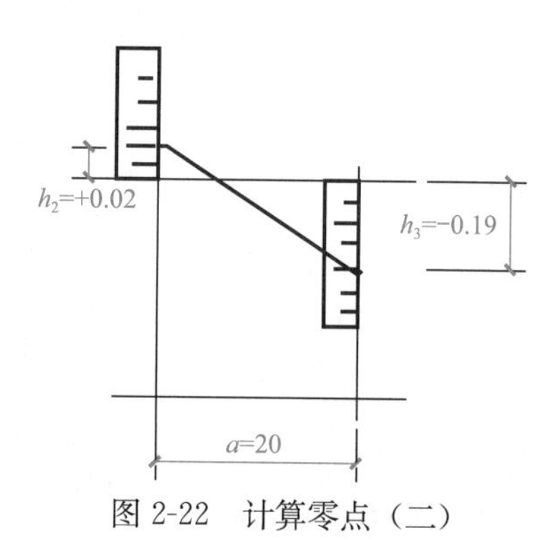

图 2-22　计算零点（二）

6）计算土方量

① 四棱柱法

A. 全挖全填方格

$$V_{1\text{-}1填}=\frac{a^2}{4}(h_1+h_2+h_3+h_4)=\frac{20^2}{4}\times(0.39+0.02+0.3+0.65)=(+)136\text{m}^3$$

$$V_{2\text{-}1填}=\frac{20^2}{4}(0.65+0.3+0.71+0.97)=(+)263\text{m}^3$$

$$V_{1\text{-}3挖}=\frac{20^2}{4}(0.19+0.53+0.4+0.05)=(-)117\text{m}^3$$

$$V_{1\text{-}4挖}=\frac{20^2}{4}(0.53+0.93+0.84+0.4)=(-)270\text{m}^3$$

B. 方格四个角点中，部分是挖方，部分是填方时，其挖方或填方体积分别为：

$$V_{挖}=\frac{a^2}{4}\left(\frac{h_1^2}{h_1+h_2}+\frac{h_2^2}{h_2+h_3}\right)$$

$$V_{填}=\frac{a^2}{4}\left(\frac{h_3^2}{h_2+h_3}+\frac{h_4^2}{h_1+h_4}\right)$$

$$V_{1-2挖}=\frac{20^2}{4}\times\left(\frac{0.19^2}{0.19+0.02}+\frac{0.05^2}{0.05+0.3}\right)=(-)17.91\mathrm{m}^3$$

$$V_{1-2填}=\frac{20^2}{4}\times\left(\frac{0.3^2}{0.3+0.5}+\frac{0.02^2}{0.02+0.19}\right)=(+)25.9\mathrm{m}^3$$

$$V_{2-3挖}=\frac{20^2}{4}\times\left(\frac{0.05^2}{0.05+0.44}+\frac{0.4^2}{0.4+0.6}\right)=(-)35.28\mathrm{m}^3$$

$$V_{2-3填}=\frac{20^2}{4}\times\left(\frac{0.44^2}{0.44+0.05}+\frac{0.06^2}{0.06+0.04}\right)=(+)40.30\mathrm{m}^3$$

C. 方格三个角点为挖方，另一个角点为填方时

$$V_4=\frac{a^2}{4}\frac{h_4^3}{(h_1+h_4)(h_2+h_3)}$$

其挖方体积为：

$$V_{1、2、3}=\frac{a^2}{4}(2h_1+h_2+2h_3-h_4)+V_4$$

$$V_{2-2挖}=\frac{20^2}{4}\times\frac{0.05^3}{(0.05+0.3)(0.44+0.71)}=(-)0.03\mathrm{m}^3$$

$$V_{2-2填}=\frac{20^2}{4}\times(2\times0.3+0.71+2\times0.44-0.05)+0.03=(+)214.03\mathrm{m}^3$$

$$V_{2-4填}=\frac{20^2}{4}\times\frac{0.06^3}{(0.06+0.4)(0.38+0.84)}=(+)0.038\mathrm{m}^3$$

$$V_{2-4挖}=\frac{20^2}{4}\times(2\times0.4+0.84+2\times0.38-0.06)+0.038=(-)234.04\mathrm{m}^3$$

总挖方量 $=17.91+117+270+0.03+35.28+234.04=674.26\mathrm{m}^3$

总填方量 $=136+25.9+263+214.03+40.3+0.038=679.27\mathrm{m}^3$

② 边坡土方量计算（图 2-23）

确定边坡坡度，因场地土质系中密的砂土，且地质条件较差，挖方区边坡坡度采用 1∶1.25，填方区边坡坡度采用 1∶1.50，场地四个角点的挖填方宽度为：

角点 5 挖方宽度　$0.93\times1.25=1.16\mathrm{m}$

角点 15 挖方宽度　$0.38\times1.25=0.48\mathrm{m}$

角点 1 挖方宽度　$0.39\times1.5=0.59\mathrm{m}$

角点 11 挖方宽度　$0.97\times1.5=1.46\mathrm{m}$

挖方区边坡土方：

$$V_1=\frac{1}{3}FL=\frac{1}{3}\times\frac{1.16\times0.93}{2}\times58.1=(-)10.46\mathrm{m}^3$$

$$V_{2、3}=2\times\frac{1}{3}\times\frac{1.16\times0.93}{2}\times1.4=(-)0.5\mathrm{m}^3$$

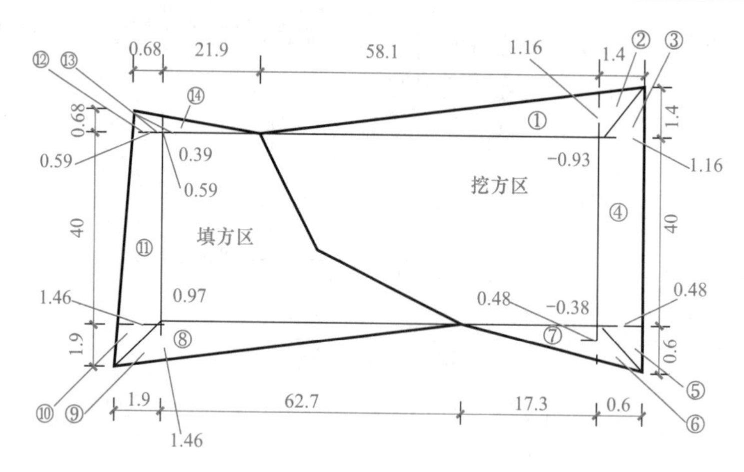

图 2-23 边坡土方量计算

$$V_4=\frac{1}{2}(F_1+F_2)L=\frac{1}{2}\times\left(\frac{1.16\times0.93}{2}+\frac{0.48\times0.38}{2}\right)\times40=(-)12.6\mathrm{m}^3$$

$$V_{5、6}=2\times\frac{1}{3}\times\frac{0.48\times0.38}{2}\times0.6=(-)0.03\mathrm{m}^3$$

$$V_7=\frac{1}{3}\times\frac{0.48\times0.38}{2}\times17.3=(-)0.52\mathrm{m}^3$$

挖方区边坡土方合计：24.11m³

填方区边坡土方量：

$$V_8=\frac{1}{3}\times\frac{0.97\times1.46}{2}\times62.7=14.80\mathrm{m}^3$$

$$V_{9、10}=2\times\frac{1}{3}\times\frac{0.97\times1.46}{2}\times1.90=0.90\mathrm{m}^3$$

$$V_{11}=\frac{1}{2}\times\left(\frac{0.97\times1.46}{2}\times\frac{0.39\times0.59}{2}\right)\times40=16.46\mathrm{m}^3$$

$$V_{12、13}=2\times\frac{1}{2}\times\frac{0.39\times0.59}{2}\times0.68=0.05\mathrm{m}^3$$

$$V_{14}=\frac{1}{3}\times\frac{0.39\times0.59}{2}\times21.9=0.84\mathrm{m}^3$$

填方区边坡土方量合计：33.05m³

场地及边坡土方量总计：

挖方　674.26+24.11=698.37m³

填方　679.27+33.05=712.32m³

知识拓展

场地平整和平整场地的区别：

场地平整就是将天然地面改造成工程上所要求的设计平面，由于场地平整时全场地兼有挖和填，而挖和填的体形常常不规则，所以一般采用方格网方法分块计算解决。平整场地是指室外设计地坪与自然地坪平均厚度在±0.3m 以内的就地挖、填、找平。平均厚度在±0.3m 以外执行土方相应定额项目。

2.3　土方开挖

2.3.1　土方施工准备

土方施工准备的主要内容有：

1. 学习和审查图纸。

2. 查勘施工现场。摸清工程场地情况，收集施工需要的各项资料，包括施工场地地形、地貌、地质水文、河流、气象、运输道路、邻近建筑物、地下基础、管线、电缆坑基、防空洞、地面上施工范围内的障碍物和堆积物状况，供水、供电、通信情况，防洪排水系统等。

3. 编制施工方案。研究制定现场场地整平、基坑开挖施工方案；绘制施工总平面布置图和基坑土方开挖图，确定开挖路线、顺序、范围、底板标高、边坡坡度、排水沟、集水井位置，以及挖去的土方堆放地点；提出需用施工机具、劳力、推广新技术计划。

4. 平整施工场地。按设计或施工要求范围和标高平整场地，清除现场障碍物。

5. 作好排水降水设施。

6. 设置测量控制网。根据给定的国家永久性控制坐标和水准点，按建筑物总平面要求，引测到现场。在工程施工区域设置测量控制网，包括控制基线、轴线和水平基准点；作好轴线控制的测量和校核。

7. 修建临时设施及道路。根据土方和基础工程规模、工期长短、施工力量安排等修建简易的临时性生产和生活设施，修筑施工场地内机械运行的道路，主要临时运输道路宜结合永久性道路的布置修筑。

8. 准备机具、物资及人员。作好设备调配，对进场挖土、运输车辆及各种辅助设备进行维修检查，试运转，并运至使用地点就位；准备好施工用料及工程用料，按施工平面图要求堆放。组织并配备土方工程施工所需各专业技术人员、管理人员和技术工人；组织安排好作业班次；制定较完善的技术岗位责任制和技术、质量、安全、管理网络；建立技术责任制和质量保证体系；对拟采用的土方工程新机具、新工艺、新技术，组织力量进行研制和试验。

2.3.2　开挖的一般要求

1. 场地开挖

边坡稳定地质条件良好，土质均匀，高度在10m内的边坡，永久性场地，坡度无设计要求时，按表2-3选用。

放坡系数　　表2-3

土的类别	密实度或状态	坡度允许值（高宽比）	
		坡高在5m以内	坡高为5～10m
碎石土	密实	1∶0.35～1∶0.50	1∶0.50～1∶0.75
	中密	1∶0.50～1∶0.75	1∶0.75～1∶1.00
	稍密	1∶0.75～1∶1.00	1∶1.00～1∶1.25

续表

土的类别	密实度或状态	坡度允许值（高宽比）	
		坡高在5m以内	坡高为5～10m
黏性土	坚硬	1∶0.75～1∶1.00	1∶1.00～1∶1.25
	硬塑	1∶1.00～1∶1.25	1∶1.25～1∶1.50

2. 边坡开挖

（1）场地边坡开挖应采取沿等高线自上而下、分层、分段依次进行。

（2）边坡台阶开挖，应做成一定坡度，边坡下部设有护脚及排水沟时，应尽快处理台阶的反向排水坡，进行护脚矮墙和排水沟的砌筑和疏通，否则应采取临时性排水措施。

（3）边坡开挖对软土土坡或易风化的软质岩石边坡在开挖后应对坡面、坡脚采取喷浆、抹面、嵌补、护砌等保护措施，并作好坡顶、坡脚排水，避免在影响边坡稳定的范围内积水。

3. 浅基坑、槽和管沟开挖

（1）基坑（槽，下同）开挖，应先进行测量定位，抄平放线，定出开挖长度，按放线分块（段）分层挖土。根据土质和水文情况，采取在四侧放坡，以保证施工操作安全。

当土质为天然湿度、构造均匀、水文地质条件良好（即不会发生坍滑、移动、松散或不均匀下沉），且无地下水时，开挖基坑可不必放坡，采取直立开挖不加支护，但挖方深度应按表2-4的规定执行，基坑长度应稍大于基础长度。如超过表2-4规定的深度，应根据土质和施工具体情况进行放坡，以保证不坍方。其临时性挖方的边坡值可按表2-5采用。放坡后基坑上口宽度由基坑底面宽度及边坡坡度来决定，坑底宽度每边应比基础宽出15～30cm，以便施工操作。

基坑不加支撑时的容许深度　　表2-4

项次	土的种类	容许深度（m）
1	密实、中密的砂子和碎石类土（充填物为砂土）	1.00
2	硬塑、可握的粉质黏土及粉土	1.25
3	硬塑、可塑的黏土和碎石类土（充填物为黏性土）	1.50
4	坚硬的黏土	2.00

临时性挖方边坡值　　表2-5

土的类别		边坡值（高∶宽）
砂土（不包括细砂、粉砂）		1∶1.25～1∶1.50
一般性黏土	硬	1∶0.75～1∶1.00
	硬塑	1∶1～1∶1.25
	软	1∶1.5或更缓
碎石类土	充填坚硬、硬塑黏性土	1∶0.5～1∶1.0
	充填砂土	1∶1～1∶1.5

（2）当开挖基坑土体含水量大而不稳定，或基坑较深，或受到周围场地限制而需用较陡的边坡或直立开挖而土质较差时，应采用临时性支撑加固。挖土时，土壁要求平直，挖好一层，支一层支撑。开挖宽度较大的基坑，当在局部地段无法放坡，或下部土方受到基

坑尺寸限制不能放较大坡度时，应在下部坡脚采取加固措施，如采用短桩与横隔板支撑或砌砖、毛石或用编织袋、草袋装土堆砌临时矮挡土墙，保护坡脚。

（3）基坑开挖程序一般是：测量放线→分层开挖→排降水→修坡→整平→留足预留土层等。相邻基坑开挖时，应遵循先深后浅或同时进行的施工程序。挖土应自上而下水平分段分层进行，边挖边检查坑底宽度及坡度，不够时及时修整，至设计标高，再统一进行一次修坡清底，检查坑底宽度和标高，要求坑底凹凸不超过2.0cm。

（4）基坑开挖应尽量防止对地基土的扰动。当用人工挖土，基坑挖好后不能立即进行下道工序时，应预留15~30cm一层土不挖，待下道工序开始再挖至设计标高。采用机械开挖基坑时，为避免破坏基底土，应在基底标高以上预留一层由人工挖掘修整。使用铲运机、推土机时，保留土层厚度为15～20cm，使用正铲、反铲或拉铲挖土时为20～30cm。

（5）在地下水位以下挖土，应在基坑四周挖好临时排水沟和集水井，或采用井点降水，将水位降低至坑底以下500mm，以利挖方进行。降水工作应持续到基础（包括地下水位下回填土）施工完成。

（6）雨期施工时，基坑应分段开挖，挖好一段浇筑一段垫层，并在基坑四围以土堤或挖排水沟，以防地面雨水流入基坑内；同时，应经常检查边坡和支撑情况，以防止坑壁受水浸泡，造成塌方。

（7）基坑开挖时，应对平面控制桩、水准点、基坑平面位置、水平标高、边坡坡度等经常复测检查。

（8）基坑挖完后应进行验槽，做好记录；如发现地基土质与地质勘探报告、设计要求不符时，应与有关人员研究及时处理。

4. 浅基坑、槽和管沟的支撑方法

（1）斜柱支撑：水平挡土板钉在柱桩内侧，柱桩外侧用斜撑支顶，斜撑底端支在木桩上，在挡土板内侧回填土。适于开挖较大型、深度不大的基坑或使用机械挖土时。

（2）锚拉支撑：水平挡土板支在柱桩的内侧，柱桩一端打入土中，另一端用拉杆与锚桩拉紧，在挡土板内侧回填土。适于开挖较大型、深度不大的基坑或使用机械挖土，不能安设横撑时使用。

（3）型钢桩横挡板支撑：沿挡土位置预先打入钢轨、工字钢或H形钢桩，间距1.0～1.5m，然后边挖方，边将3～6cm厚的挡土板塞进钢桩之间挡土，并在横向挡板与型钢桩之间打上楔子，使横板与土体紧密接触。适于地下水位较低、深度不很大的一般黏性或砂土层中使用。

（4）短桩横隔板支撑：打入小短木桩或钢桩，部分打入土中，部分露出地面，钉上水平挡土板，在背面填土、夯实。适于开挖宽度大的基坑，当部分地段下部放坡不够时使用。

（5）临时挡土墙支撑：沿坡脚用砖、石叠砌或用装水泥的聚丙烯扁丝编织袋、草袋装土、砂堆砌，使坡脚保持稳定。适于开挖宽度大的基坑，当部分地段下部放坡不够时使用。

（6）挡土灌注桩支护：在开挖基坑的周围，用钻机或洛阳铲成孔，桩径ϕ400～500mm，现场灌筑钢筋混凝土桩，桩间距为1.0～1.5m，在桩间土方挖成外拱形使之起土拱作用。适用于开挖较大、较浅（<5m）基坑，邻近有建筑物，不允许背面地基有下沉、位移时采用。

（7）叠袋式挡墙支护：采用编织袋或草袋装碎石（砂砾石或土）堆砌成重力式挡墙作

为基坑的支护，在墙下部砌 500mm 厚块石基础，墙底宽 1500～2000mm，顶宽适当放坡卸土 1.0～1.5m，表面抹砂浆保护。适用于一般黏性土、面积大、开挖深度应在 5m 以内的浅基坑支护。

2.3.3 基坑、槽土方工程量的计算

基坑：是指长宽比≤3 的矩形土体。

其土方量按立体几何中棱柱体（由两个平行的平面作底的一种多面体）的体积公式计算（图 2-24）。

$$V=\frac{H}{6}(A_1+4A_0+A_2) \tag{2-7}$$

式中 V——土方工程量，m^3；

H——基坑深度，m；

A_1、A_2——基坑上下底面积，m^2；

A_0——基坑中截面的面积，m^2。

基槽的土方量可以沿长度方向分段后，再用同样方法计算，如图 2-25 所示。

$$V_1=\frac{L_1}{6}(A_1+4A_0+A_2) \tag{2-8}$$

式中 V_1——第一段的土方量，m^3；

L_1——第一段的长度，m。

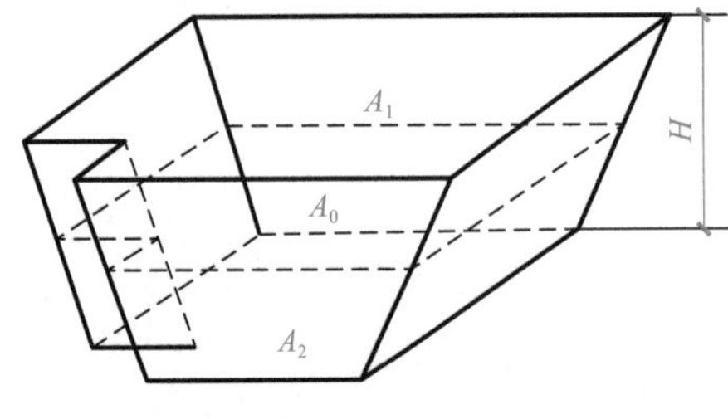

图 2-24 基坑土方计算图例

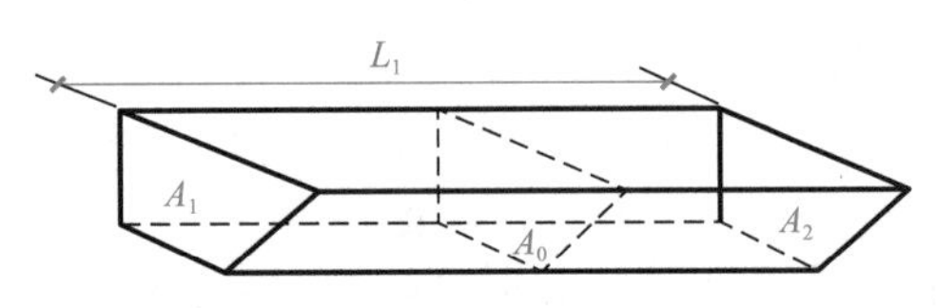

图 2-25 基槽土方计算图例

各段土方量的和即为总土方量：

$$V=V_1+V_2+\cdots+V_n \tag{2-9}$$

2.3.4 土方开挖施工中的质量控制要点

1. 对定位放线的控制

控制内容主要为复核建筑物的定位桩、轴线、方位和几何尺寸。

2. 对土方开挖的控制

控制内容主要为检查挖土标高、截面尺寸、放坡和排水。地下水应保持低于开挖面 500mm，土方开挖一般应按从上往下分层分段依次进行，随时做成一定的坡势。

3. 基坑（槽）验收

基坑开挖完毕应由施工单位、设计单位、监理单位或建设单位、质量监督部门等有关人员共同到现场进行检查、鉴定验槽，核对地质资料，检查地基土与工程地质勘察报告、设计图纸要求是否相符合，有无破坏原状土结构或发生较大的扰动现象。一般用表面检查验槽法，必要时采用钎探检查，或洛阳铲探检查，经检查合格，填写基坑槽验收、隐蔽工程

记录，及时办理交接手续。

2.3.5　土方开挖工程质量检验标准（表 2-6）

土方开挖工程质量检验标准　　表 2-6

项目	序号	检查项目	允许偏差或允许值（mm）					检验方法
			柱基基坑基槽	挖方场地平整		管沟	地（路）面基层	
				人工	机械			
主控项目	1	标高	−50	±30	+50	−50	−50	水准仪
	2	长度、宽度（由设计中心线向两边量）	+200 −50	+300 −100	+500 −150	+10 0	—	经纬仪、钢尺量
	3	边坡	设计要求					观察或用坡度尺检查
一般项目	1	表面平整度	20	20	50	20	20	用 2m 靠尺和楔形塞尺检查
	2	基底土性	设计要求					观察检查或土样分析

知识拓展

土石方工程特殊问题的处理

1. 滑坡与塌方的处理

1）滑坡与塌方原因分析

(1) 斜坡土（岩）体本身在倾向相近，层理发达破碎严重的裂隙，或内部夹有易滑动的软弱带，如软泥、黏土质岩层，受水浸后滑动或塌落。

(2) 土层下有倾斜度较大的岩层，或软弱土夹层；或岩层虽近于水平，但距边坡过近，边坡倾度过大，堆土或堆置材料、建筑物荷重，增加了土体的负担，降低了土与岩石面之间的抗剪强度。

(3) 边坡坡度不够，倾角过大，土体因雨水或地下水侵入，剪切应力增大，黏聚力减弱。

(4) 开堑挖土，不合理的切割坡脚，或坡脚被地表、地下水掏空；或斜坡地段下部被冲沟所切，地表、地下水侵入坡体；或开坡放炮使坡体松动，加大坡体坡度，破坏了图（岩）体的内力平衡。

(5) 在坡体上不适当的堆土或填土，设置建筑物；或土工构建物设置在尚未稳定的古（老）滑坡上，或设置在易滑动的坡积土层上，填力或建筑物增荷后，重心改变，在外力（堆载振动、地震等）和地表、地下水双重作用下，坡体失去平衡或触发古（老）滑坡复活，而产生滑坡。

2）处理措施和方法

(1) 加强工程地质勘察，对拟建场地（包括边坡）的稳定性进行认真分析和评价；对具备滑坡形成条件或存在古（老）滑坡的地段，一般不应该选作建筑场地，或采取必要的措施加以预防。

(2) 在滑坡范围外设置多道环形载水沟，以拦截附近的地表水，在滑坡区域内，修设或疏通原排水系统，疏通地表水及地下水，阻止其渗入滑坡体内。

(3) 处理好滑坡区域附近的生活及生产用水，防止侵入滑坡地段。

(4) 如因地下水活动有可能形成山坡浅层滑坡时，可设置支撑盲沟、渗水沟，排除地水。

(5) 不能随意切割坡脚。土体削成平缓的坡度，或做成台阶，以增加稳定；土质不同时，削成2～3种坡度，在坡脚有弃土条件时，将土石方填至坡脚，起反压作用，筑挡土堆或修筑台阶，避免在滑坡地段切去坡脚或深挖方。如整平场地必须切割坡脚，且不设挡土墙时，应按切割深度，将坡脚虽自然坡度由上而下削坡，逐渐挖至要求的坡脚深度。

(6) 避免在坡脚处取土，在坡肩上设置弃土或建筑物。在斜坡地段挖方时，应遵守由上而下分层的开挖程序。在斜坡上填方，由下往上分层填压，避免对滑坡体的各种振动作用。

(7) 对出现的浅层滑坡，如滑坡量不大，将滑坡体全部挖除；如土方量较大，难于挖处，且表层破碎含有滑坡夹层时，对滑坡体采取翻、推压、打乱滑坡夹层、表面压实等措施，减少滑坡因素。

(8) 对主滑地段采取挖方荷载，拆除已有建筑物等减重措施，对抗滑地段采取堆方加重荷载。

(9) 滑坡面土质松散或具有大量裂缝时，应填平、夯填、防止地表水下渗。

(10) 对已滑坡工程，稳定后设置混凝土抛锚打桩、挡土墙、抗滑明洞、抗滑锚杆或混凝土墩与挡土墙等加固坡脚，并作截水沟、排水沟，陡坝部分去土减重，保持适当坡度。

2. 冲沟、土洞、古河道、古湖泊的处理

1) 冲沟处理

一般处理方法是：对边坡土不深的冲沟，用好土或3∶7灰土逐层回填夯实，或用浆砌块石填砌至坡面，并在坡顶作排水沟及反水坡，对地面冲沟用土层夯填。

2) 土洞处理

将土洞上部挖开，清除软土，分层回填好土（灰土或砂软石）夯实，面层用黏土夯填并使之高于周围地表，同时做好地表水的截流，将地表径流引到附近排水沟中，不使下渗；对地下水采用截流改道的办法；如用做地基的深埋土洞，宜用砂、砾石、片石或混凝土填灌密实，或用灌浆挤压法加固。对地下水形成的土洞和陷穴，先挖除软土抛填块石外，还应做反滤层，面层用黏土夯实。

3) 古河道、古湖泊处理

(1) 对年代久远的古河道、古湖泊，已被密实的沉积物填满，底部尚有砂软石层，土的含水量小于20%，且无被水冲蚀的可能性，可不处理；对年代近的古河道、古湖泊，土质较均匀，含有少量杂质，含水量大于20%，如沉积物填充密实，亦可不处理。

(2) 如为松软含水量大的土，应挖除后用好土分层夯实，或采取地基加固措施；用做地基部位用灰土分层夯实，与河、湖边坡接触部位做成阶梯型接槎，阶宽不小于1m，接槎处应仔细夯实，回填应按先深后浅的顺序进行。

3. 橡皮土处理

(1) 暂停一段时间施工，避免再直接拦打，使“橡皮土”含水量逐渐降低，或将土层翻晾。

(2) 如地基已成“橡皮土”，可在上面铺一层碎石或碎砖后进行夯实，将表土层挤紧。

(3) 橡皮土较严重时，可将土层翻起并粉碎均匀，掺加石灰粉，改变原土结构成为灰土。

(4) 当为荷载大的房屋地基，采取打石桩，将毛石（块度为20～30cm）依次打入。

(5) 挖去“橡皮土”，重新填好土或级配砂石夯实。

4. 流砂处理

发生流砂时，土完全失去承载力，不但使施工条件恶化，而且流砂严重时，会引起基础边坡塌方，附近建筑物会因地基被掏空而下沉、倾斜，甚至倒塌。

(1) 安排在全年最低水位季节施工，使基坑内动水压减少。

(2) 采取水下挖土（不抽水或少抽水），使坑内水压与坑外地下水压平衡或缩小水头差。

(3) 采用井点降水，降低水位，使动水压的方向朝下，坑底土面保持无水状态。

(4) 沿基坑外围打板桩，深入坑底一定深度，减小动水压力。

(5) 采用化学压力注浆或高压水泥注浆，固结基坑周围粉砂层使形成防渗帷幕。

(6) 在坑底抛大石块，增加土的压重和减小动水压力，同时组织快速施工。

(7) 当基坑面积较小，也可采取在四周设钢板护筒，随着挖土不断加深，直到穿过流沙层。

2.4　土方回填与压实

2.4.1　土方回填

1. 填料要求与含水量控制

填方土料应符合设计要求，保证填方的强度和稳定性，如设计无要求时，应符合以下规定：

(1) 碎石类土、砂土和爆破石渣（粒径不大于每层铺土厚的2/3），可用于表层下的填料；

(2) 含水量符合压实要求的黏性土，可作各层填料；

(3) 淤泥和淤泥质土，一般不能用作填料，但在软土地区，经过处理含水量符合压实要求的，可用于填方中的次要部位。填土土料含水量的大小，直接影响到夯实（碾压）质量，在夯实（碾压）前应先试验，以得到符合密实度要求条件下的最优含水量和最少夯实（或碾压）遍数。含水量过小，夯压（碾压）不实；含水量过大，则易成橡皮土。

(4) 填土土料含水量的大小直接影响到压实质量，在压实前应先做试验，以得到符合密实度要求条件下最优含水量和最小压实夯实遍数，各种土的最优含水量和最大密实度见表2-7。

土的最优含水量和最大密实度参考表　　表2-7

项次	土的种类	最优含水量（%）（重量比）	最大干密度（t/m^3）
1	砂土	8～12	1.80～1.88
2	黏土	19～23	1.58～1.70
3	粉质黏土	12～15	1.85～1.95
4	粉土	16～22	1.61～1.80

注：1. 表中土的最大干密度应以现场实际达到的数字为准；
2. 一般性的回填，可不作此项测定。

土料含水量一般以手握成团，落地开花为适宜。当含水量过大，应采取翻松、晾干、风干、换土回填、掺入干土或其他吸水性材料等措施；如土料过干，则应预先洒水润湿，每 $1m^3$ 铺好的土层需要补充水量（L）按下式计算：

$$V = \rho_w \cdot (w_{op} - w)/(1 + w) \tag{2-10}$$

式中 V——单位体积内需要补充的水量（L）；

w——土的天然含水量（%）（以小数计）；

w_{op}——土的最优含水量（%）（以小数计）；

ρ_w——填土碾压前的密度（kg/m^3）。

当含水量小时，亦可采取增加压实遍数或使用大功率压实机械等措施。在气候干燥时，须采取加速挖土、运土、平土和碾压过程，以减少土的水分散失。当填料为碎石类土（充填物为砂土）时，碾压前应充分洒水湿透，以提高压实效果。

2. 基底处理

（1）场地回填应先清除基底上垃圾、草皮、树根，排除坑穴中积水、淤泥和杂物，并应采取措施防止地表滞水流入填方区，浸泡地基，造成基土下陷。

（2）当填方基底为耕植土或松土时，应将基底充分夯实和碾压密实。

（3）当填方位于水田、沟渠、池塘或含水量很大的松散土地段，应根据具体情况采取排水疏干，或将淤泥全部挖出换土、抛填片石、填砂砾石、翻松、掺石灰等措施进行处理。

（4）当填土场地地面陡于 1/5 时，应先将斜坡挖成阶梯形，阶高 0.2～0.3m，阶宽大于 1m，然后分层填土，以利结合和防止滑动。

3. 填方边坡

（1）填方的边坡坡度应根据填方高度、土的种类和其重要性在设计中加以规定，当设计无规定时，可按表 2-8 采用。

（2）对使用时间较长的临时性填方边坡坡度，当填方高度小于 10m 时，可采用 1∶1.5；超过 10m，可做成折线形，上部采用 1∶1.5，下部采用 1∶1.75。永久性填方边坡的高度限值表见表 2-8。

填土的边坡控制　　表 2-8

项次	土的种类	填方高度（m）	边坡高度
1	黏土类土、黄土、类黄土	6	1∶1.50
2	粉质黏土、泥灰岩土	6～7	1∶1.50
3	中砂和粗砂	10	1∶1.50
4	砾石和碎石土	10～12	1∶1.50
5	易风化的岩土	12	1∶1.50
6	轻微风化、尺寸在 25cm 内的石料	6 以内 6～12	1∶1.33 1∶1.50
7	轻微风化、尺寸大于 25cm 的石料，边坡用最大石块、分排整齐铺砌	12 以内	1∶1.50～1∶0.75
8	轻微风化、尺寸大于 40cm 的石料，其边坡分排整齐	5 以内 5～10 >10	1∶0.50 1∶0.65 1∶1.00

注：1. 当填方高度超过本表规定限值时，其边坡可做成折线形，填方下部的边坡坡度应为 1∶1.75～1∶2.00；
2. 凡永久性填方，土的种类未列入本表者，其边坡坡度不得大于 $\varphi+45°/2$，φ 为土的自然倾斜角。

2.4.2　土方的压实

1. 压实的一般要求

(1) 密度要求

填方的密度要求和质量指标通常用压实系数 λc 表示。压实系数为土的实际干密度和土的最大干密度的比值，土的最大干密度是当最优含水量时，通过标准的击实试验取得的。密实度要求根据为使回填土在压实后达到最大密实度，应使回填土的含水量接近最优含水量。其偏差不大于±2。

(2) 含水量控制同（1）

(3) 摊铺厚度和压实遍数

每层摊铺厚度和压实遍数视土的性质、设计要求的压实系数和使用的压（夯）实机具性能而定，一般应进行现场碾（夯）压试验确定。如无试验依据，可参考应用表2-9。

填土施工时的分层厚度和压实遍数　　表2-9

压实机具	分层厚度（mm）	每层压实遍数
平碾	250～300	6～8
振动压实机	250～350	3～4
柴油打夯机	200～250	3～4
人工打夯	<200	3～4

2. 填土压（夯）实方法

1) 一般要求

(1) 填土应尽量采用同类土填筑，并宜控制土的含水率在最优含水量范围内。当采用不同的土填筑时，应按土类有规则地分层铺填，将透水性大的土层置于透水性较小的土层之下，不得混杂使用，边坡不得用透水性较小的土封闭，以利水分排出和基土稳定，并避免在填方内形成水囊和产生滑动现象。

(2) 填土应从最低处开始，由下向上整个宽度分层铺填碾压或夯实。

(3) 在地形起伏之处，应做好接搓，修筑1∶2阶梯形边坡，每台阶高可取50cm、宽100cm。分段填筑时每层接缝处应做成大于1∶1.5的斜坡，碾迹重叠0.5～1.0m，上下层错缝距离不应小于1m。接缝部位不得在基础、墙角、柱墩等重要部位。

(4) 填土应预留一定的下沉高度，以备在行车、堆重或干湿交替等自然因素作用下，土体逐渐沉落密实。预留沉降量根据工程性质、填方高度、填料种类、压实系数和地基情况等因素确定。当土方用机械分层夯实时，其预留下沉高度（以填方高度的百分数计）：对砂土为1.5%；对粉质黏土为3%～3.5%。

2) 人工夯实方法

(1) 人力打夯前应将填土初步整平，打夯要按一定方向进行，一夯压半夯，夯夯相接，行行相连，两遍纵横交叉，分层夯打。

(2) 用蛙式打夯机等小型机具夯实时，打夯之前对填土应初步平整，打夯机依次夯打，均匀分布，不留间隙。

(3) 基坑（槽）回填应在相对两侧或四周同时进行回填与夯实。

(4) 回填管沟时，应用人工先在管子周围填土夯实，并应从管道两边同时进行，直至管顶0.5m以上。在不损坏管道的情况下，方可采用机械填土回填夯实。

3）机械压实方法

（1）为保证填土压实的均匀性及密实度，避免碾轮下陷，提高碾压效率，在碾压机械碾压之前，先用推土机推平，低速预压4～5遍，使表面平实。

（2）平碾碾压机械压实填方时，控制行驶速度不超过2km/h，并控制压实遍数。碾压机械与基础或管道保持一定的距离，防止将基础或管道压坏或使位移。

（3）用压路机进行填方压实，采用“薄填、慢驶、多次”的方法；碾压方向从两边逐渐压向中间，碾轮每次重叠宽度约15～25cm，避免漏压。运行中碾轮边距填方边缘应大于500mm，以防发生溜坡倾倒。边角、边坡边缘压实不到之处，辅以人力夯或小型夯实机具夯实。压实密实度应压至轮子下沉量不超过1～2cm为度。

（4）平碾碾压一层完后，用人工或推土机将表面拉毛。土层表面太干时，洒水湿润后，继续回填，保证上、下层接合良好。

（5）用挖掘机、推土机及运土工具进行压实时，移动须均匀分布于填筑层的全面，逐次卸土碾压。

3. 压实排水要求

（1）填土层如有地下水或滞水时，应在四周设置排水沟和集水井，将水位降低。

（2）已填好的土如遭水浸，应把稀泥铲除后，方能进行下一道工序。

（3）填土区应保持一定横坡，或中间稍高两边稍低，以利排水。当天填土，应在当天压实。

2.4.3 质量控制与检验

（1）回填施工过程中应检查排水措施，每层填筑厚度、含水量控制和压实程序。

（2）对每层回填土的质量进行检验，采用环刀法（或灌沙法、灌水法）取样测定土（石）的干密度，求出土（石）的密实度，或用小轻便触探仪检验干密度和密实度。

（3）基坑和室内填土，每层按100～500m² 取样1组；场地平整填方，每层按400～900m² 取样一组；基坑和管沟回填每20～50m² 取样1组，但每层均不少于1组，取样部位在每层压实后的下半部。

（4）干密度应有90%以上符合设计要求，10%的最低值与设计值之差，不大于0.008t/m³，且不应集中。

（5）填方施工结束后应检查标高、压实程度等，检验标准参见表2-10。

填土工程质量检验评定标准（mm） 表2-10

检查项目			允许偏差或允许值（mm）					检验方法
			柱基基坑基槽	挖方场地平整		管沟	地（路）面基础层	
				人工	机械			
主控项目	1	标高	−50	±30	±50	−50	−50	水准仪
	2	分层压实系数	设计要求					按规定方法
一般项目	1	回填土料	设计要求					取样检查或直观鉴别
	2	分层厚度及含水量	设计要求					水准仪及抽样检查
	3	表面平整度	2	20	30	20	20	用靠尺或水准仪

知识拓展

土石方开挖与回填安全技术措施

1. 挖土石方不得在危岩、孤石的下边或贴近未加固的危险建筑物的下面进行。

2. 基坑开挖时，两人操作间距应大于2.5m。多台机械开挖，挖土机间距应大于10m。在挖土机工作范围内，不许进行其他作业。开挖应由上而下，逐层进行，严禁先挖坡脚或逆坡挖土。

3. 基坑开挖严格要求放坡。随时注意边坡的变动情况，发现有裂纹或部分坍塌现象，及时进行支撑，并注意支撑的稳固和边坡的变化。不放坡开挖时，应通过计算设置临时支护。

4. 机械多台阶同时开挖，应验算边坡的稳定，挖土机离边坡应有一定的安全距离，以防塌方。

5. 在有支撑的基坑槽中使用机械挖土时，应防止破坏支撑。在坑槽边使用机械挖土时，应计算支撑强度，必要时应加强支撑。

6. 基坑（槽）和管沟回填时，下方不得有人，检查打夯机的电器路线，防止漏电、触电。

7. 拆除护壁支撑时，应按照回填顺序，从下而上逐步拆除；更换支撑，必须先安后拆。

2.5 地下水控制

2.5.1 地下水控制的一般规定

2-2 基坑降水

基坑工程施工中为避免产生流砂、管涌、坑底突涌，防止坑壁土体坍塌，减少开挖对周边环境的影响，便于土方开挖和地下结构施工作业，当基坑开挖深度内存在饱和软土层和含水层，坑底以下存在承压含水层时，需选择合适的方法对地下水位进行控制。

地下水控制是基坑工程的重要组成部分，主要方法包括集水明排、降水、截水以及地下水回灌。应依据拟建场地的工程地质、水文地质、周边环境条件，以及基坑支护设计和降水设计等文件，结合类似工程经验，编制降水施工方案。基坑降水应进行环境影响分析，根据环境要求采用截水帷幕、坑外回灌井等减少对环境造成影响的措施。依据场地的水文地质条件、基础规模、开挖深度、各土层的渗透性能等，可选择集水明排、降水以及回灌等方法单独或组合使用。根据降水目的不同，分为疏干降水和减压降水。井点类型主要包括轻型井点、喷射井点、电渗井点、管井井点和真空管井井点。常用地下水控制方法及适用条件宜符合表2-11的规定。

降水井施工完成后应试运转，检验其降水效果。降水过程中，应对地下水位变化和周地表及建（构）筑物变形进行动态监测，根据监测数据进行信息化施工。基础施工过程中应加强地下水的保护。不得随意、过量抽取地下水，排放时应符合环保要求。

地下水控制方法适用条件　　表 2-11

<table>
<tr><th colspan="2">方法名称</th><th>土类</th><th>渗透系数（cm/s）</th><th>降水深度（地面以下）（m）</th><th>水文地质特征</th></tr>
<tr><td colspan="2">集水明排</td><td rowspan="6">填土、黏性土、粉土、砂土</td><td rowspan="3">$1\times10^{-7}\sim2\times10^{-4}$</td><td>≤3</td><td rowspan="4">上层滞水或潜水</td></tr>
<tr><td rowspan="6">降水</td><td>轻型井点</td><td>≤6</td></tr>
<tr><td>多层轻型井点</td><td>6～10</td></tr>
<tr><td>喷射井点</td><td>$1\times10^{-7}\sim2\times10^{-4}$</td><td>8～20</td></tr>
<tr><td>电渗井点</td><td>$<1\times10^{-7}$</td><td>6～10</td><td rowspan="2"></td></tr>
<tr><td>真空降水管井</td><td>$>1\times10^{-6}$</td><td>>6</td></tr>
<tr><td>降水管井</td><td>黏性土、粉土、砂土、碎石土、黄土</td><td>$>1\times10^{-5}$</td><td>>6</td><td>含水丰富潜水、承压水和裂隙水</td></tr>
<tr><td colspan="2">回灌</td><td>填土、粉土、砂土、碎石土、黄土</td><td>$>1\times10^{-5}$</td><td>不限</td><td>不限</td></tr>
</table>

2.5.2　集水明排

1. 基坑外侧集水明排

应在基坑外侧场地设置集水井、排水沟等组成的地表排水系统，避免坑外地表水流入基坑。集水井、排水沟宜布置在基坑外侧一定距离，有隔水帷幕时，排水系统宜布置在隔水帷幕外侧且距隔水帷幕的距离不宜小于 0.5m；无隔水帷幕时，基坑边从坡顶边缘起计算。

2. 基坑内集水明排

应根据基坑特点，沿基坑周围合适位置设置临时明沟和集水井（图 2-26），临时明沟和集水井应随土方开挖过程适时调整。土方开挖结束后，宜在坑内设置明沟、盲沟、集水井。基坑采用多级放坡开挖时，可在放坡平台上设置排水沟。面积较大的基坑，还应在基坑中部增设排水沟。当排水沟从基础结构下穿过时，应在排水沟内填碎石形成盲沟。

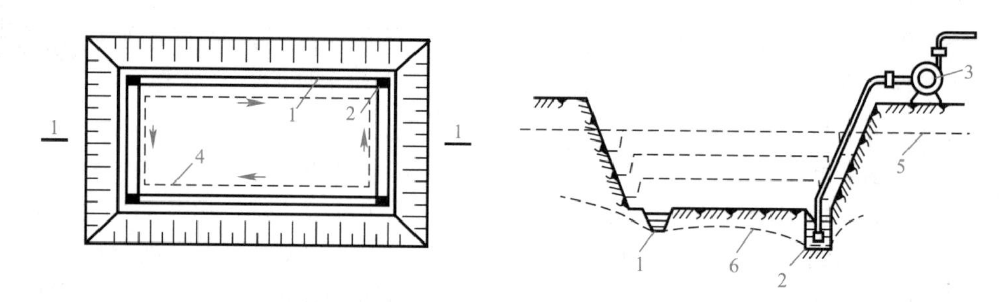

图 2-26　普通明沟排水方法

1—排水明沟；2—集水井；3—水泵；4—基础边线；5—原地下水位线；6—降低后地下水位线

3. 基本构造

一般每隔 30～40m 设置一个集水井。集水井截面一般为 0.6m×0.6m～0.8m×0.8m，其深度随挖土加深而加深，并保持低于挖土面 0.8～1.0m，井壁可用砖砌、木板或钢筋笼等简易加固。挖至坑底后，井底宜低于坑底 1m，并铺设碎石滤水层，防止井底土扰动。基坑排水沟一般深 0.3～0.6m，底宽不小于 0.3m，沟底应有一定坡度，以保持水流畅通。排水沟、集水井的截面应根据排水量确定。

若基坑较深，可在基坑边坡上设置2～3层明沟及相应的集水井，分层阻截地下水（图2-27）。排水沟与集水井的设计及基本构造，与普通明沟排水相同。

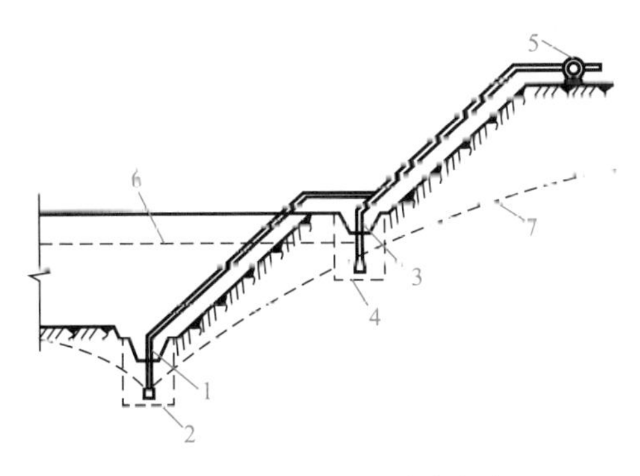

图2-27　分层明沟排水方法

1—底层排水沟；2—底层集水井；3—二层排水沟；4—二层集水井；5—水泵；6—原地下水位线；7—降低后地下水位线

4. 排水机具的选用

排水所用机具主要为离心泵、潜水泵和泥浆泵。选用水泵类型时，一般取水泵排水量为基坑涌水量的1.5～2.0倍。排水所需水泵功率按下式计算：

$$N=\frac{K_1QH}{75\eta_1\eta_2} \tag{2-11}$$

式中　K_1——安全系数，一般取2；

Q——基坑涌水量（m^3/d）；

H——包括扬水、吸水及各种阻力造成的水头损失在内的总高度（m）；

η_1——水泵功率，0.4～0.5；

η_2——动力机械效率，0.78～0.85。

5. 集水明排施工和维护

为防止排水沟和集水井在使用过程中出现渗透现象，施工中可在底部浇筑素混凝土垫层，在沟两侧采用水泥砂浆护壁。土方施工过程中，应注意定期清理排水沟中的淤泥，以防止排水沟堵塞。另外还要定期观测排水沟是否出现裂缝，及时进行修补，避免渗漏。

2.5.3　降水

降水应根据基坑开挖深度、拟建场地的水文地质条件、设计要求等，在现场进行抽水试验确定降水参数，并制定合理的降水方案。各类降水井的布置要求宜符合表2-12的规定。

各类降水井的布置要求　　表2-12

降水井类型	降水深度（地面以下）(m)	降水布置要求
轻型井点	≤6	井点管排距不宜大于20m，滤管顶端宜位于坑底以下1～2m。井管内真空度不应小于65kPa
电渗井点	6～10	利用喷射井点或轻型井点设置，配合采用电渗法降水。较适用于黏性土，采用前，应进行降水试验确定参数

续表

降水井类型	降水深度（地面以下）（m）	降水布置要求
多级轻型井点	6～10	井点管排距不宜大于 20m，滤管顶端宜位于坡底和坑底以下 1～2m。井管内真空度不应小于 65kPa
喷射井点	8～20	井点管排距不宜大于 40m，井点深度与井点管排距有关，应比基坑设计开挖深度大 3～5m
降水管井	>6	井管轴心间距不宜大于 25m，成孔不宜小于 600mm，坑底以下的滤管长度不宜小于 5m，井底沉淀管长度不宜小于 1m
真空降水管井		利用降水管井采用真空降水，井管内真空度不应小于 65kPa

2.5.3.1 轻型井点降水

轻型井点降低地下水位，是按设计要求沿基坑周围埋设井点管，一般距基坑边 0.7～1.2m，铺设集水总管（并有一定坡度），将各井点与总管用软管（或钢管）连接，在总管中段适当位置安装抽水水泵或抽水装置。

1. 轻型井点构造

井点管为直径 38～55mm 的钢管，长度 5～7m，井点管水平间距一般为 1.0～2.0m（可根据不同土质和预降水时间确定）。管下端配有滤管和管尖。滤管直径与井点管相同，管壁上渗水孔直径为 12～18mm，呈梅花状排列，孔隙率应大于 15%；管壁外应设两层滤网，内层滤网宜采用 30～80 目的金属网或尼龙网，外层滤网宜采用 3～10 目的金属网或尼龙网；管壁与滤网间应采用金属丝绕成螺旋形隔开，滤网外面应再绕一层粗金属丝。滤管下端装一个锥形铸铁头。井点管上端用弯管与总管相连。

连接管常用透明塑料管。集水总管一般用直径 75～110mm 的钢管分节连接，每节长 4m，每隔 0.8～1.6m 设一个连接井点管的接头。根据抽水机组的不同，真空井点分为真空泵真空井点、射流泵真空井点和隔膜泵真空井点，常用者为前两种。

2. 轻型井点降水设计

轻型井点降水设计主要包括平面设计、高程设计、涌水量计算、井点管设计等主要内容。轻型井点设计主要取决于基坑的平面形状和基坑开挖深度，应尽可能将要施工的建筑物基坑面积内各主要部分都包围在井点系统之内。

1）平面设计

（1）单排布置

开挖窄而长的沟槽时，可按线状井点布置。如沟槽宽度大于 6m，且降水深度不超过 6m 时，可用单排线状井点，布置在地下水流的上游一侧，两端适当加以延伸，延伸宽度以不小于槽宽为宜，如图 2-28 所示。

（2）双排布置

当因场地限制不具备延伸条件时可采取沟槽两端加密的方式。如开挖宽度大于 6m 或土质不良，则可用双排线状井点。

（3）环状布置

当基坑面积较大时，宜采用环状井点（图 2-29），有时亦可布置成 U 形，以利于挖土机和运土车辆出入基坑。井点管距离基坑壁一般可取 0.7～1.0m 以防局部发生漏气。在确定井点管数量时应考虑在基坑四角部分适当加密。当基坑采用隔水帷幕时，为方便挖土，坑内也可采用轻型井点降水。

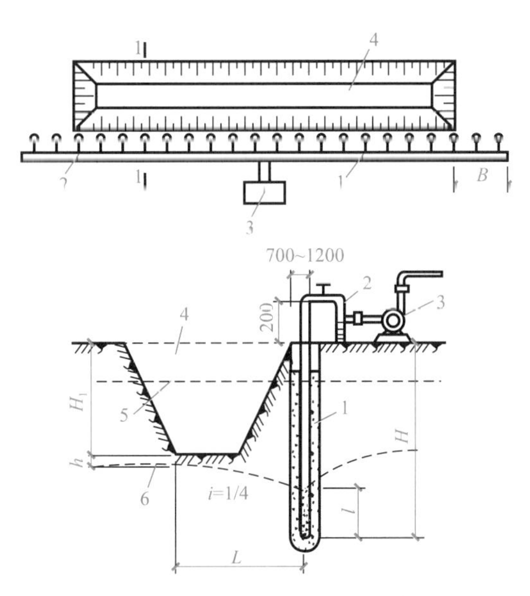

图 2-28　单排线状井点布置

1—井点管；2—集水总管；3—抽水设备；4—基坑；5—原地下水位线；6—降低后地下水位线

H—井管长度；H_1—井点埋设面至坑底距离；l—滤管长度；h—降低后水位至坑底安全距离；L—井管至坑边水平距离

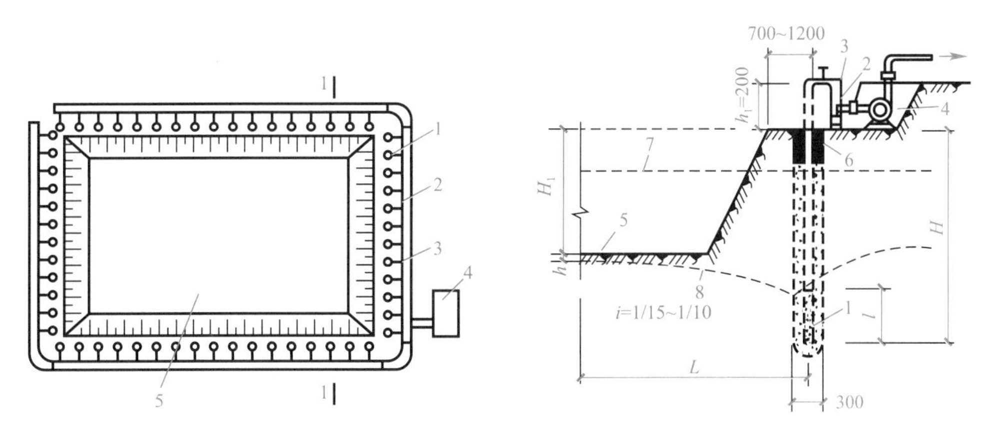

图 2-29　环形井点布置图

1—井点管；2—集水总管；3—弯联管；4—抽水设备；5—基坑；

6　填黏土；7　原地下水位线；8—降低后地下水位线

2）高程设计（见图 2-12）

井管埋深：

$$H \geqslant H_1 + h + iL \tag{2-12}$$

式中　H——井点管的埋置深度；

H_1——埋设面至坑底距离；

h——降水后水位线至坑底最小距离（一般可取 0.5～1m）；

i——地下水降落坡度，环状 1/15～1/10，线状 1/5～1/4；

L——井管中心至基坑中心短边距离（环状）或另侧（线状）距离；

井点管露出地面高度一般取 0.2～0.3m，当 H＞6m 时：降低埋设面或采用二级井点或改用其他井点。

3）计算涌水量 Q：（环状井点系统）

根据水井理论，井底到达不透水层的称完整井；井底未到达不透水层的称非完整井。根据地下水有无压力分为承压井和无压（潜水）井。如图 2-30 所示，水井分为无压完整井、无压非完整井、承压完整井和承压非完整井。

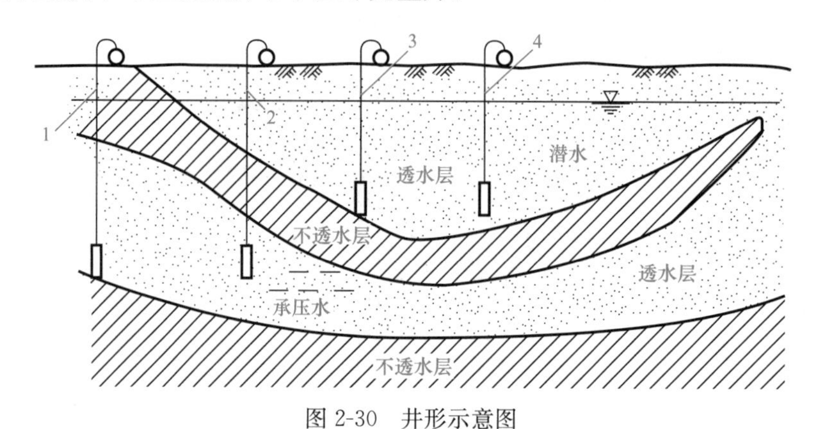

图 2-30　井形示意图

1—承压完整井；2—承压非完整井；3—无压完整井；4—无压非完整井

各类井型的涌水量计算公式不同。

（1）无压完整井井点涌水量计算

群井按大井简化时，均质含水层潜水完整井的基坑降水总涌水量可按下式计算（图 2-31）：

$$Q=\pi k\frac{(2H_0-s_0)s_0}{\ln\left(1+\frac{R}{r_0}\right)} \tag{2-13}$$

式中　Q——基坑涌水量（m/d^3）；

k——渗透系数；

H_0——潜水含水层厚度（m）；

s_0——基坑水位降深（m）；

R——降水影响半径（m），潜水含水层，$R=2s_w\sqrt{kH}$，承压含水层 $R=10s_w\sqrt{k}$；s_w 为降水井水位降深（m），当井水位降深小于 10m 时，取 $s_w=10$m；

r_0——沿基坑周边均匀布置的降水井群所围面积等效圆的半径（m），可按 $r_0=\sqrt{A/\pi}$ 计算，此处，A 为降水井群连线所围的面积。

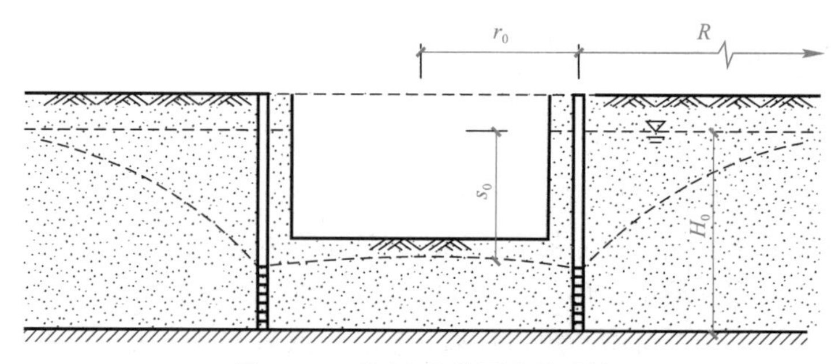

图 2-31　无压完整井涌水量计算

（2）无压非完整井井点涌水量计算

群井按大井简化的均质含水层潜水非完整井的基坑降水总涌水量可按下式计算（图2-32）：

$$Q=\pi k\frac{H_0^2-h_m^2}{\ln\left(1+\frac{R}{r_0}\right)+\frac{h_m-l}{l}\ln\left(1+0.2\frac{h_m}{r_0}\right)} \tag{2-14}$$

$$h_m=\frac{H_0+h}{2}$$

式中　h——基坑动水位至含水层底面的深度（m）；

l——滤管有效工作部分的长度（m）。

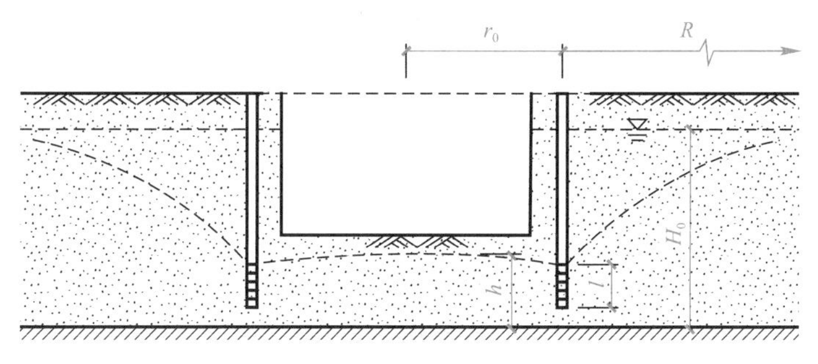

图2-32　无压非完整井涌水量计算

（3）承压完整井井点涌水量计算

群井按大井简化的均质含水层承压水完整井的基坑降水总涌水量可按下式计算（图2-33）：

$$Q=2\pi k\frac{Ms_0}{\ln\left(1+\frac{R}{r_0}\right)} \tag{2-15}$$

式中　M——承压含水层厚度（m）。

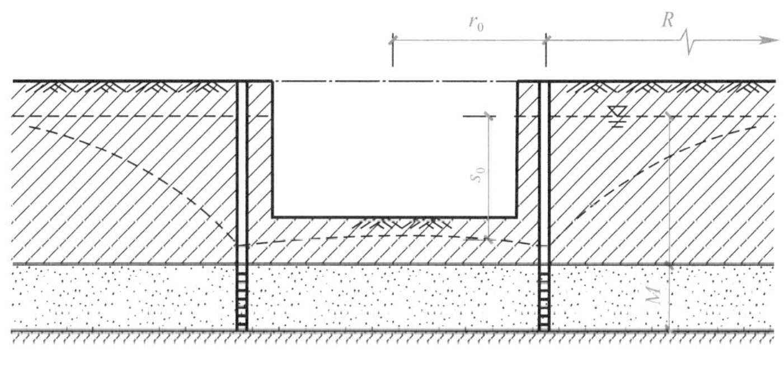

图2-33　承压完整井涌水量计算

（4）承压非完整井井点涌水量计算

群井按大井简化的均质含水层承压水非完整井的基坑降水总涌水量可按下式计算（图2-34）：

$$Q=2\pi k\frac{Ms_0}{\ln\left(1+\frac{R}{r_0}\right)+\frac{M-l}{l}\ln\left(1+0.2\frac{M}{r_0}\right)} \tag{2-16}$$

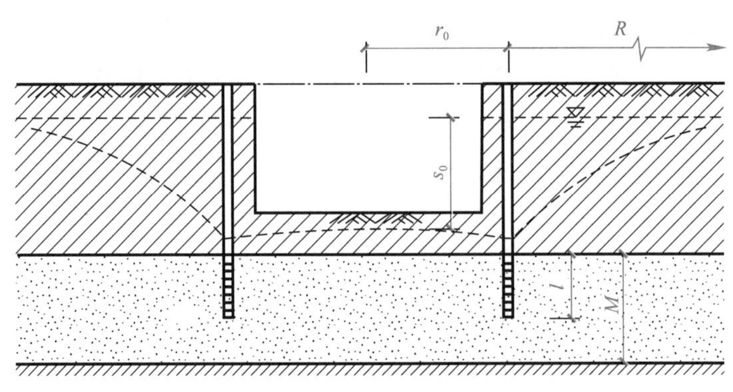

图 2-34　承压非完整井涌水量计算

（5）承压～潜水非完整井井点涌水量计算

群井按大井简化的均质含水层承压～潜水非完整井的基坑降水总涌水量可按下式计算（图 2-35）：

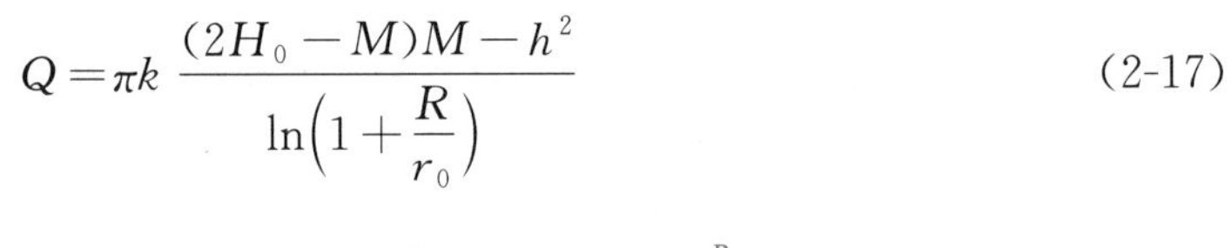

$$Q=\pi k\frac{(2H_0-M)M-h^2}{\ln\left(1+\dfrac{R}{r_0}\right)} \tag{2-17}$$

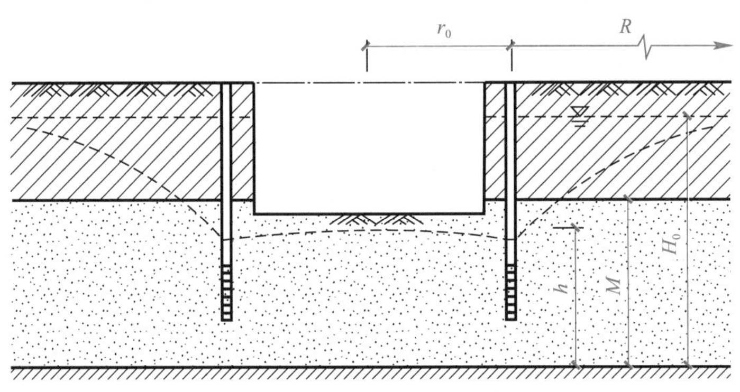

图 2-35　承压～潜水非完整井涌水量计算

4）井点管设计

（1）单井出水量

$$q=65\pi dl^3\sqrt{k}\,(\mathrm{m^3/d});$$

d、l——滤管直径、长度（m）。

（2）最少井点数

$$n'=1.1Q/q(\text{根})$$

1.1——备用系数。

（3）最大井距

$$D'=L/n'(\mathrm{m});$$

D'——最大井距；

L——总管长度。

（4）确定井距

$15d\leqslant D\leqslant D'$，且符合总管的接头间距。

D——井距。

（5）确定井点数

$$n = L/D$$

n——井点数。

5）抽水设备的选择

一套机组携带的总管最大长度：真空泵不宜超过100m；射流泵不宜超过80m；隔膜泵不宜超过60m。当主管过长时，可采用多套抽水设备；井点系统可以分段，各段长度应大致相等，宜在拐角处分段，以减少弯头数量，提高抽吸能力；分段宜设阀门，以免管内水流紊乱，影响降水效果。

3. 二级轻型井点布置

真空泵由于考虑水头损失，一般降低地下水深度只有5.5～6m。当一级轻型井点不能满足降水深度要求时，可采用明沟排水结合井点的方法，将总管安装在原地下水位线以下，或采用二级井点排水（降水深度可达7～10m），即先挖去第一级井点排干的土，然后再在坑内布置埋设第二级井点，以增加降水深度，如图2-36所示。抽水设备宜布置在地下水的上游，并设在总管的中部。

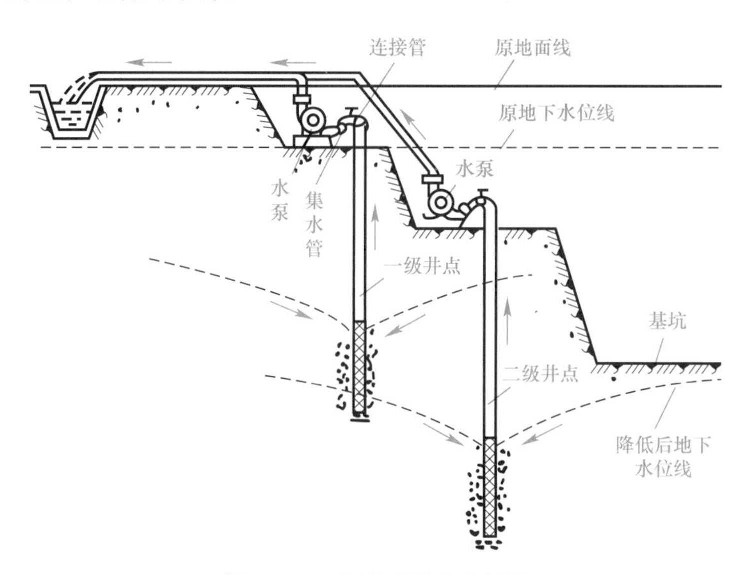

图2-36　二级轻型井点布置图

4. 轻型井点施工

1）轻型井点的施工工艺

定位放线→挖井点沟槽，敷集水总管→冲孔（或钻孔）→安装井点管→灌填滤料、黏土封口→用弯联管连通井点管与总管→安装抽水设备并与总管连接→安装排水管→真空泵排气→离心水泵试抽水→观测井中地下水位变化。

2）井点管的埋设

井点管埋设可用射水法、钻孔法和冲孔法成孔，井孔直径不宜小于300mm，孔深宜比滤管底深0.5～1.0m。在井管与孔壁间应用滤料回填密实，滤料回填至顶面与地面高差不宜小于1.0m。滤料顶面至地面之间，须采用黏土封填密实，以防止漏气。填砾石过滤器周围的滤料应为磨圆度好、粒径均匀、含泥量小于3%的砂料，投入滤料数量应大于计算值的85%。目前常用的方法是冲孔法。

5. 轻型井点降水实例

某厂房设备基础施工，基坑底宽8m，长12m，基坑深4.5m，挖土边坡1∶0.5，基坑平、剖面如图2-37所示。经地质勘探，天然地面以下1m为黏土，其下有8m厚细砂层，渗透系数k=8m/d，细砂层以下为不透水的黏土层。地下水位标高为－1.5m。采用轻型井点法降低地下水位，试进行轻型井点系统设计。

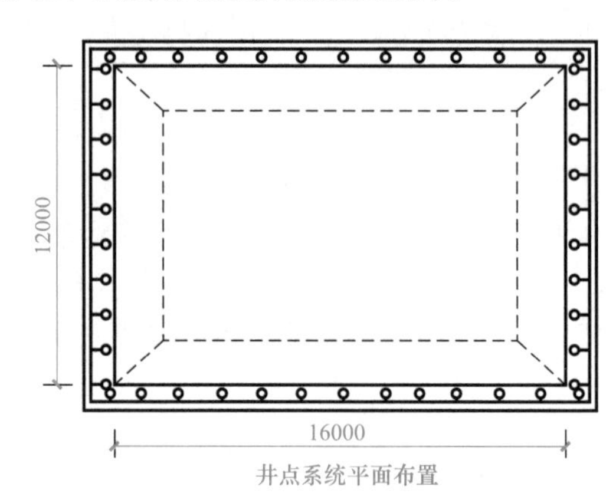

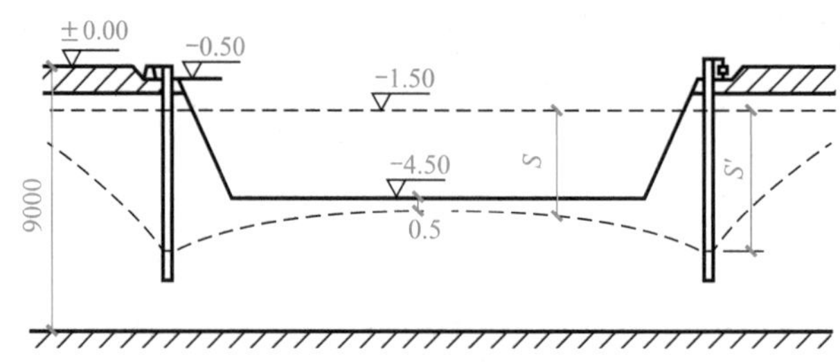

图2-37 井点系统布置图

解：

1）井点系统的平面设计

根据本工程地质情况和平面形状，轻型井点选用环形布置。为使总管接近地下水位，表层土挖去0.5m，在－0.5m处布置井点系统。

该基坑底尺寸为8m×12m，挖土边坡1∶0.5，则基坑顶部平面尺寸为：

基坑上口宽：8＋0.5×4×2＝12m

基坑上口长：12＋0.5×4×2＝16m

设井点管离基坑边缘1m，总管长度为：

$$L=[(12+2)+(16+2)]\times 2=64\text{m}$$

水位降低值s＝4.5－1.5＋0.5＝3.5m＜6m

故采用一级轻型井点系统可满足要求，总管和井点管布置在同一水平面上。

2）高程设计

井点管的埋深深度为（总管平面至井点管下口，不包括滤管）：

$$H\geqslant H_1+h+iL$$

即 $$H \geqslant 4.0+0.5+1/10\times\frac{12+2}{2}=5.2\text{m}$$

采用6m长的井点管，直径50mm，滤管长1.0m。为方便施工考虑井点管高出地面0.2m，埋入土中5.8m（不包括滤管），大于5.2m，符合埋深要求。

井点管埋入土中，包括滤管长度为5.8+1.0=6.8m，滤管底部距不透水层2.20m((1+8)−6.8=2.20)，基坑长宽比小于5，可按无压非完整井环形井点系统计算。

3）涌水量计算

含水层厚度 $H_0=9.0-1.5=7.5\text{m}$

基坑动水位至含水层底面的深度 $h=9.0-5.0=4.0\text{m}$

降水井水位降深 $s_w=s_0+iL=3.5+1/10\times\frac{12+2}{2}=4.2\text{m}<10\text{m}$，取10m。

降水影响半径 $R=2s_w\sqrt{kH}=2\times10\times\sqrt{8\times7.5}=154.92\text{m}$

各降水井所围面积的等效半径 $r_0=\sqrt{A/\pi}=\sqrt{\frac{(12+1\times2)\ (16+1\times2)}{3.14}}=8.96\text{m}$

$$h_m=\frac{H_0+h}{2}=\frac{7.5+4.0}{2}=5.75\text{m}$$

将以上数值代入式（2-14），得基坑涌水量 Q：

$$Q=\pi k\frac{H_0^2-h_m^2}{\ln\left(1+\frac{R}{r_0}\right)+\frac{h_m-l}{l}\ln\left(1+0.2\frac{h_m}{r_0}\right)}$$

$$=3.14\times8\times\frac{7.5^2-5.75^2}{\ln\left(1+\frac{154.92}{8.96}\right)+\frac{5.75-1}{1}\ln\left(1+0.2\times\frac{5.75}{8.96}\right)}$$

$$=167.57\text{m}^3/\text{d}$$

4）计算井点管数量和间距

井点管直径为50mm，则单根井点管出水量 q 为：

$$q=65\pi dl\sqrt[3]{k}=65\times3.14\times0.05\times1.0\times\sqrt[3]{8}=20.14\text{m}^3/\text{d}$$

则需井点管数量：

$$n'\geqslant1.1Q/q=1.1\times167.57/20.14=10\text{ 根}$$

基坑四角增加2根井点管，则井点管的平均间距 D' 为：

$$D'=L/n=(14+18)\times2/(10+4\times2)=3.56\text{m}$$

为方便施工，留设4m宽车行道，按构造要求，取井点管间距为2.0m，则实际井点管数量：$n=\frac{64-4}{2.0}+1=31$ 根，均匀布置在基坑周边。

5）抽水设备选用

抽水设备带动的总管长度为60m，可选用W5型干式真空泵。

水泵流量：$Q_1=1.1Q=1.1\times167.57=184.33\text{m}^3/\text{d}=7.68\text{m}^3/\text{h}$

水泵吸水扬程（水头损失为1.0m）$\geqslant6.0+1.0=7.0\text{m}$

根据水泵流量和吸水扬程，可选用2B31型离心泵（吸程8.2～5.7m，水泵流量10～30m³/h）离心泵。

2.5.3.2 喷射井点

喷射井点是利用循环高压水流产生的负压把地下水吸出。喷射井点主要适用于渗透系数较小的含水层和降水深度较大（8～20m）的降水工程。其工作原理如图 2-38 所示。喷射井点降水是在井点管内部装设特质的喷射器，用高压水泵或空气压缩机通过井点管中的内管向喷射器输入高压水（喷水井点）或压缩空气（喷气井点），形成水气射流，将地下水经井点外管与内管之间的间隙抽出排走。此方法设备较简单，排水深度大，可达 8～20m，比多层轻型井点降水设备少，基坑土方开挖量少，施工快，费用低。该工艺标准适用于基坑开挖较深、降水深度大于 6m、土渗透系数为 3～50m/d 的砂土或渗透系数为 0.1～3m/d 的粉土、粉砂、淤泥质土、粉质黏土中的降水工程。

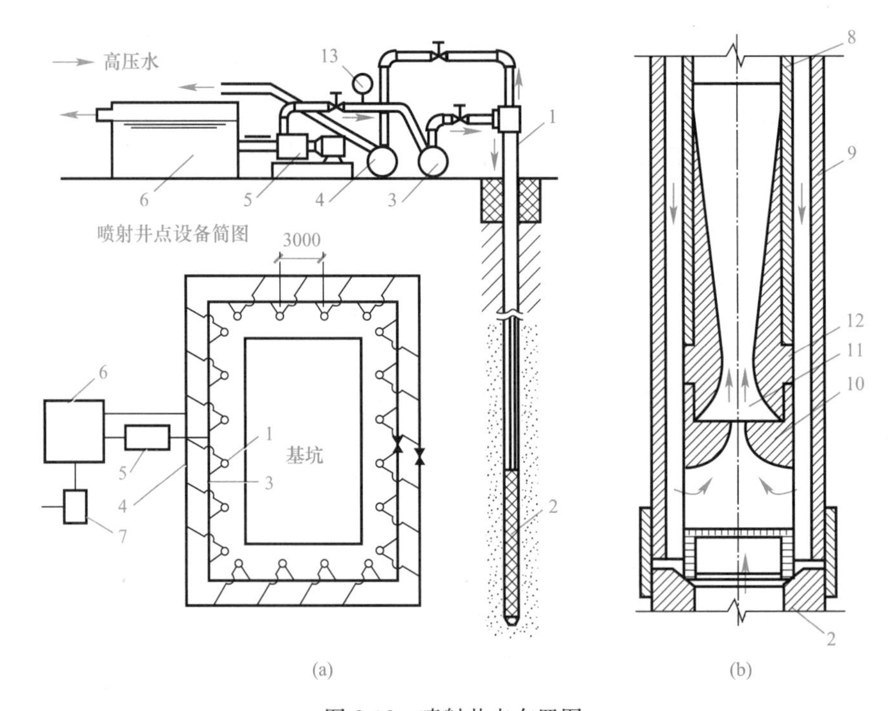

图 2-38 喷射井点布置图

（a）喷射井点平面布置图；（b）喷射井点扬水装置

1—喷射井管；2—滤管；3—供水总管；4—排水总管；5—高压离心水泵；6—集水池；7—排水泵；8—喷射井管内管；9—喷射井点外管；10—喷嘴；11—混合室；12—扩散室；13—压力表

1. 喷射井点布置

喷射井点降水设计方法与轻型井点降水设计方法基本相同。基坑面积较大时，井点采用环形布置；基坑宽度小于 10m 时采用单排线型布置。井点管水平间距宜为 2.0～4.0m。当采用环形布置时，进出口（道路）处的井点间距可扩大为 5～7m。

2. 喷射井点降水施工

（1）工艺流程

设置泵房，安装进排水总管→水冲法或钻孔法成井→安装喷射井点管、填滤料→接通过水、排水总管，与高压水泵或空气压缩机接通→各井点管外管与排水管接通，通到循环水箱→启动高压水泵或空气压缩机抽水→离心泵排除循环水箱中多余水→观测地下水位。

(2) 施工要点

井点管直径宜为 75～100mm，成孔孔径不应小于 400mm，成孔深度应大于滤管底端埋深 1.0m。井点管与孔壁之间填灌滤料（粗砂）。孔口到填灌滤料之间用黏土封填，封填高度为 0.5～1.0mm。

每套喷射井点的井点数不宜大于 30 根，总管直径不宜小于 150mm，总长不宜超过 60m。每套井点应配备相应的水泵和进、回水总管。如果由多套井点组成环圈布置，各套进水总管之间宜用阀门隔开，每套井点应自成系统。

每根喷射井点管埋设完毕后，应及时进行单井试抽，排出的浑浊水不得回入循环管路系统，试抽时间要持续到水由浑浊变清为止。喷射井点系统安装完毕应进行试抽，不应有漏气或翻砂冒水现象。工作水应保持清洁，在降水过程中应视水质浑浊程度及时更换。

2.5.3.3　管井井点降水

管井降水一般由井管、抽水泵、泵管、排水总管、排水设施等组成（图 2-39）。适用于渗透系数为 20～200m/d，地下水丰富的土层、砂层，以及用明排水易造成土粒大量流失，引起边坡塌方及用轻型井点难以满足要求的情况。

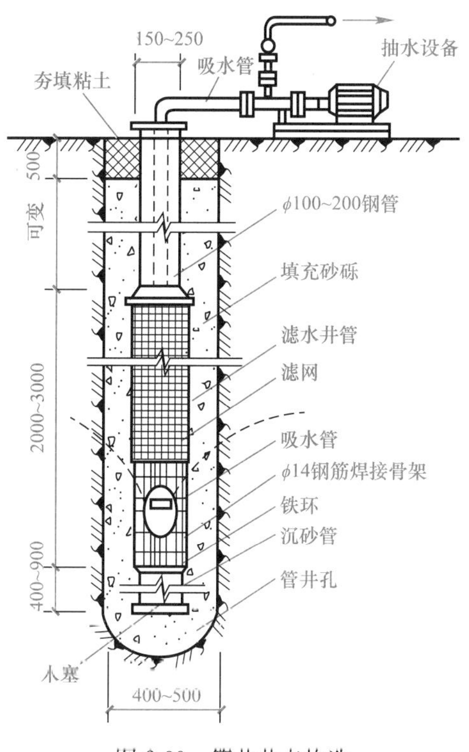

图 2-39　管井井点构造

1. 管井构造

井管由滤水管、吸水管和沉砂管三部分组成。管井的滤管可采用无砂混凝土滤管、钢筋笼、钢管或铸铁管。滤管内径应按满足单井设计出水量要求而配置的水泵规格确定，滤管内径宜大于水泵外径 50mm，且滤管外径不宜小于 200mm。管井成孔直径应满足填充滤料的要求。井管外滤料宜选用磨圆度好的硬质岩石的圆砾，不宜采用棱角形石渣料、风化料或其他粘质岩石成分的砾石。采用深井泵或深井潜水泵抽水时，水泵的出水量应根据单井出水内力确定，水泵的出水量应大于单井出水能力的 1.2 倍。井管的底部应设置沉砂段，井管沉砂段长度不宜小于 3m。

2. 管井施工要点

(1) 现场施工工艺流程：准备工作→钻机进场→定位安装→开孔→下护口管→钻进→终孔后冲孔换浆→下井管→稀释泥浆→填砂→止水封孔→洗井→下泵试抽→合理安排排水管路及电缆电路→试抽水→正式抽水→水位与流量记录。

(2) 成孔施工可采用泥浆护壁钻进成孔，钻进中保持泥浆比重为 1.10～1.15，宜采用地层自然造浆，钻孔孔斜不应大于 1%，终孔后应清孔，直到返回泥浆内不含泥块为止。

(3) 井管安装应准确到位，不得损坏过滤结构，井管连接应确保完整无隙，避免井管脱落或渗漏，应保证井管周围填砾厚度基本一致，应在滤水管上下部各加 1 组扶正器，过滤器应刷洗干净，过滤器缝隙应均匀。

(4) 井管安装结束后沉入钻杆，将泥浆缓慢稀释至比重不大于 1.05 后，将滤料徐徐填入，并随填随测填砾顶面高度，在稀释泥浆时井管管口应密封。

(5) 宜采用活塞和空气压缩机交替洗井，洗井结束后应按设计要求的验收指标予以验收。

(6) 抽水泵应安装稳固，泵轴应垂直，连续抽水时，水泵吸口应低于井内扰动水位 2.0m。

2.5.3.4 真空管井井点降水

真空管井井点是上海等软土地基地区深基坑施工应用较多的一种深层降水设备，主要适用土层渗透系数较小情况下的深层降水，真空管井井点即在管井井点系统上增设真空泵集水系统（图 2-40）。所以它除遵守管井井点的施工要点外，还需增加下述施工要点：

(1) 宜采用真空泵抽气集水，深井泵或潜水泵排水，井管应严密封闭，并与真空泵吸气管相连。

(2) 单井出水口与排水总管的连接管路中应设置单向阀。

(3) 对于分段设置滤管的真空降水管井，应对基坑开挖后暴露的井管、滤管、填砾层等采取有效封闭措施。

(4) 井管内真空度不应小于 65kPa，宜在井管与真空泵吸气管的连接位置处安装高灵敏度的真空压力表监测真空度。

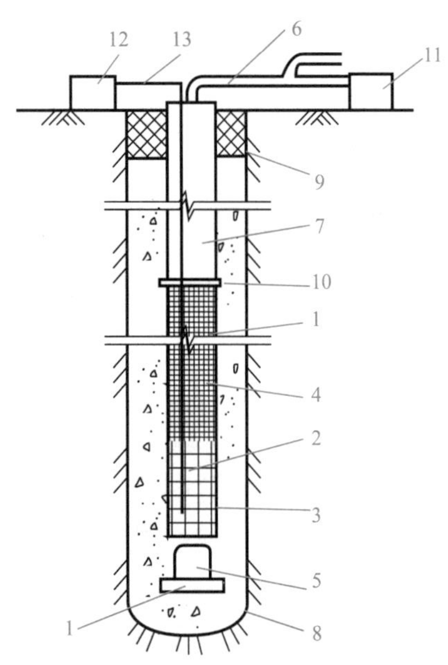

图 2-40 真空管井井点构造示意图
1—滤水井管；2—钢筋焊接管架；3—铁环；4—管架外包铁丝网；5—沉砂管；6—吸水管；7—钢管；8—井孔；9—黏土封口；10—填充砂砾；11—抽水设备；12—真空机；13—真空管

2.5.3.5 封井

停止降水后，应对降水管井采用可靠的封井措施，封井时间和措施应符合设计要求。

对于基坑底板浇筑前已停止降水的管井，浇筑底板前可将井管切割至垫层面附近，井管内采用黏性土充填密实，然后采用钢板与井管管口焊接、封闭。

对于基础底板浇筑后仍需保留并持续降水的管井，应采用专门的封井措施如图 2-41 所示。封井时应考虑承压水风险和基础底板的防水。

2.5.4　截水

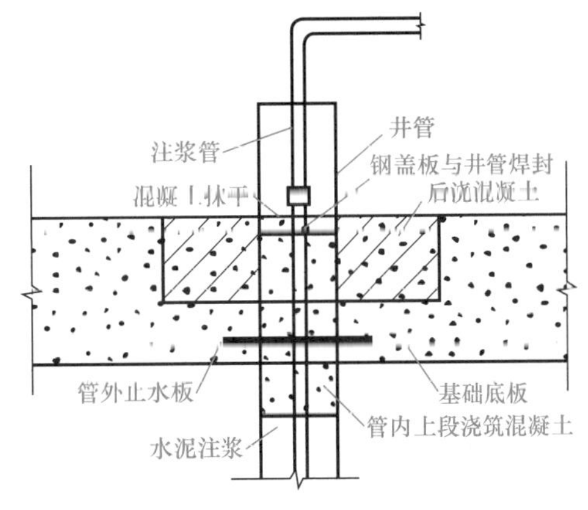

图 2-41　封井措施

基坑工程隔水措施可采用水泥土搅拌桩、高压喷射注浆、地下连续墙、小齿口钢板桩等。有可靠工程经验时，可采用地层冻结技术（冻结法）阻隔地下水。当地质条件、环境条件复杂或基坑工程等级较高时，可采用多种隔水措施联合使用的方式，增强隔水可靠性。如搅拌桩结合旋喷桩、地下连续墙结合旋喷桩、咬合桩结合旋喷桩等。

截水帷幕在设计深度范围内应保证连续性，强度和抗渗性能应满足设计要求。

截水帷幕的插入深度应根据坑内潜水降水要求、地基土抗渗流（或抗管涌）稳定性要求确定。

基坑预降水期间可根据坑内、外水位观测结果判断截水帷幕的可靠性。

承压水影响基坑稳定性且其含水层顶板埋深较浅时，截水帷幕宜隔断承压含水层。

地质条件、环境条件复杂或基坑工程等级较高时，宜采用多种截水措施联合使用的方式，增强截水可靠性。

基坑截水帷幕出现渗水时，宜设置导水管、导水沟等构成明排系统，并应及时封堵。

2.5.5　回灌

当基坑外地下水位降幅较大、基坑周围存在需要保护的建（构）筑物或地下管线时，宜采用地下水人工回灌措施，如图 2-42 所示。回灌措施包括回灌井、回灌砂井、回灌砂沟和水位观测井等。回灌砂井、回灌砂沟一般用于浅层潜水回灌，回灌井用于承压水回灌。

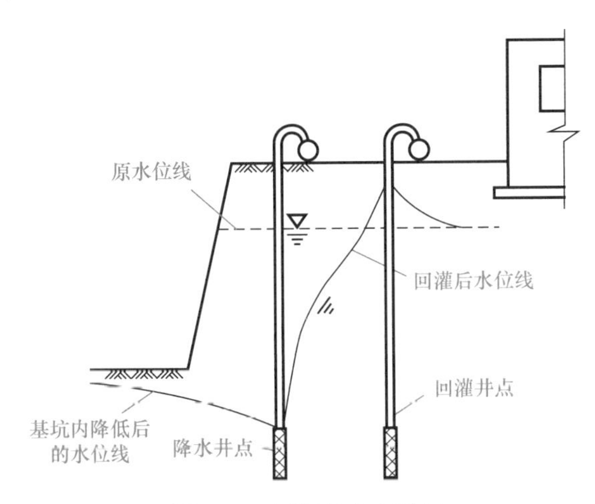

图 2-42　回灌井点布置图

对于坑内减压降水，坑外回灌井的深度不宜大于承压含水层中基坑截水帷幕的深度，以影响坑内减压降水效果。对于坑外减压降水，回灌井与减压井的间距应通过设计计算确定。回灌砂井或回灌砂沟与降水井点的距离一般不宜小于 6m，以防降水井点仅抽吸回灌井点的水，而使基坑内水位无法下降。回灌砂沟应设在透水性较好的土层内。在回灌保护范围内，应设置水位观测井，根据水位动态变化调节回灌水量。

回灌井可分为自然回灌井与加压回灌井。自然回灌井的回灌压力与回灌水源的压力相同，宜为0.1～0.2MPa。加压回灌井通过管口处的增压泵提高回灌压力宜为0.2～0.5MPa。回灌压力不宜大于过滤器顶端以上的覆土重量，以防止地面处回灌水或者泥浆混合液的喷溢。

回灌井施工结束至开始回灌，应至少有2～3周的时间间隔，以保证井管周围止水封闭层充分密实，防止或避免回灌水沿井管周围向上反渗、地面泥浆水喷溢等。井管外侧止水封闭层顶至地面之间，宜用素混凝土充填密实。

为保证回灌畅通，回灌井过滤器部位宜扩大孔径或采用双层过滤结构。回灌过程中为防止回灌井堵塞，每天应进行1～2次回扬，至出水由浑浊变清后，恢复回灌。

回灌用水不得污染含水层中的地下水。在回灌影响范围内，应设置水位观测井，并应根据水位动态变化调节回灌水量。

2.5.6 降排水施工质量检验标准

1. 降排水施工

(1) 采用集水明排的基坑，应检验排水沟、集水井的尺寸。排水时集水井内水位应低于设计要求水位不小于0.5m。

(2) 降水井施工前，应检验进场材料质量。降水施工材料质量检验标准应符合表2-13的规定。

降水施工材料质量检验标准　　表2-13

项目	序号	检查项目	允许值或允许偏差		检查方法
			单位	数值	
主控项目	1	井、滤管材质	设计要求		查产品合格证书或按设计要求参数现场检测
	2	滤管孔隙率	设计值		测算单位长度滤管孔隙面积或与等长标准滤管渗透对比法
	3	滤料粒径	(6～12) d_{50}		筛析法
	4	滤料不均匀系数	≤3		筛析法
一般项目	1	沉淀管长度	mm	+50 0	用钢尺量
	2	封孔回填土质量	设计要求		现场搓条法检验土性
	3	挡砂网	设计要求		查产品合格证书或现场量测目数

注：d_{50}为土颗粒的平均粒径。

(3) 降水井正式施工时应进行试成井。试成井数量不应少于2口（组），并应根据试成井检验成孔工艺、泥浆配比，复核地层情况等。

(4) 降水井施工中应检验成孔垂直度。降水井的成孔垂直度偏差为1/100，井管应居中竖直沉没。

(5) 降水井施工完成后应进行试抽水，检验成井质量和降水效果。

(6) 降水运行应独立配电。降水运行前，应检验现场用电系统。连续降水的工程项目，尚应检验双路以上独立供电电源或备用发电机的配置情况。

(7) 降水运行过程中，应监测和记录降水场区内和周边的地下水位。采用悬挂式帷幕基坑降水的，尚应计量和记录降水井抽水量。

（8）降水运行结束后，应检验降水井封闭的有效性。

2. 轻型井点施工

轻型井点施工质量验收应符合表 2-14 的规定。

轻型井点施工质量检验标准　　表 2-14

项目	序号	检查项目	允许值或允许偏差		检查方法
			单位	数值	
主控项目	1	出水量	不小于设计值		查看流量表
一般项目	1	成孔孔径	mm	±20	用钢尺量
	2	成孔深度	mm	+1000 −200	测绳测量
	3	滤料回填量	不小于设计计算体积的 95%		测算滤料用量且测绳测量回填高度
	4	黏土封孔高度	mm	≥1000	用钢尺量
	5	井点管间距	m	0.8～1.6	用钢尺量

3. 喷射井点施工

喷射井点施工质量验收应符合表 2-15 的规定。

喷射井点施工质量检验标准　　表 2-15

项目	序号	检查项目	允许值或允许偏差		检查方法
			单位	数值	
主控项目	1	出水量	不小于设计值		查看流量表
一般项目	1	成孔孔径	mm	+50 0	用钢尺量
	2	成孔深度	mm	+1000 −200	测绳测量
	3	滤料回填量	不小于设计计算体积的 95%		测算滤料用量且测绳测量回填高度
	4	井点管间距	m	2～3	用钢尺量

4. 管井施工

管井施工质量检验标准应符合表 2-16 的规定。

管井施工质量检验标准　　表 2-16

项目	序号	检查项目	允许值或允许偏差		检查方法
			单位	数值	
主控项目	1	泥浆比重	1.05～1.10		比重计
	2	滤料回填高度	+10% 0		现场搓条法检验土性、测算封填黏土体积、孔口浸水检验密封性
	3	封孔	设计要求		现场检验
	4	出水量	不小于设计值		查看流量表

续表

项目	序号	检查项目		允许值或允许偏差		检查方法
				单位	数值	
一般项目	1	成孔孔径		mm	±50	用钢尺量
	2	成孔深度		mm	±20	测绳测量
	3	扶中器		设计要求		测量扶中器高度或厚度、间距，检查数量
	4	活塞洗井	次数	次	≥20	检查施工记录
			时间	h	≥2	检查施工记录
	5	沉淀物高度		≤5‰井深		测锤测量
	6	含砂量（体积比）		≤1/20000		现场目测或用含砂量计测量

5. 轻型井点、喷射井点、真空管井降水运行

轻型井点、喷射井点、真空管井降水运行质量检验标准应符合表 2-17 的规定。

轻型井点、喷射井点、真空管井降水运行质量检验标准　　表 2-17

项目	序号	检查项目	允许值或允许偏差		检查方法
			单位	数值	
主控项目	1	降水效果	设计要求		量测水位、观测土体固结或沉降情况
一般项目	1	真空负压	MPa	≥0.065	查看真空表
	2	有效井点数	≥90%		现场目测出水情况

6. 钢管井封井

钢管井封井质量检验标准应符合表 2-18 的规定。

管井封井质量检验标准　　表 2-18

项目	序号	检查项目	允许值或允许偏差		检查方法
			单位	数值	
主控项目	1	注浆量	+10% 0		测算注浆量
	2	混凝土强度	不小于设计值		28d 试块强度
	3	内止水钢板焊接质量	满焊，无缝隙		焊缝外观检测、掺水检验
一般项目	1	外止水钢板宽度、厚度、位置	设计要求		现场量测
	2	细石子粒径	mm	5～10	筛析法或目测
	3	细石子回填量	+10% 0		测算滤料用量且测绳测量回填高度
	4	混凝土灌注量	+10% 0		测算混凝土用量
	5	24h 残存水高度	mm	≤500	量测水位
	6	砂浆封孔	设计要求		外观检验

塑料管井、混凝土管井、钢筋笼滤网井封井时，应检验管内止水材料回填的密实度和止水效果。穿越基坑底板时，尚应按设计要求检验其穿越基坑底板构造的防水效果。

单元小结

土方工程是工程初期以至施工过程中的重要分部工程。它包括土方开挖、运输、回填压实等主要施工过程，以及排水、降水和土壁支护等准备和辅助过程。常见的土方工程有场地平整、土方开挖、土方回填等。通过学习土方工程施工，具备土方施工方案编制、土方工程量计算、降水方案设计等能力，了解土方施工主要内容，掌握土方工程量计算方法，掌握土方工程施工工艺流程、施工要点、质量验收要求，掌握轻型降水设计方法、轻型井点降水方案设计，熟悉常见降水工艺流程和施工要点。土方工程施工按照《建筑地基基础工程施工质量验收标准》GB 50202—2018、《建筑基坑支护技术规程》JGJ 120—2012、《建筑施工手册》等规范规程要求开展。

习　题

一、简答题

2-3 单元自测

1. 场地平整的工艺流程是什么？
2. 简述方格网法计算土方工程量步骤。
3. 土方回填的质量要求有哪些？
4. 简述轻型井点系统设计步骤。
5. 写出无压完整井和无压非完整井涌水量公式，并说出不同点。

二、单选题

1.（　　）的挖土特点是“前进向上，强制切土”。

A. 正铲挖土机　B. 抓铲挖土机　C. 反铲挖土机　D. 拉铲挖土机

2. 可以用作填方土料的土料是（　　）。

A. 淤泥　B. 淤泥质土　C. 膨胀土　D. 黏性土

3. 下列不是填土的压实方法的是（　　）。

A. 碾压法　B. 夯击法　C. 振动法　D. 加压法

4. 不宜用于填土土质的降水方法是（　　）。

A. 轻型井点　B. 降水管井　C. 喷射井点　D. 电渗井点

5. 已知某土层地下水为潜水，且井底未能到达不透水层，则该井为（　　）。

A. 无压完整井　B. 承压完整井　C. 无压非完整井　D. 承压非完整井

6. 集水井降水属于（　　）降水。

A. 重力　B. 自然　C. 区域　D. 地面

三、多选题

1. 关于土方填筑与压实的说法，正确的有（　　）。

A. 直接将基底充分夯实和辗压密实

B. 填土应从场地最低处开始，由下而上分层铺填

C. 填土应在宽度上分幅分层进行铺填

D. 填方应在相对两侧或周围同时进行回填和夯实

E. 填土只能采用同类土填筑

2. 不能用作填方土料的有（　　）。

A. 淤泥　　B. 淤泥质土　　C. 有机质大于5%的土

D. 砂土　　E. 碎石土

3. 地下水的控制方法主要有（　　）。

A. 降水　　B. 注浆　　C. 截水

D. 冷冻　　E. 回灌

4. 集水井排、降水法所用的设施与设备包括（　　）。

A. 井管　　B. 排水沟　　C. 集水井

D. 滤水管　　E. 水泵

四、计算题

1. 场地平整后的地面标高－0.5m，基坑底的标高－2.2m，边坡系数 m＝0.5，已知基础底部尺寸为20m×60m，基坑四边留工作面0.5m，四边放坡。试画出基坑上口放线尺寸平面图和宽度方向断面图并标注尺寸。要求计算：开挖基坑的土方量；若基坑内基础占体积为1500m^3，留下回填土后需外运的土为多少（K_S＝1.25，K'_S＝1.04)?

2. 地下室的平面尺寸为30m×20m，垫层底部标高为－4.5m，自然地面标高为－0.3m，地基土为较厚的细砂层，地下水位为－1.8m，地下水位线到不透水层的厚度为12m。实测渗透数 k＝3m/d，施工时要求基坑底部每边留出0.5m的工作面，土方边坡坡度1∶m＝1∶0.5，选择轻型井点降水方案，试确定轻型井点的平面和高程布置方案，画出平面布置图，并计算井点管的数量和间距。

单元 3

基坑工程施工

【教学目标】

学生在学习本单元内容后，能够熟悉基坑工程等级的划分要求，掌握各类支护结构的特点、适用范围及施工工艺，能读懂基坑支护结构的施工方案，根据基坑开挖方案组织施工。

【教学要求】

能力目标	知识要点	权重	自测分数
能编制基坑支护施工方案，并指导施工	掌握基坑支护结构的类型及适用条件，熟悉深基坑支护施工的工艺流程	40%	
能编制土方大型深基坑土方开挖施工方案	掌握大型深基坑土方开挖方案及施工要点	40%	
能组织并进行基坑验槽	掌握基坑验槽的内容和方法	20%	

案例导入

2005 年，广州××基坑发生坍塌事故，导致人员伤亡，地铁停运，周边建筑物受损。

××基坑周长约 340m，原设计地下室 4 层，基坑开挖深度为 16.2m。该基坑东侧为江南大道，江南大道下为广州地铁二号线，二号线隧道结构边缘与该基坑东侧支护结构距离为 5.7m；基坑西侧、北侧临近河涌，北面河涌范围内为 22m 宽的渠箱；基坑南侧东部距离海员宾馆 20m，海员宾馆楼高 7 层，采用 Φ340 锤击灌注桩基础；基坑南侧两部距离隔山一号楼 20m，楼高 7m，基础也采用 Φ340 锤击灌注桩。

基坑东侧、基坑南侧东部 34m、北侧东部 30m 范围，上部 5.2m 采用喷锚支护方案，下部采用挖孔桩结合钢管内支撑的方案，挖孔桩底标高为−20.0m。基坑西侧上部采用挖孔桩结合预应力锚索方案，下部采用喷锚支护方案。基坑南侧、北侧的剩余部分，采用喷锚支护方案。后由于±0.000 标高调整，后实际基坑开挖深度调整为 15.3m。

基坑在 2002 年 10 月 31 日开始施工，至 2003 年 7 月施工至设计深度 15.3m，后由于上部结构重新调整，地下室从原设计 4 层改为 5 层，地下室开挖深度从原设计的 15.3m 增至 19.6m。由于地下室周边地梁高为 0.7m。因此，实际基坑开挖深度为 20.3m，比原设计挖孔桩桩底深 0.3m。

新的基坑设计方案确定后，2004 年 11 月重新开始从地下 4 层基坑底往地下 5 层施工，至 2005 年 7 月 21 日上午，基坑南侧东部桩加钢支撑部分，最大位移约为 4.0cm，其中从 7 月 20 日至 7 月 21 日一天增大 1.8cm，基坑南侧中部喷锚支护部分，最大位移约为 15cm。至 7 月 21 日中午 12 时左右，基坑坍塌。

思考：

(1) 案例中有没有不当的施工做法？

(2) 如何正确设立基坑边坡支护，避免基坑坍塌事故呢？

3.1 基坑工程的主要特点

在我国改革开放和国民经济持续高速增长的形势下，全国工程建设突飞猛进，高层建筑迅猛发展，同时各地还兴建了许多大型地下市政设施、地下商场、地铁车站等，导致多层地下室逐渐增多，基坑开挖深度超过 10m 的比比皆是，其埋置深度也就越来越深，对基坑工程的要求越来越高。

图 3-1 建筑基坑

建筑基坑是指为进行建筑物（包括构筑物）基础与地下室的施工所开挖的地面以下的空间，如图 3-1 所示。基坑开挖后，会产生多个临空面，这构成基坑围体，围体的某一侧面称为基坑侧壁。基坑的开挖必然对周边环境造成一定的影响，影响范围内的既有建（构）筑物、道路、地下设施、地下管线、岩土体、地下水体等统称为基坑周边环境。为保证基坑施工，主体地下结构的安全和周边环境不受损害，需对基坑进行包括土体、降水和开挖在内的一系列勘察、设计、施工和检测等工作。这项综合性的工程就称为基坑工程。

基坑工程具有以下特点：

(1) 属于临时性结构，安全储备较小，风险性较大；

(2) 有很强的区域性，不同的工程水文地质条件，其基坑工程的性质也差异很大；

(3) 有很强的综合性，涉及土的稳定、变形和渗流等内容，需根据情况分别考虑；

(4) 有较强的时空效应，需注意开挖深度、范围及开挖土体暴露时间等的影响；

(5) 对环境影响较大，基坑开挖、降水会引起周边场地土的应力变化，使土体产生变形，对相邻建（构）筑物、道路和地下管线等产生影响，严重者将危及其安全和正常使用。

基坑工程的目的是构建安全可靠的支护体系，其具体要求如下：

(1) 保证基坑四周边坡土体的稳定性，同时保证主体地下结构的施工空间；

(2) 保证不影响基坑周边建（构）筑物、地下管线、道路的安全和正常使用；

(3) 通过截水、降水、排水等措施，保证基坑工程施工作业面在地下水位以上，施工作业为干作业；

(4) 做到因地制宜、就地取材、保护环境、节约资源，保证工程的经济合理。

3.2 基坑支护结构的类型及适用条件

基坑支护应满足下列功能要求：

(1) 保证基坑周边建（构）筑物、地下管线、道路的安全和正常使用；

(2) 保证主体地下结构的施工空间。

基坑支护设计时，应综合考虑基坑周边环境和地质条件的复杂程度、基坑深度等因素，按表 3-1 采用支护结构的安全等级。对同一基坑的不同部位，可采用不同的安全等级。

支护结构的安全等级　　表 3-1

安全等级	破坏后果
一级	支护结构失效、土体过大变形对基坑周边环境或主体结构施工安全的影响很严重
二级	支护结构失效、土体过大变形对基坑周边环境或主体结构施工安全的影响严重
三级	支护结构失效、土体过大变形对基坑周边环境或主体结构施工安全的影响不严重

支护结构选型时，应综合考虑下列因素：

(1) 基坑深度；

(2) 土的性状及地下水条件；

(3) 基坑周边环境对基坑变形的承受能力及支护结构一旦失效可能产生的后果；

(4) 主体地下结构及其基础形式、基坑平面尺寸及形状；

(5) 支护结构施工工艺的可行性；

(6) 施工场地条件及施工季节；

(7) 经济指标、环保性能和施工工期。

支护结构应按表 3-2 选择其形式。

各类支护结构的适用条件　　表 3-2

<table>
<tr><th colspan="2" rowspan="2">结构类型</th><th colspan="3">适用条件</th></tr>
<tr><th>安全等级</th><th colspan="2">基坑深度、环境条件、土类和地下水条件</th></tr>
<tr><td rowspan="5">支挡式结构</td><td>锚拉式结构</td><td rowspan="5">一级、二级、三级</td><td>适用于较深的基坑</td><td rowspan="5">1. 排桩适用于可采用降水或截水帷幕的基坑；
2. 地下连续墙宜同时用作主体地下结构外墙，可同时用于截水；
3. 锚杆不宜用在软土层和高水位的碎石土、砂土层中；
4. 当邻近基坑有建筑物地下室、地下构筑物等，锚杆的有效锚固长度不足时，不应采用锚杆；
5. 当锚杆施工会造成基坑周边建（构）筑物的损害或违反城市地下空间规划等规定时，不应采用锚杆</td></tr>
<tr><td>支撑式结构</td><td>适用于较深的基坑</td></tr>
<tr><td>悬臂式结构</td><td>适用于较浅的基坑</td></tr>
<tr><td>双排桩</td><td>当锚拉式、支撑式和悬臂式结构不适用时，可考虑采用双排桩</td></tr>
<tr><td>支护结构与主体结构结合的逆作法</td><td>适用于基坑周边环境条件很复杂的深基坑</td></tr>
</table>

续表

结构类型		适用条件		
		安全等级	基坑深度、环境条件、土类和地下水条件	
土钉墙	单一土钉墙	二级、三级	适用于地下水位以上或经降水的非软土基坑，且基坑深度不宜大于 12m	当基坑潜在滑动面内有建筑物、重要地下管线时，不宜采用土钉墙
	预应力锚杆复合土钉墙		适用于地下水位以上或经降水的非软土基坑，且基坑深度不宜大于 15m	
	水泥土桩垂直复合土钉墙		用于非软土基坑时，基坑深度不宜大于 12m；用于淤泥质土基坑时，基坑深度不宜大于 6m；不宜用在高水位的碎石土、砂土、粉土层中	
	微型桩垂直复合土钉墙		适用于地下水位以上或经降水的基坑，用于非软土基坑时，基坑深度不宜大于 12m；用于淤泥质土基坑时，基坑深度不宜大于 6m	
重力式水泥土墙		二级、三级	适用于淤泥质土、淤泥基坑，且基坑深度不宜大于 7m	
放坡		三级	1. 施工场地应满足放坡条件 2. 可与上述支护结构形式结合	

注：1. 当基坑不同部位的周边环境条件、土层性状、基坑深度等不同时，可在不同部位分别采用不同的支护形式；
2. 支护结构可采用上、下部以不同结构类型组合的形式。

3.3 常见深基坑支护施工的工艺流程

深基坑工程是指开挖深度超过 5m（含 5m）的基坑（槽）的土方开挖、支护、降水工程，以及开挖深度虽未超过 5m，但地质条件、周围环境和地下管线复杂，或影响毗邻建筑（构筑）物安全的基坑（槽）的土方开挖、支护、降水工程。深基坑支护是指为保证地下主体结构施工及基坑周边环境的安全，对基坑采用的临时性支挡、加固、保护与地下水控制的措施。基坑支护结构主要由围护墙和支撑体系组成。

知识拓展

深基坑支护的基本要求为：

(1) 确保支护结构能起挡土作用，基坑边坡保持稳定；

(2) 确保相邻的建（构）筑物、道路、地下管线的安全，不因土体的变形、沉陷、坍塌受到危害；

(3) 通过排水降水等措施，确保基础施工在地下水位以上进行。

在支护结构设计中首先要考虑周边环境的保护，其次要满足本工程地下结构施工的要求，再则应尽可能降低造价、便于施工。

3.3.1 水泥土挡墙支护

水泥土挡墙式支护结构属于重力式支护结构。水泥土桩墙是指使用水泥搅拌设备，利用水泥作为固化剂，通过特制的搅拌机械，在地基深处将软土和固化剂强制搅拌，利用固化剂和软土之间所产生的一系列物理化学反应，使软土硬结成具有整体性、水稳定性和一定强度的水泥加固土，其截面一般采用相互搭接的格栅形式，如图 3-2 所示。

图 3-2　水泥土桩墙

水泥土桩墙具有挡土、截水双重功能；施工机具设备相对简单，成墙速度快，造价较低。其缺点一是相对位移较大，当基坑长度大时，要采取中间加墩、起拱等措施，以控制位移。缺点二是厚度较大，因此要求基坑周围应有足够的水泥土桩墙的施工宽度。

特别提示

适用条件：基坑侧壁安全等级宜为二、三级；水泥土施工范围内地基土承载力不宜大于 150kPa；基坑深度不宜大于 6m。

1. 构造要求

深层搅拌水泥土桩墙是用深层搅拌机械，在地基深处就地将软土和水泥浆强制搅拌，形成连续搭接的水泥土柱状加固体挡墙。水泥土墙平面布置可采用壁状体，如图 3-3（a）所示。若壁状的挡墙宽度不够时，可加大宽度，做成格栅状支护结构（图 3-3b），即在支护结构宽度内，不需要整个土体都进行搅拌加固，可按一定间距将土体加固成相互平行的纵向壁，再沿纵向按一定间距加固肋体，用肋体将纵向壁连接起来。这种挡土结构常采用双头搅拌机进行施工，一个头搅拌的桩体直径为 700mm，两个搅拌轴的距离为 500mm，搅拌桩之间的搭接距离为 200mm。

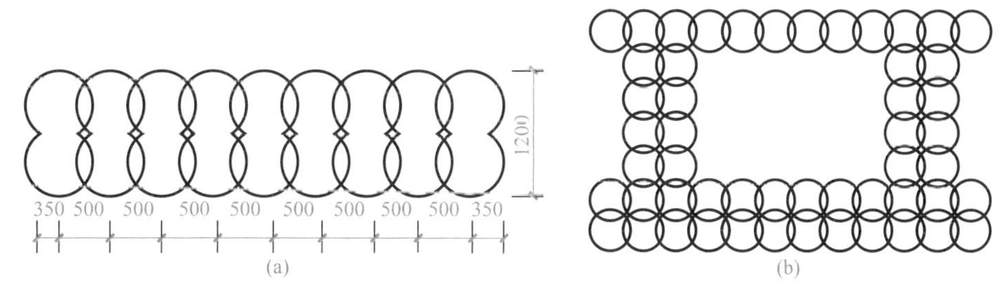

图 3-3　深层搅拌水泥土桩墙平面布置形式

（a）壁状体；（b）格栅式

2. 深层搅拌水泥土桩墙施工工艺

搅拌桩成桩工艺可采用“一次喷浆、二次搅拌”或“二次喷浆、三次搅拌”工艺（图 3-4），主要依据水泥掺入比及土质情况而定。水泥掺量较小，土质较松时，可用前者，反之可用后者。当采用“二次喷浆、三次搅拌”工艺时可在图示步骤 5 作业时也进行注浆，以后再重复 4 与 5 的过程。

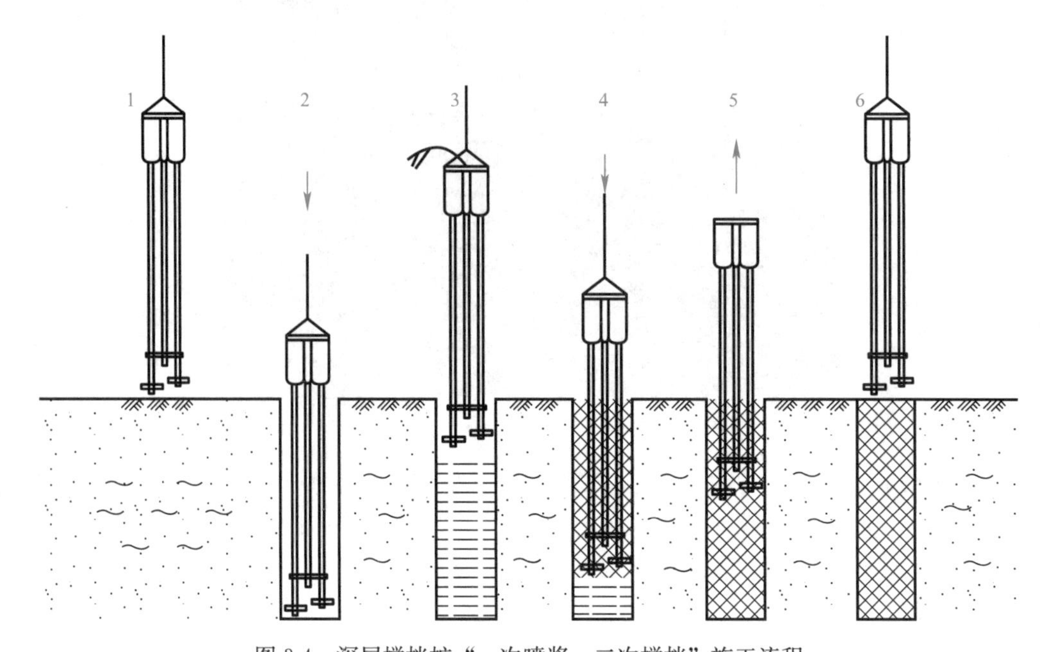

图 3-4　深层搅拌桩“一次喷浆、二次搅拌”施工流程

1—定位；2—预搅下沉；3—提升喷浆搅拌；4—重复搅拌下沉；5—重复提升搅拌；6—成桩结束

具体施工工艺如下：

1）桩机就位

放好搅拌桩桩位后，移动搅拌桩机到达指定桩位，对中，调平（用水准仪调平）。施工时桩位偏差应小于 5cm。采用经纬仪或吊线锤双向控制导向架垂直度，按设计及规范要求，垂直度小于 1.0%桩长。

2）预先拌制浆液

深层搅拌机预搅下沉同时，后台拌制水泥浆液，待压浆前将浆液放入集料斗中。选用水泥强度等级 42.5 普通硅酸水泥拌制浆液，水灰比控制在 0.45～0.50 范围，按照设计要求每米深层搅拌桩水泥用量不少于 50kg。

3）预搅下沉

启动深层搅拌桩机转盘，放松起重机钢丝绳，使搅拌机沿导向架搅拌切土下沉。下沉速度可通过档位调控，工作电流不应大于额定值。如遇硬黏土等导致下沉速度太慢，可从输浆系统适当补给清水以利钻进。

4）提升喷浆搅拌

深层搅拌机下沉到达设计深度后，开启灰浆泵，通过管路送浆至地基土中。当水泥浆液到达出浆口后，应喷浆搅拌 30s，待水泥浆与桩端土充分搅拌后，再开始提升搅拌头。之后按设计确定的提升速度（0.50～0.8m/min）边喷浆搅拌边提升钻杆，使浆液和土体充分拌合。

5）重复搅拌下沉

搅拌钻头提升至桩顶以上 500mm 高后，关闭灰浆泵，此时集料斗中的水泥浆应正好排空。为使软土和水泥浆搅拌均匀，可重复将搅拌头边旋转边沉入土中至设计深度，下沉速度按设计要求进行。

6）喷浆重复搅拌提升

有时可在重复下沉搅拌时复喷（即二次喷浆、三次搅拌的工艺）。在第一次提升喷浆搅拌时，喷完总量的60%水泥浆量，搅拌头再次搅拌下沉至设计深度后，再喷浆重复搅拌提升，一直提升至地面，喷余下的40%浆量。

7）桩机移位

施工完一根桩后，移动桩机至下一根桩位，重复以上步骤进行下一根桩的施工。下一根桩的施工应在前桩水泥土尚未固化时进行。相邻桩的搭接宽度不宜小于200mm。相邻桩喷浆工艺的施工时间间隔不宜大于10h。施工开始和结束的头尾搭接处，应采取加强措施，消除搭接勾缝。

3.3.2　混凝土灌注桩支护

混凝土灌注桩支护系在开挖的基坑周围，用钻机钻孔，下钢筋笼，现场灌注混凝土成桩，形成排桩作挡土支护。挡土灌注排桩结构，桩的刚度较大，抗弯强度高，变形相对较小，设备简单，施工方便，噪声低，振动小，且所需工作场地不大。

特别提示

宜用于基坑侧壁安全等级一、二、三级的基坑工程。适用于黏性土、砂土、开挖面积较大、深基坑（深度大于6m）的基坑，以及邻近有建筑物不允许放坡，不允许附件地基有较大下沉、位移时使用。

1. 排桩支护的布置形式

（1）间隔式排桩支护

当边坡土质较好、地下水位较低时，可利用土拱作用，以间隔排列的钻孔灌注桩来支挡土坡，如图3-5（a）所示。

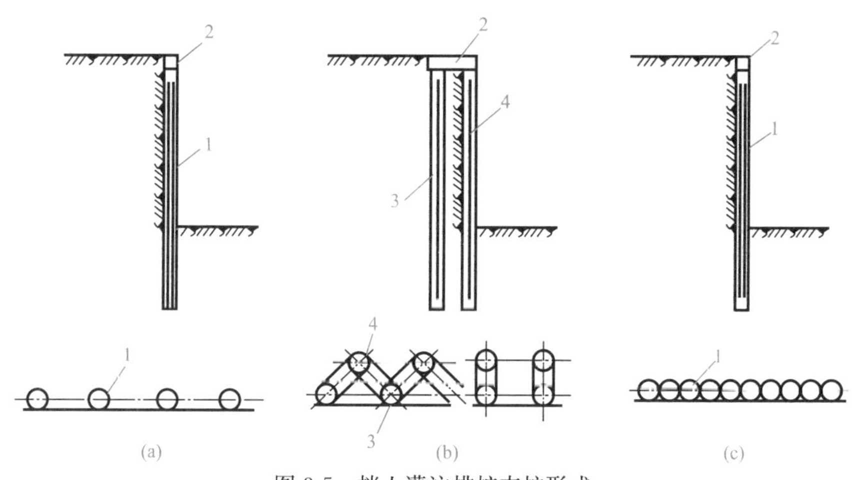

图3-5　挡土灌注排桩支护形式

（a）间隔式；（b）双排式；（c）连续密排式

1—挡土灌注桩；2—连续梁（冠梁）；3—前排桩；4—后排桩

（2）连续排桩支护

在软土中一般不能形成土拱，支挡桩应该连续密排（图3-5c）。密排的桩可以互相搭接，或在桩身混凝土尚未形成时，在相邻桩之间做一根素混凝土树根桩把灌注桩连接起来。

（3）双排式排桩支护

双排式排桩支护体系（图 3-5b）是指在地基中设置两排平行桩，前后两排桩桩体呈矩形或梅花形布置，在两排桩桩顶用刚性冠梁和连梁将两排桩连接，沿坑壁平行方向形成门架式空间结构。这种结构具有较大的抗侧刚度，可以有效地限制基坑的变形。

知识拓展

当场地土较软弱或基坑开挖深度较大、基坑面积很大时，悬臂支护不能满足变形控制要求，但设置水平支撑又对施工及造价造成很大影响，可考虑采用双排式排桩支护（图 3-5b）。

2. 排桩支护的基本构造及施工工艺

（1）钢筋混凝土挡土桩的间距一般为 1.0～2.0m，桩直径为 0.5～1.1m，埋深为基坑的 0.5～1.0 倍。

（2）桩身混凝土强度等级不宜低于 C25。

（3）支护桩的纵向受力钢筋宜选用 HRB400 级钢筋，单桩的纵向受力钢筋不宜少于 8 根，净间距不应小于 60mm。支护桩顶部设置钢筋混凝土构造冠梁时，纵向钢筋锚入冠梁的长度宜取冠梁厚度。

（4）箍筋可采用螺旋式箍筋，箍筋直径不应小于纵向受力钢筋最大直径的 1/4，且不应小于 6mm；箍筋间距宜取 100～200mm，且不应大于 400mm 及桩的直径。

（5）沿桩身配置的加强箍筋应满足钢筋笼起吊安装要求，宜选用 HPB300、HRB400 级钢筋，其间距宜取 1000～2000mm。

（6）纵向受力钢筋的保护层厚度不应小于 35mm；采用水下灌注混凝土工艺时，不应小于 50mm。

（7）支护桩顶部应设置混凝土冠梁。冠梁的宽度不宜小于桩径，高度不宜小于桩径的 0.6 倍。冠梁用作支撑或锚杆的传力构件或按空间结构设计时，尚应按受力构件进行截面设计。

（8）排桩的桩间土应采取防护措施。桩间土防护措施宜采用内置钢筋网或钢丝网的喷射混凝土面层。喷射混凝土面层的厚度不宜小于 50mm，混凝土强度等级不宜低于 C20，混凝土面层内配置的钢筋网的纵横向间距不宜大于 200mm。

（9）排桩采用素混凝土桩与钢筋混凝土桩间隔布置的钻孔咬合桩形式时，支护桩的桩径可取 800～1500mm，相邻桩咬合不宜小于 200mm。

（10）当排桩桩位邻近的既有建筑物、地下管线、地下构筑物对地基变形敏感时，应根据其位置、类型、材料特性、使用状况等相应采取控制地基变形的防护措施。宜采取间隔成桩的施工顺序；对混凝土灌注桩，应在混凝土终凝后，再进行相邻桩的成孔施工。

知识拓展

排桩支护结构包括混凝土灌注桩、混凝土预制桩、钢板桩等构成的支护结构。

排桩的施工偏差应符合下列规定：

（1）桩位的允许偏差应为 50mm；

（2）桩垂直度的允许偏差应为 0.5%；

（3）预埋件位置的允许偏差应为 20mm。

3.3.3　钢板桩支护

板桩有钢板桩、木板桩与钢筋混凝土板桩几种。板桩支护结构如图 3-6 所示。

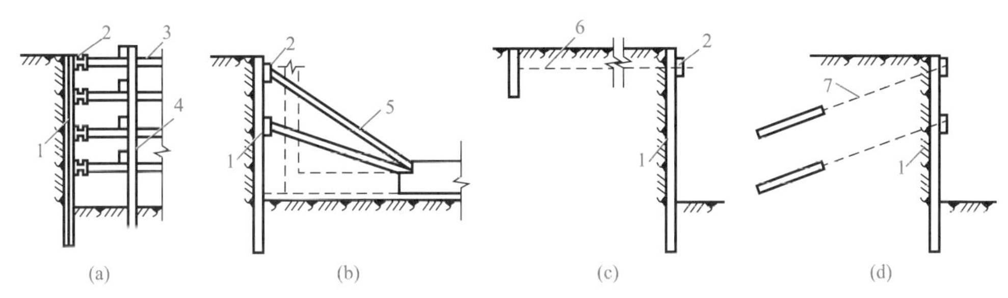

图 3-6 板桩支护结构

（a）水平支撑式；（b）斜撑式；（c）拉锚式；（d）土锚式

1—板桩墙；2—围檩；3—钢支撑；4—竖撑；5—斜撑；6—拉锚；7—土锚杆

钢板桩支护结构，既可挡水又可挡土，如图 3-7 所示。钢板桩支护性能优越，因而应用广泛。钢板桩支护宜用于基坑侧壁安全等级二、三级，基坑深度不宜大于 10m 的基坑。其优点是材料质量可靠，软土地区打设方便，施工速度快，有一定的挡水能力，可重复多次使用。其缺点是支护刚度小，抗弯能力弱，顶部宜设置一道支撑或拉锚；开挖后变形较大。

图 3-7 钢板桩支护

1. 钢板桩分类

钢板桩的种类很多，常见的有 U 形、Z 形、H 形和组合型等，如图 3-8 所示。其中以 U 形应用最多，可用于 5～10m 深的基坑。国产的钢板桩有鞍型和包型拉森式（U 形）钢板桩。拉森钢板桩长度一般为 12m，根据需要可以焊接接长。接长应先对焊，再焊加强板，最后调直。图 3-9 所示即为拉森钢板桩。

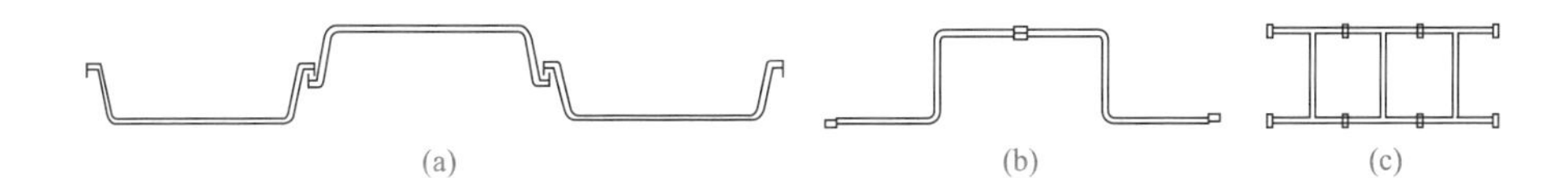

图 3-8 常用钢板桩截面形式

（a）U 形板桩；（b）Z 形板桩；（c）H 形板桩

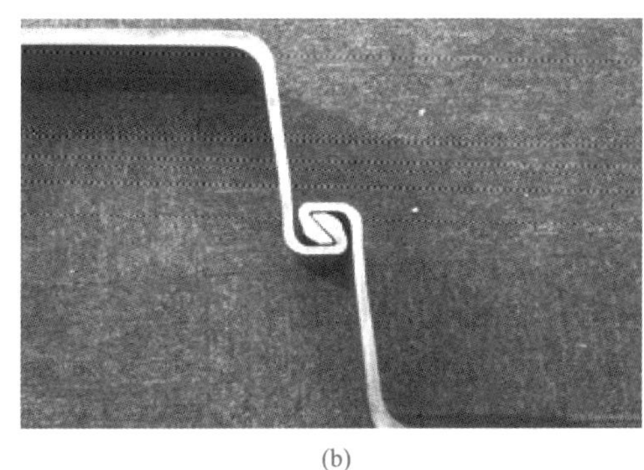

(a)　(b)

图 3-9 拉森钢板桩

（a）拉森钢板桩；（b）锁扣

2. 钢板桩施工

1）钢板桩的打设方法

钢板桩的打设方法见表 3-3。

钢板桩的打设方法　　表 3-3

名称、适用场合	方法要点	优缺点
单桩打入法 （适用于板桩长 10m 左右、工程要求不高的场合）	以一块或两块钢板桩为一组，从一角开始逐块（组）插打，待打到设计标高后，再插打第二块或第三块	优点：施工简便，可不停顿地打，可选用较低的插桩设备，桩机行走路线短，速度快。 缺点：单块打入易向一边倾斜，误差积累不易纠正，墙面平直度难控制
双层围檩打桩法（图 3-10） （适用于精度要求高、数量不大的场合）	在地面上一定高度处离轴线一定距离，先筑起双层围檩架，而后将板桩依次在围檩中全部插好，待四角封闭合拢后，再逐渐按阶梯状将板桩逐块打至设计标高	优点：能保证板桩墙的平面尺寸、垂直度和平整度。 缺点：工序多、施工复杂、不经济，施工速度慢，封闭合拢时需异形桩，要求插桩和打桩机架高度大
屏风法（图 3-11） （适用于长度较大、要求质量高、封闭性好的场合）	用单层围檩，每 10～20 块钢板桩组成一个施工段，插入土中一定深度形成较短的屏风墙。对每一施工段，先将其两端 1～2 块钢板桩打入，严格控制其垂直度，用电焊固定在围檩上，然后对中间的板桩再按顺序分 1/2 或 1/3 板桩高度打入。为降低屏风墙高度，可采取每次插入后，将板桩打入一定深度	优点：能防止板桩过大的倾斜和扭转；能减少打入的累计倾斜误差，可实现封闭合拢，施工质量易于保证。由于分段施打，不影响邻近钢板桩施工。 缺点：插桩的自立高度大，要采取措施保证墙的稳定和操作安全；要使用高度大的插桩和打桩架

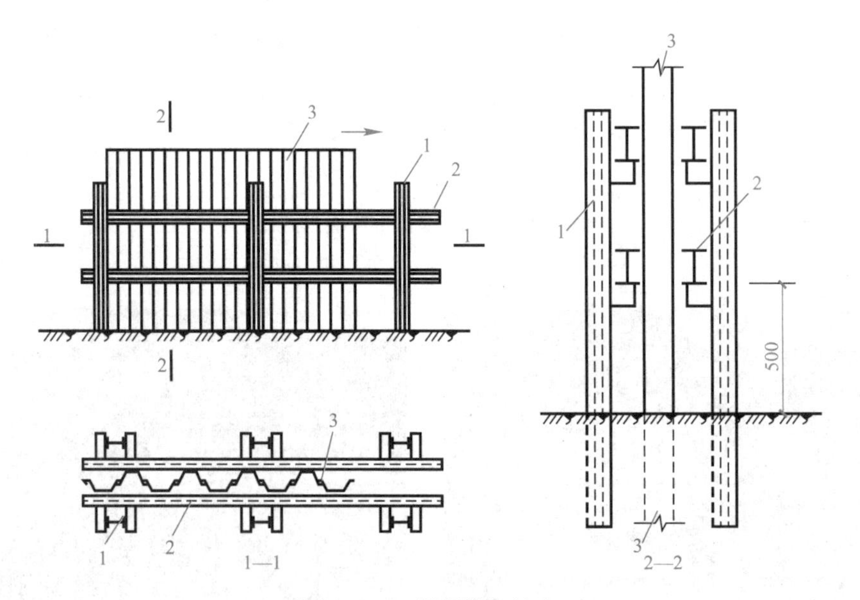

图 3-10　双层围檩打桩法

1—围檩桩；2—围檩；3—钢板桩

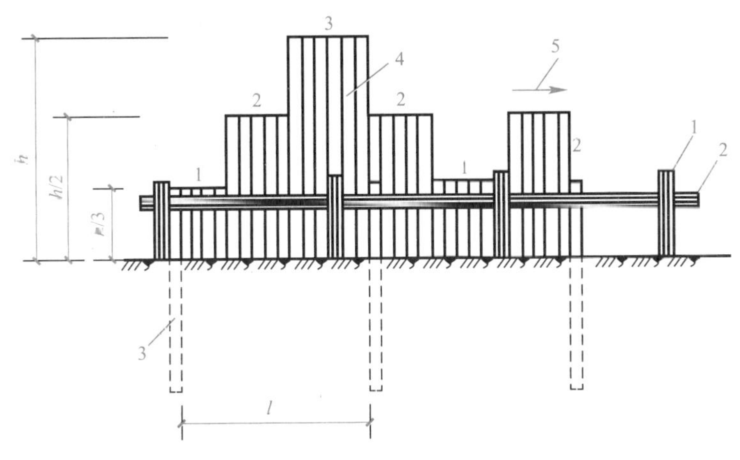

图3-11 屏风法（单层围檩打桩法）

1—围檩桩；2—围檩；3—两端先打入定位钢板桩；4—钢板桩；5—打桩方向；h—板桩长度；l—10～20块板桩宽度

2）钢板桩的施工顺序

钢板桩在基坑开挖之前进行打设，整个支护结构待地下结构施工完成，在许可的条件下再拔除。钢板桩的施工顺序如下：

工程放线定位→板桩墙定位→安装导向钢围檩→打设板桩→拆除钢围檩→安装拉锚或支撑装置→挖土→基础施工→填土→拆除拉锚或支撑装置→拔除板桩。

3）钢板桩的施工要点

（1）打桩流水段的划分

打桩流水段的划分与桩的封闭合拢有关。封闭式板桩施工，主要的技术问题是如何不使用异形桩就能实现封闭合拢。流水段长度越长，合拢点就少，则其积累的相对误差就越大，轴线位移相应也越大，如图3-12（a）、（b）所示；流水段长度越小，合拢点就多，则其积累的相对误差就越小，但封闭合拢点增加，如图3-12（c）所示。为了减少打入累计误差和使轴线位移正确，应采取先边后交的打设方法，可保证端面相对距离，不影响墙内围檩支撑的安装精度，对于打桩累计误差可在转角外作轴线修正。

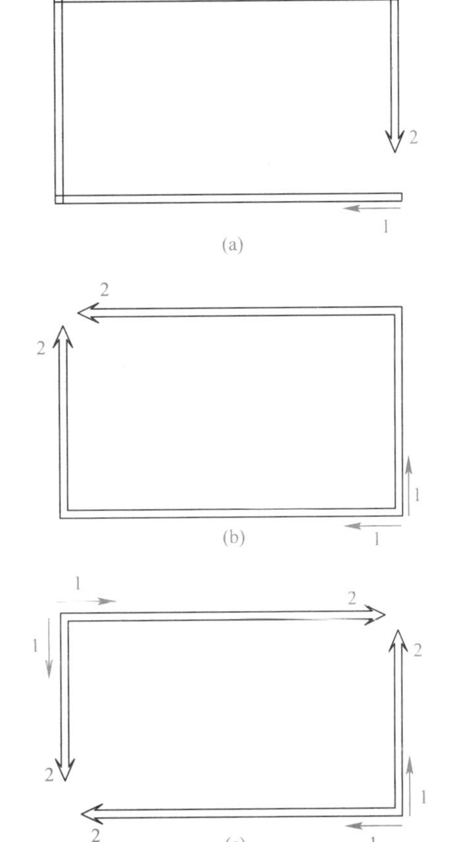

图3-12 打桩流水段选择

（a）一流水段；（b）二流水段；（c）四流水段

1—开始；2—合拢

（2）钢板桩准备

钢板桩在使用前应进行检查整理，尤其对多次利用的板桩，在打拔、运输、堆放过程中，容易受外界因素影响而变形，在使用前应对表面缺陷和挠曲进行整修矫正。打入板桩前，应将桩尖处的凹槽底口封闭，避免泥土挤入，锁扣应涂以黄油或其他油脂。对于用于永久性工程的桩表面应涂红丹和防锈漆。

(3) 安装围檩支架

为保持钢板桩垂直打入和打入后钢板桩墙面平直，打入前宜安装围檩支架。围檩支架由围檩和围檩桩组成（图 3-10），其形式在平面上有单面和双面，在高度上有单层和双层桁架式。第一层围檩的安装高度约在离地面 50cm 处。双面围檩之间的净距以比两块板桩的组合宽度大 8～10mm 为宜。围檩支架有钢质（H 型钢、工字钢、槽钢等）的和木质的，都需尺寸正确，十分牢固，有一定的刚度。围檩桩的打设利用打桩机，拔桩时使用吊车配以振动锤。

(4) 制作转角桩

由于板墙构造的需要，常需配备改变打桩轴线方向的特殊形状的钢板桩，在矩形墙中为 90°的转角桩（图 3-13）。

图 3-13　转角桩

(5) 钢板桩打设

钢板桩打设时，先用吊车将钢板桩吊至插桩点进行插桩，插桩时应对准锁口。每插入一块板桩，立即套上桩帽，在上端加硬木垫，轻轻锤击数下，再正常捶打。为保证桩的垂直度，钢板桩应沿导向围檩施打，用两台经纬仪加以控制。为防止锁扣中心线平面位移，可在打桩行进方向的钢板桩锁口处设卡板，不让板桩位移，同时在围檩上预先标出每块钢板桩的位置，以便随时检查纠正。开始打入的第一、二块钢板桩起导向样板的作用，应确保精度，待打至预定深度后，立即用钢筋或钢板与围檩支架临时电焊固定。

(6) 打设偏差纠正

钢板桩打入时如出现倾斜和锁口结合部有空隙，到最后封闭合拢时有偏差，一般用异形桩（上宽下窄或宽度大于或小于标准宽度的板桩）来纠正（图 3-14）。当异形桩加工困难时，可用轴线修正法进行而不用异形桩（图 3-15）。

图 3-14　异形桩在河道整治工程中的应用

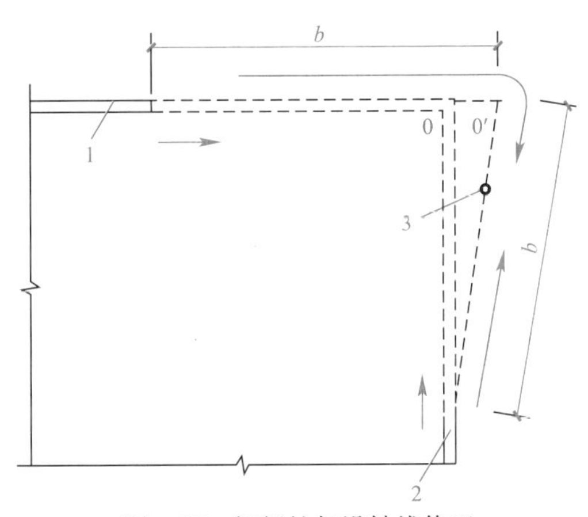

图 3-15　钢板桩打设轴线修正

1—长边；2—短边；3—合拢处；b—8 块钢板桩宽度之和

（7）钢板桩拔除

钢板桩拔出时的拔桩阻力由土对桩的吸附力与桩表面的摩擦阻力组成。拔桩方法有静力拔桩、振动拔桩和冲击拔桩三种，各方法都是基于克服拔桩阻力。拔桩的顺序最好与打桩时相反，也可以间隔拔桩。当钢板桩拔不出时，可用振动锤或柴油锤复打一次，以克服土的粘着力，从而顺利拔桩。

知识拓展

钢板桩打设常见问题及处理办法见表 3-4。

钢板桩打设常见问题及处理办法　　表 3-4

名称、现象	产生原因	防治处理方法
倾斜 （板桩头部向打桩行进方向倾斜）	打桩行进方向板桩贯入阻力小，使头部向阻力小的面位移	1. 施工过程中用仪器随时检查、控制、纠正； 2. 发生倾斜时，用钢丝绳拉住桩身，边拉边打，逐步纠正
扭转 （钢板桩的中心线变为折线形）	钢板桩锁口是铰式连接，在下插和锤击作用下，会产生位移和扭转，并牵动相邻已打入板桩的位置，使中心轴线成为折线形	1. 在打桩行进方向用卡板锁住板桩的前锁口； 2. 在钢板桩与围檩之间的两边空隙内，设一只定榫滑轮支架，制止板桩下沉中的转动； 3. 在两块板桩锁口搭接处的两边，用垫铁和木榫填实
共连 （打板桩时和已打入的邻桩跟着一起下沉的现象）	钢板桩倾斜弯曲，使槽口阻力增加，常会使邻桩超深	1. 发生板桩倾斜及时纠正； 2. 把发生共连的桩和其他已打好的桩，一块或数块用角钢电焊临时固定
水平伸长 （沿打桩行进方向长度增加）	钢板桩锁口搭接处 1cm 空隙，常向行进方向位移增长	属正常现象。对四角要求封闭的挡墙，设计时要考虑水平伸长值，可在轴线修正时纠正

3.3.4　地下连续墙支护

地下连续墙是深基坑支护的一项技术，是在基坑开挖之前修筑导墙，利用特制的成槽机械在泥浆护壁的情况下进行开挖，形成一定槽段长度的沟槽，再吊放已制作好的钢筋笼并浇筑混凝土，完成一个单元的墙段，各墙段之间以特定的接头方式相互联结，形成连续的地下钢筋混凝土墙。

地下连续墙具有挡土、承重、截水抗渗等功能，且墙体刚度大、强度高、变形小，可在狭窄场地条件下施工，对周围建筑地基无扰动，振动小，噪声低，施工安全。适用于基坑侧壁安全等级为一、二、三级的基坑；可用于开挖深基坑（大于 10m），以及地下水位较高的大型基坑。

1. 地下连续墙施工流程

地下连续墙施工流程如图 3-16 所示。其中主要工序是修筑导墙、配置泥浆、开挖槽段、钢筋笼制作与吊装、浇筑水下混凝土等。

3-1

3-2

3-3

3-4

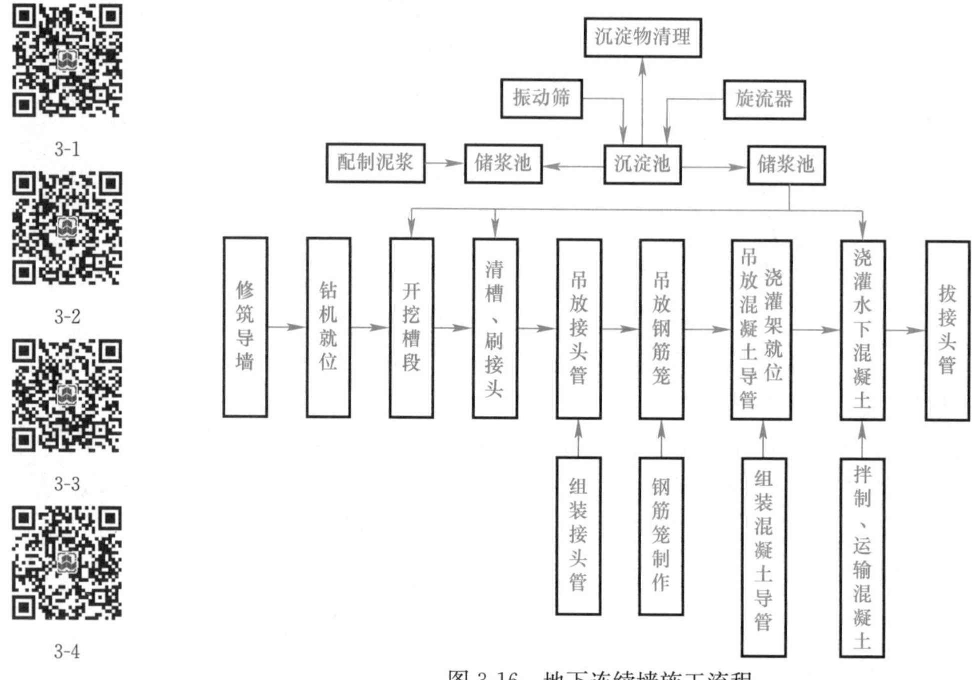

图 3-16 地下连续墙施工流程

2. 地下连续墙的施工工艺

地下连续墙是多个槽段的重复作业，每个槽段的施工过程如图 3-17 所示。

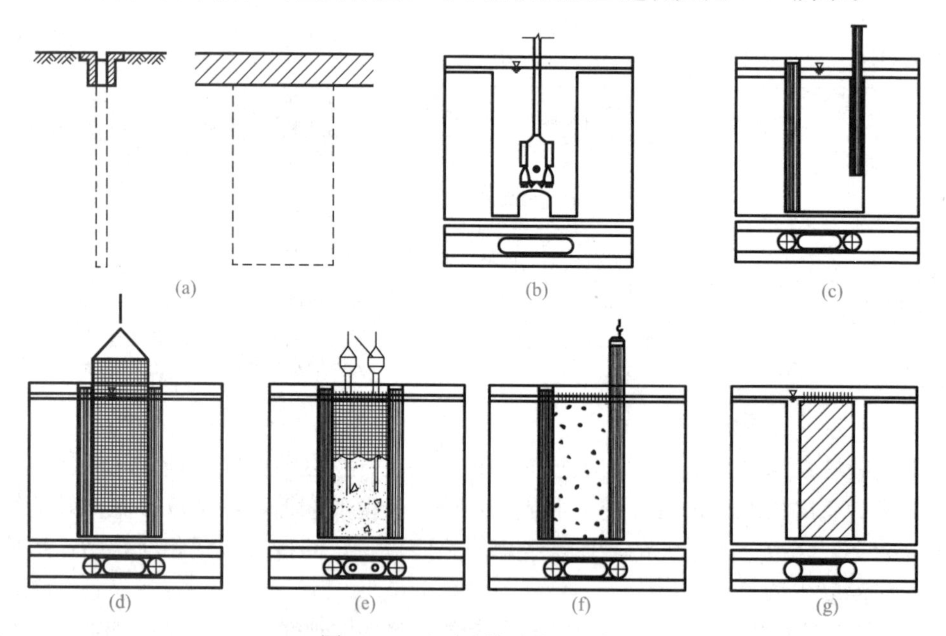

图 3-17 地下连续墙施工工艺

(a) 准备开挖的地下连续墙沟槽；(b) 用成槽机开挖沟槽；(c) 安装接头管；(d) 吊放钢筋笼；(e) 浇筑混凝土；(f) 拔除接头管；(g) 已完工的槽段

1）修筑导墙

导墙有如下作用：控制挖槽位置，作为挖槽机的导向；容蓄泥浆，防止槽顶部坍塌；作为施工时水平与竖向量测的基准；作为吊放钢筋笼设置导管以及架设挖槽设备等的支承点来支承施工时的静、动荷载；起挡土作用，保证连续墙孔口的稳定。在开挖深槽前，须沿着地下连续墙的轴线位置开挖导沟，在槽两侧浇筑混凝土或钢筋混凝土导墙。导墙的截面形式根据土质、地下水位、与邻近建筑物的距离、工程特点以及机具重量、使用期限等实际情况确定。常用的截面形式如图3-18所示。

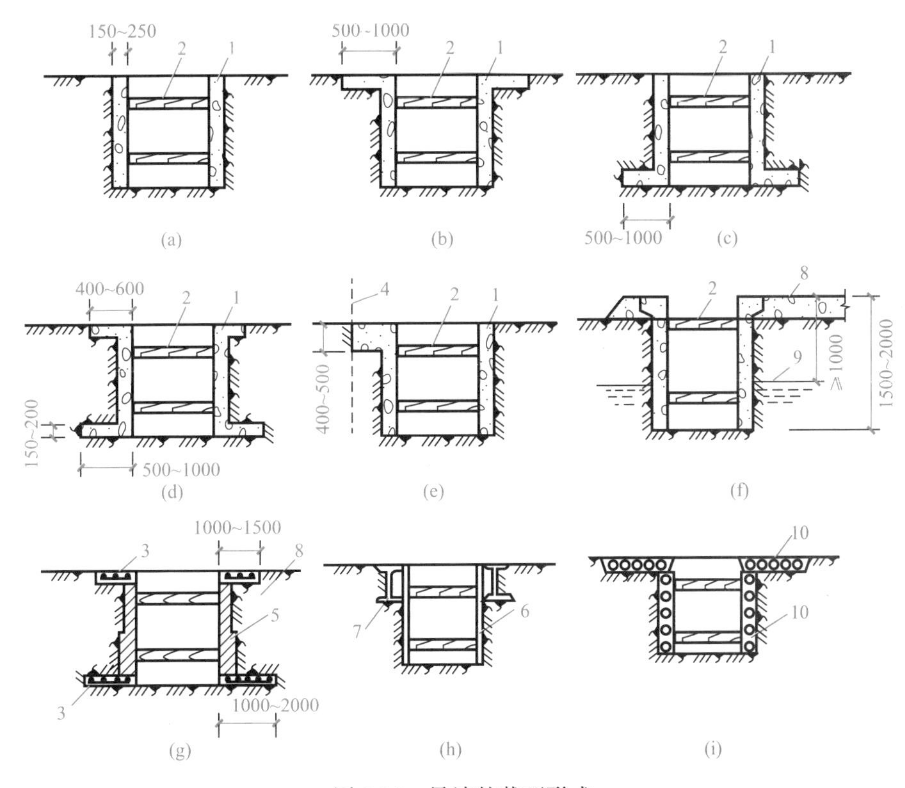

图3-18　导墙的截面形式

（a）板墙形；（b）倒L形；（c）L形；（d）匚字形；（e）保护相邻结构做法；

（f）地下水位高时做法；（g）砖混导墙；（h）型钢组合导墙；（i）预制板组合导墙

1—混凝土或钢筋混凝土导墙；2—木支撑@1000～15000mm；3—钢筋混凝土板；4—相邻建筑物；

5—370mm厚砖墙；6—钢板；7—H型钢；8—回填土夯实；9—地下水位线；10—路面板或多孔板

导墙一般深1.5m以上，底部宜落在原土层上，不宜设置在新近填土上，其顶面应高于施工场地5～10cm，以防止地表水流入；同时应高出地下水位1.5m，以保证槽内泥浆液面高出地下水位1m以上，以防塌方。导墙的厚度一般为150～250mm。为防止导墙产生位移，现浇钢筋混凝土导墙拆模后，应立即在导墙间加设支撑，其水平间距为2.0～2.5m。

2）泥浆的作用和配置

泥浆的作用有：①护壁作用。泥浆在成槽过程中起液体支撑作用，同时还在槽壁面上形成一层不透水的薄膜泥皮，可防止槽壁面上土颗粒的剥落，防止槽壁坍塌，保证开挖槽面的稳定。②携渣作用。泥浆有一定的稠度，能使挖出的土渣悬浮起来，使土渣随泥浆一同排出槽外。③冷却和润滑作用。泥浆可降低钻具连续冲击或回转而引起的升温，同时起到切土润滑的作用，还能减少机具的磨损。

膨润土泥浆应使用搅拌器搅拌均匀，拌好后，在贮浆池内一般须贮放 24h 以上，以使膨润土颗粒充分水化、膨胀，从而确保泥浆质量。采用膨润土泥浆时，一般新浆密度控制在 1.04～1.05；循环过程中的泥浆密度控制在 1.25～1.30 以下；灌注混凝土前，槽内泥浆密度控制在 1.15～1.20 以下。如遇松散地层，泥浆密度可适当加大。在成槽过程中，要不断向槽内补充新泥浆，使其充满整个槽段。成槽过程护壁泥浆液面应高于导墙底面 500mm。

3）开挖槽段

单元槽段宜采用间隔一个或多个槽段的跳幅施工顺序。每个单元槽段，挖槽分段不宜超过 3 个。一般采用挖槽机最小挖掘长度（即一个挖掘单元的长度）为一单元槽段。地质条件良好，施工条件允许，也可采用 2～4 个挖掘单元组成一个槽段，长度为 2～8m（图 3-19）。

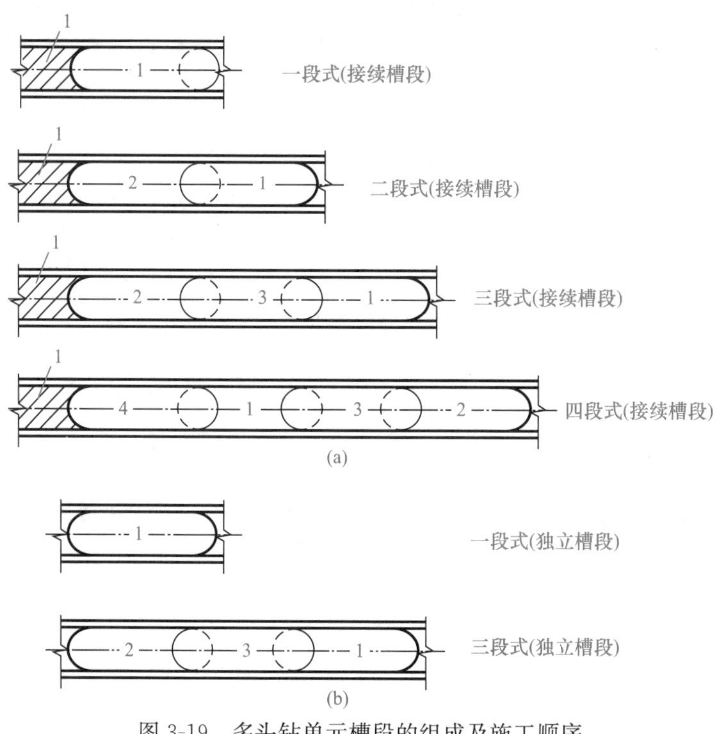

图 3-19　多头钻单元槽段的组成及施工顺序

（a）一般单元槽段；（b）开始单元槽段

1—已完槽段

4）槽段接头

槽段接头应满足混凝土浇筑压力对其强度和刚度的要求。安放槽段接头时，应紧贴槽段垂直缓慢沉放至槽底。遇到阻碍时应先清除，然后再入槽。混凝土浇灌过程中应采取防止混凝土产生绕流的措施。对有防渗要求的接头，应在吊放地下连续墙钢筋笼前，对槽段接头和相邻墙段的槽壁混凝土面用刷槽器等方法进行清刷，清刷后的槽段接头和混凝土面不得夹泥。使用最为普遍的圆形接头管连续施工程序如图 3-20 所示。

5）钢筋笼的制作和吊放

钢筋笼制作时，纵向受力钢筋的接头不宜设置在受力较大处。同一连接区段内，纵向受力钢筋的连接方式和连接接头面积百分率应符合国家现行有关标准对板类构件的规定。

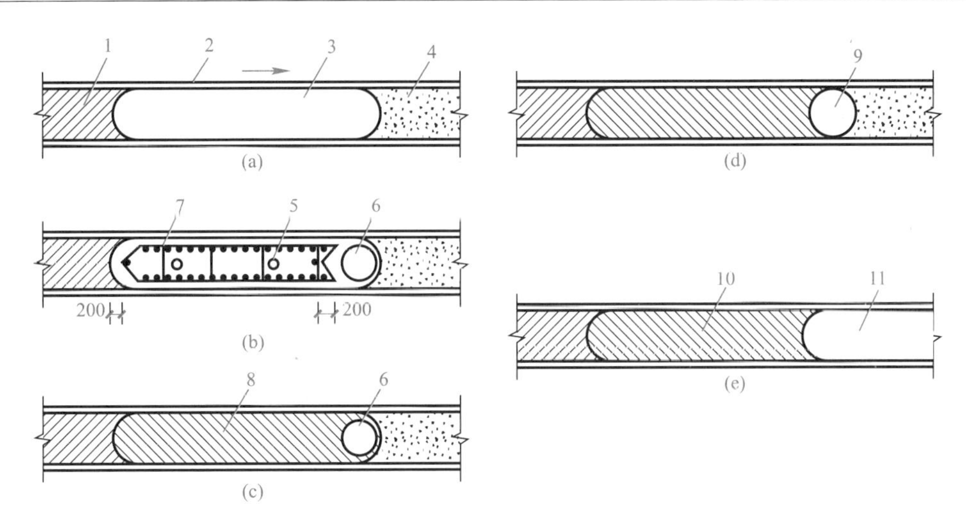

图 3-20 圆形接头管连续施工程序

(a) 挖出单元槽段；(b) 先吊放接头管，再吊放钢筋笼；(c) 浇筑槽段混凝土；(d) 拔出接头管；(e) 形成半圆接头，继续开挖下一槽段

1—已完槽段；2—导墙；3—已挖好槽段并充满泥浆；4—未开挖槽段；5—混凝土导管；6—接头管；7—钢筋笼；8—混凝土；9—拔管后形成的圆孔；10—已完槽段；11—继续开挖槽段

钢筋笼应设置定位层垫块，垫块在垂直方向上的间距宜取 3～5m，水平方向上每层宜设置 2～3 块。单元槽段的钢筋笼宜整体装配和沉放。需要分段装配时，宜采用焊接或机械连接，接头的位置宜选在受力较小处。钢筋笼应根据吊装的要求，设置纵横向起吊桁架；桁架主筋宜采用 HRB400 级钢筋，钢筋直径不宜小于 20mm，且应满足吊装和沉放过程中钢筋笼的整体性及钢筋笼骨架不产生塑性变形的要求。连接点出现位移、松动或开焊的钢筋笼不得入槽，应重新制作或修整完好。

钢筋笼的吊装一般是一个单元槽段为一个钢筋笼，因此宽度较大，应采用两副铁扁担（图 3-21）或一副铁扁担及两幅吊钩起吊的方法，以防钢筋笼弯曲变形。为保证槽壁不塌，应在清槽完后 3～4h 内下完钢筋笼，并开始浇筑混凝土。

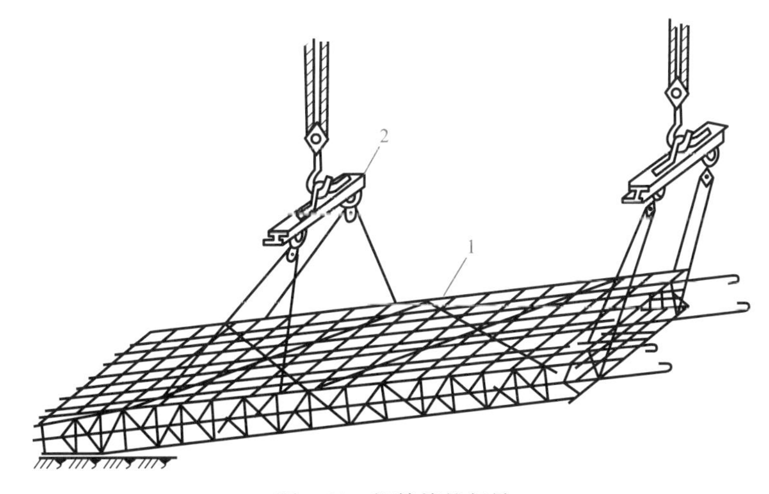

图 3-21 钢筋笼的起吊

1—钢筋笼；2—铁扁担

6）浇筑混凝土

现浇地下连续墙应采用导管法浇筑混凝土（图 3-22a）。导管拼接时，其接缝应密闭。混凝土浇筑时，导管内应预先设置隔水塞，如图 3-22（b）所示。槽段长度不大于 6m 时，槽段混凝土宜采用二根导管同时浇筑；槽段长度大于 6m 时，槽段混凝土宜采用 3 根导管同时浇筑。每根导管分担的浇筑面积应基本均等。

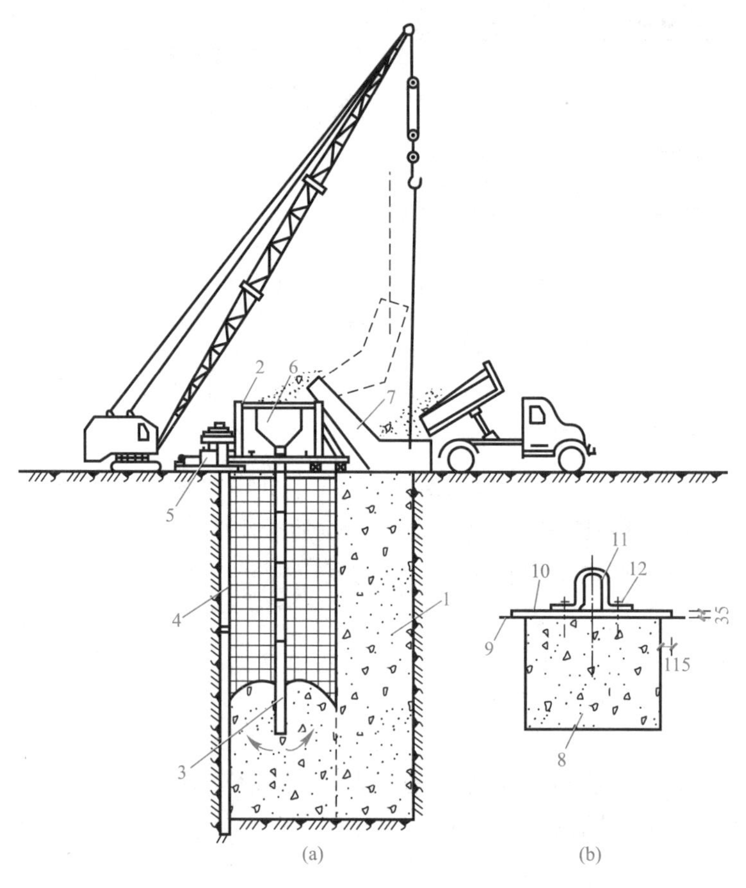

图 3-22　地下连续墙混凝土浇筑

（a）浇灌机具设备及过程；（b）隔水塞构造

1—已浇筑的地下连续墙；2—浇灌架；3—混凝土导管；4—接头钢管；5—接头管顶升架；6—下料斗；7—卸料翻斗；8—混凝土；9—3mm 厚橡皮；10—木板；11—吊钩；12—预埋螺栓

钢筋笼就位后应及时浇筑混凝土。混凝土浇筑过程中，导管埋入混凝土面的深度宜在 2.0～4.0m，浇筑液面的上升速度不宜小于 3m/h，导管不能做横向运动，否则会使泥渣泥浆混入混凝土内。多根导管同时浇筑时，各导管处的混凝土面高差不宜大于 0.3m。

当混凝土浇到墙顶部时，由于导墙内超压力减小，混凝土与泥浆混杂，混凝土浇筑面宜高于地下连续墙设计顶面 500mm，以便浇筑完后清除顶部的一层浮浆。混凝土浇筑完毕立即清除 0.3～0.4m，余下部分待后凿除，以利新老混凝土结合，保证混凝土质量。

知识拓展

地下连续墙施工流程如图 3-23 所示。

图 3-23　地下连续墙施工流程

(a) 导墙施工；(b) 导墙施工完毕；(c) 泥浆池；(d) 成槽机就位；(e) 导墙施工；(f) 钢筋笼吊装；(g) 锁口管拔起；(h) 浇筑混凝土

3.3.5　土钉墙支护

“土钉”是置入于现场原位土体中以较密间距排列的细长杆件，如钢筋或钢管等。土钉墙是一种原位土体加固技术，是由原位土体、在基坑侧面土中斜向设置的土钉、边坡表面铺钢筋网喷射细石混凝土的面层，这三者共同组成的复合体（图 3-24）。土钉墙通过斜向土钉加固边坡土体，增加边坡的抗滑力和抗滑力矩，保证边坡的稳定。

图 3-24　土钉墙支护

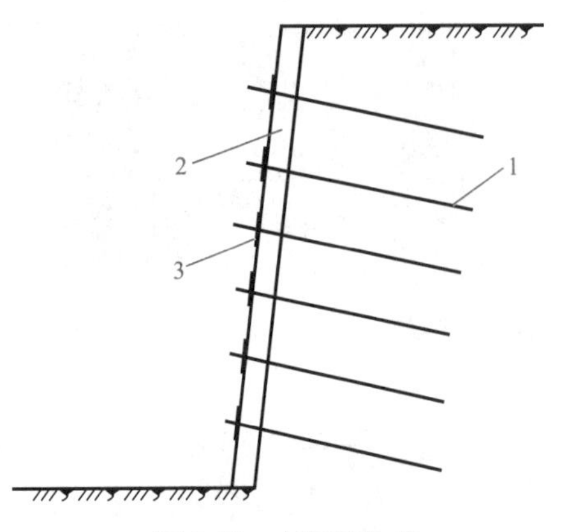

图 3-25　土钉墙构造

1—土钉；2—喷射混凝土面层；3—垫板

土钉墙适用于基坑侧壁安全等级为二、三级的非软土场地；主要适用于地下水位以上或经人工降水后的人工填土、黏性土和弱胶结砂土；对于无胶结砂层、砂砾卵石层和淤泥质土，土钉成孔困难，不宜采用土钉支护；对于不能临时自稳的软弱土层，土钉支护的现场施工无法实现，因此也不能采用土钉支护。基坑深度不宜大于 12m。

1. 构造要求

土钉墙支护的构造做法如图 3-25 所示。土钉墙的坡度不宜大于 1∶0.2。土钉水平间距和竖向间距宜为 1～2m；当基坑较深、土的抗剪强度较低时，土钉间距应取小值。土钉倾角宜为 5°～20°，其夹角应根据土性和施工条件确定。

常见土钉施工有成孔注浆和钢管土钉两种方式。

成孔注浆型钢筋土钉（图 3-26a）的构造应符合下列要求：

（1）成孔直径宜取 70～120mm；

（2）土钉钢筋宜采用 HRB400 级钢筋，钢筋直径应根据土钉抗拔承载力设计要求确定，且宜取 16～32mm；

（3）应沿土钉全长设置对中定位支架，其间距宜取 1.5～2.5m，以保证土钉位于孔的中央。土钉钢筋保护层厚度不宜小于 20mm；

（4）土钉孔注浆材料可采用水泥浆或水泥砂浆，其强度不宜低于 20MPa。

钢管土钉（图 3-26b）的构造应符合下列要求：

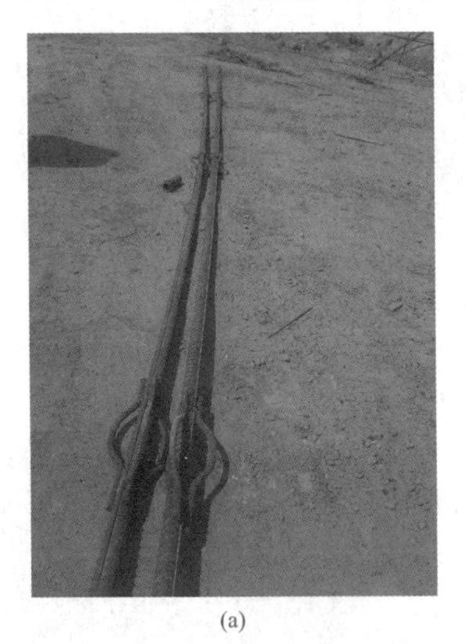

(a)

(b)

图 3-26　土钉

（a）钢筋土钉；（b）钢管土钉

（1）钢管的外径不宜小于 48mm，壁厚不宜小于 3mm；钢管的注浆孔应设置在钢管里端 $l/2$～$2l/3$ 范围内（l 为钢管土钉的总长度）；每个注浆截面的注浆孔宜取 2 个，且应对称布置，注浆孔的孔径宜取 5～8mm，注浆孔外应设置保护倒刺；

(2) 钢管土钉的连接采用焊接时，接头强度不应低于钢管强度；可采用数量不少于 3 根、直径不小于 16mm 的钢筋沿截面均匀分布拼焊，双面焊接时钢筋长度不应小于钢管直径的 2 倍。

土钉墙高度不大于 12m 时，喷射混凝土面层厚度宜取 80～100mm；喷射混凝土设计强度等级不宜低于 C20；喷射混凝土面层中应配置钢筋网和通长的加强钢筋，钢筋网宜采用 HPB300 级钢筋，钢筋直径宜取 6～10mm，钢筋网间距宜取 150～250mm，钢筋网间的搭接长度应大于 300mm；加强钢筋的直径宜取 14～20mm；当充分利用土钉杆体的抗拉强度时，加强钢筋的截面面积不应小于土钉杆体截面面积的 1/2。

2. 施工工艺要点

(1) 土钉墙的施工顺序为：按设计要求自上而下分段、分层开挖工作面，修整坡面（平整度允许偏差±20mm）→埋设喷射混凝土厚度控制标志并喷射第一层混凝土→钻孔并安设土钉→注浆且安设连接件→绑扎钢筋网，喷射第二层混凝土→设置坡顶、坡面和坡脚的排水系统。

(2) 土钉墙应按每层土钉及混凝土面层分层设置、分层开挖基坑的步序施工。超挖不低于土钉向下 0.5m；分层开挖长度也宜分段进行，一般取 10～20m，考虑土体可能维持不塌的自稳时间和施工流程相互衔接情况。

(3) 可用螺栓钻、冲击钻、工程钻机等工具钻孔，当土质较好，孔深不大亦可用洛阳铲成孔。

(4) 注浆作业前应将孔内残留或松动的杂土清除干净；注浆开始或中途停止超过 30min 时，应用水或稀水泥浆润滑注浆泵及其管路；注浆时，注浆管应插至距孔底 250～500mm 处，孔口部位宜设置止浆塞及排气管。

(5) 土钉注浆（图 3-27）宜选用水泥浆或水泥砂浆。水泥浆、水泥砂浆应拌合均匀，随拌随用，一次拌合的水泥浆、水泥砂浆应在初凝前用完。

(6) 喷射混凝土面层中的钢筋网应在喷射第一层混凝土后铺设，钢筋保护层厚度不宜小于 20mm；采用双层钢筋网时，第二层钢筋网应在第一层钢筋网被混凝土覆盖后铺设。每层钢筋网之间搭接长度应不小于 300mm。钢筋网用插入土中的钢筋固定，与土钉应连接牢固。

(7) 喷射混凝土面层应分段进行（图 3-28），同一分段内喷射顺序应自下而上，一次喷射厚度不宜小于 40mm；喷射混凝土时，喷头与受喷面应保持垂直，距离宜为 0.6～

图 3-27　注浆

图 3-28　喷射混凝土面层

1.0m。喷射表面应平整，呈湿润光泽，无干斑、流淌现象。喷射混凝土终凝 2h 后，须喷水养护，养护时间宜为 3～7h。

3.3.6 SMW 工法桩

SMW 工法桩亦称型钢水泥搅拌桩。SMW 工法是以多轴型钻掘搅拌机在现场向一定深度进行钻掘，同时在钻头处喷出水泥系强化剂与地基土反复混合搅拌，在各施工单元之间则采取重叠搭接施工，然后在水泥土混合体未结硬前插入 H 形钢或钢板桩作为其应力补强材，将承受荷载与防渗挡水结合起来，使之成为同时具有受力与抗渗两种功能的支护结构的围护墙（图 3-29）。

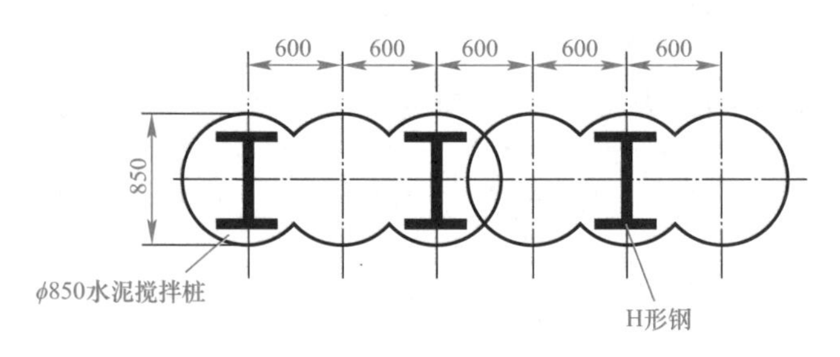

图 3-29 SMW 工法围护墙

SMW 支护结构的支护特点主要为：

（1）节约资源，降低造价

采用 SMW 工法施工，集止水和挡土于一体，主体完成后，H 形钢可全部回收。因此造价比传统的挡土加止水支护方法低 20%左右，具有良好的社会效益和经济效益。

（2）止水防渗性好，强度高

由于三轴深层搅拌桩可施工成 600～1000mm 厚的桩墙体，墙体的各施工单元之间采用重叠搭接无施工冷缝，所以桩墙体具有很好的止水性。在水泥土混合体未硬化前插入 H 形钢，提高了其整体强度。

（3）施工速度快，稳定性强

由于三轴桩机动力强，扭矩大，三轴同时下切就地将原土与导管喷出的水泥系强化剂反复搅拌并一次性筑成桩墙体，施工效率高，稳定性强。

（4）环境影响小，无污染

SMW 工法充分利用原土搅拌而成，避免产生大量的外运泥浆，三轴搅拌机噪声低，振动小，对土壤环境和周围居民生活环境影响小。围护用的 H 形钢最终都能回收重复使用，避免对地下产生二次污染，环境效益显著。

（5）能合理利用地下空间

使用 SMW 工法能在与现有建筑或道路距离 1.0m 处施工，做到节约土地资源，合理利用地下空间。

（6）适用范围广

SMW 工法适用于黏性土、粉土、砂土、砂砾土、ϕ100 以上卵石及单轴抗压强度 60MPa 以下的岩层。

SMW 支护结构的施工流程如图 3-30 所示。

图 3-30　SMW 工法施工流程

3.3.7　支撑体系

当基坑采用悬臂式支护结构，其稳定性、位移值不能满足要求时，可采用内撑式支护结构。内撑式支护结构体系由两部分组成，一是围护壁结构，二是基坑内的支撑系统。围护壁常见的有钢板桩、钢筋混凝土排桩、地下连续墙等。按其受力形式可分为单跨压杆式支撑、多跨压杆式支撑、水平框架式支撑、水平桁架式支撑、斜支撑、角支撑等。斜支撑适用于支护结构高度不大，所需支撑力不大的情况，一般为单层，不宜超过二层。水平支撑可以设计成格构、桁架、纵横对顶、环梁等多种形式。水平支撑可以单层设置也可多层设置。基坑平面尺寸较大时，还需在水平支撑下设置立柱，如图 3-31 所示。

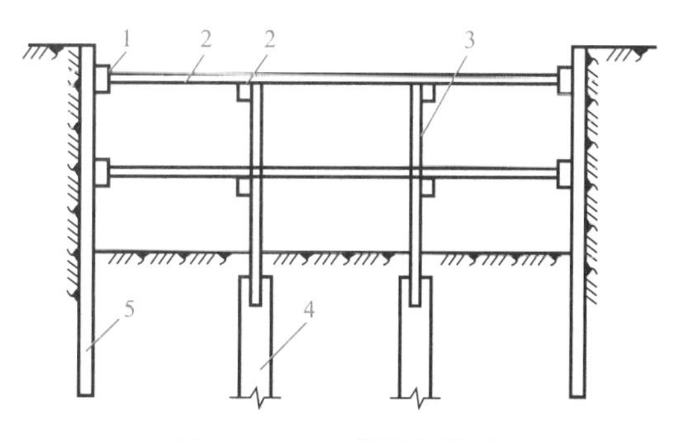

图 3-31　内支撑结构构造

1—围檩；2—纵、横向水平支撑；3—立柱；4—工程灌注桩或专用桩；5—围护壁结构工程上通常将围护结构的支撑体系设计成水平封闭体系，以提高支护结构的整体刚度。支撑体系的几何形式可布置成多种形式，如图 3-32 所示。实际工程应根据基坑平面大小、深度、施工方法、工期，以及支护结构材料进行优化设计，使支护体系受力良好，施工方便，节省投资。

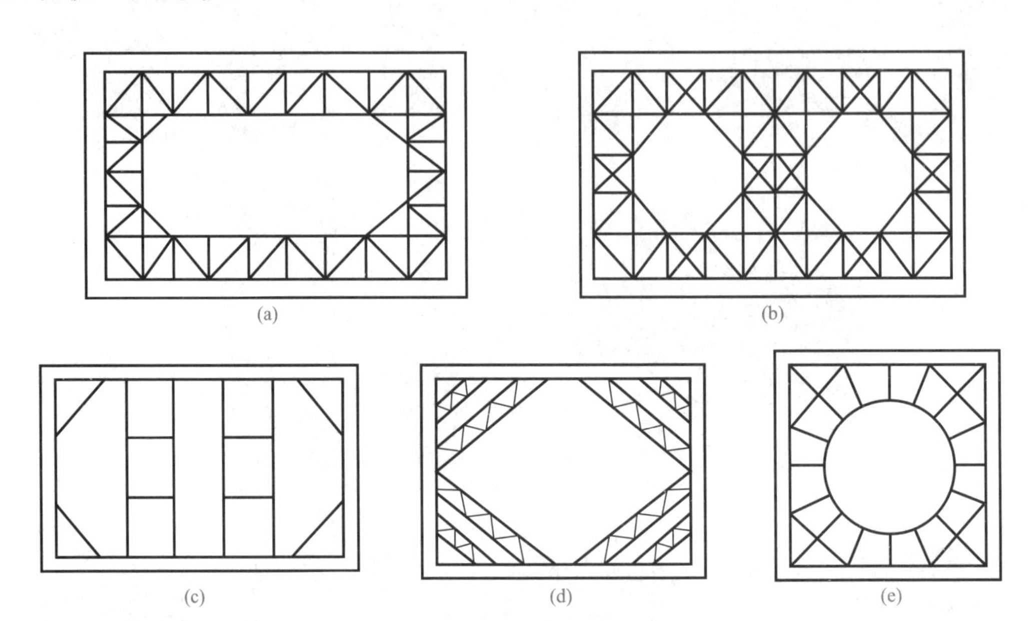

图 3-32　内支撑布置形式

(a) 加强围檩；(b) 格构式；(c) 长边对顶加角撑式；(d) 加强角撑式；(e) 环梁式

知识拓展

基坑内支撑体系平面布置形式比较见表 3-5。

内支撑体系平面布置形式比较　　表 3-5

类型	优点	缺点
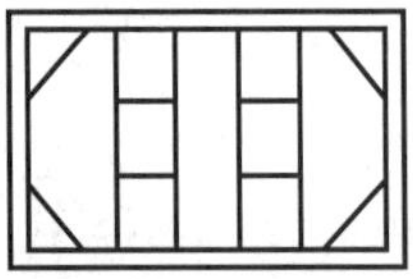	传力路径明确，各部分相互牵连较少，系统稳定性好	影响坑内作业空间
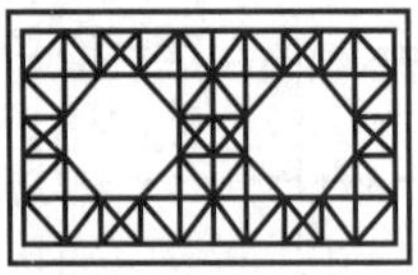	刚度大，有利于控制变形，系统稳定性好	对土方出坑形成障碍，需要设置运土栈桥
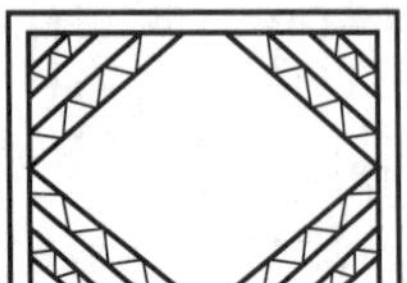	对坑内作业空间影响较小，各部分相互牵连较少，便于出土	仅适应面积较小的接近正方形的基坑

续表

类型	优点	缺点
	中间空间大，有利于坑内作业	不适应非均匀荷载，在土质不均或土方开挖不对称的情况下圆环易发生漂移

支撑体系按照材料可分为钢管支撑、型钢支撑、钢筋混凝土支撑，钢和钢筋混凝土组合支撑等（图 3-33）。

(a)　(b)　(c)　(d)

图 3-33　支撑体系应用案例

(a) 大型深基坑的钢管对撑支护；(b) 型钢支撑；(c) 大型环形支撑体系；(d) 钢管支撑和钢筋混凝土多道支撑

钢支撑的优点是安装和拆除方便、速度快，能尽快发挥支撑的作用，减小时间效应，使围护墙因时间效应增加的变形减小；可重复使用；可施加预应力，还可根据围护墙变形发展情况，多次调整预应力值以限制围护墙变形发展。缺点是整体刚度相对较弱，支撑间距相对较小。钢支撑构件可采用钢管、型钢及其组合截面。钢管支撑多用 ϕ609 钢管，有多种壁厚（12mm、14mm、16mm）可选，承载力随壁厚增加而提高。型钢多用 H 型钢。钢支撑受压杆件的长细比不应大于 150，受拉杆件长细比不应大于 200。钢支撑连接宜采用螺栓连接，必要时可采用焊接连接。

混凝土支撑是随着挖土的加深，根据设计规定的位置现场支模浇筑而成。它的优点是形状多样，可浇筑直线和曲线构件，可根据基坑平面形状，浇筑成最优化的布置形式；整体刚度大，安全可靠，可使围护墙变形小，有利于保护周围环境。可方便地变化构件的截面和配筋，以适应其内力的变化。缺点是支撑成型和发挥作用时间长，时间效应大，使围护墙因时间效应而产生的变形增大；属于一次性支撑，不能重复利用。拆除困难，若爆破拆除，又因环境所限不可行，若人工拆除，时间长，劳动强度大。混凝土支撑的混凝土强度等级不应低于C25，多用C30。支撑构件的截面高度不宜小于其竖向平面内计算长度的1/20；腰梁的截面高度（水平方向）不宜小于其水平方向计算跨度的1/10，截面宽度不应小于支撑的截面高度。腰梁的截面尺寸常用600mm×800mm（高×宽）、800mm×1000mm和1000mm×1200mm；支撑的截面尺寸常用600mm×800mm（高×宽）、800mm×1000、800mm×1200mm和1000mm×1200mm。支撑构件的纵向钢筋直径不宜小于16mm，沿截面周边的间距不宜大于200mm；箍筋的直径不宜小于8mm，间距不宜大于250mm。

特别提示

有时同一个基坑中，应用两种支撑。为了控制地面变形、保护周围环境，上层支撑用混凝土支撑，基坑下部为了加快支撑的装拆、加快施工速度，采用钢支撑，如图3-34所示。

图3-34　四道支撑排桩

知识拓展

钢支撑和钢筋混凝土支撑两种材料的内支撑各有优缺点，比较见表3-6。

钢支撑和钢筋混凝土支撑的主要区别　　表3-6

项目	钢支撑	钢筋混凝土支撑
材料	采用钢管或型钢	钢筋混凝土
施工方法	预制后现场拼装	现场浇筑
节点	焊接或螺旋连接	一次浇筑而成

续表

项目	钢支撑	钢筋混凝土支撑
适应性	适用于对撑布置方案，平面布置变化受限制；只能受压，不能受拉，不宜用作深基坑的第一道支撑	易于通过调整断面尺寸和平面布置形式为施工留出较大的挖土空间，既能受压，又能受拉，亦经得起施工设备的撞击
对布置的限制	荷载水平低，支撑在竖向和水平向的间距都比较小	荷载水平高，布置不受限制，可放大截面尺寸以满足较大间距的要求
支撑的形成	安装结束时即已形成支撑作用，还可以用千斤顶施加轴力以调整围护结构的变形	混凝土结硬以后才能整体形成支撑作用，混凝土收缩变形大，影响支撑内力的增长
重复使用的可能性	在等宽度的沟渠开挖时可做成工具式重复使用，但在建筑基坑中因尺寸各异难以实现重复使用的要求	无法重复使用
支撑的利用或拆除	拆除方便，但无法在永久性结构中使用	在围护结构兼作永久性结构的一部分时钢筋混凝土支撑可以作为永久性结构的构件；但如不作为永久性构件，则拆除工作量比较大
支撑体系的刚度与变形	刚度小，整体变形大	刚度大，整体变形小
支撑体系的稳定性	稳定性取决于现场拼装的质量，包括节点轴线的对中精度、杆件受力的偏心程度以及节点连接的可靠性，个别节点的失稳会引起整体破坏	现浇的钢筋混凝土体系节点牢固，支撑体系的稳定性可靠

3.4 大型深基坑土方开挖方案及施工要点

土方开挖的顺序、方法必须与设计要求相一致，并遵循“开槽支撑，先撑后挖，分层开挖，严禁超挖”的原则。

（1）基坑开挖应遵循时空效应原理。根据地质条件采取相应的开挖方式，一般应“先撑后挖，分层开挖”，撑锚与挖土配合，严禁超挖；在软土层及变形要求较严格时，应采取“分层、分区、分块、分段、抽槽开挖，留土护壁，快挖快撑，先形成中间支撑，限时对称平衡形成端头支撑，减少无支撑暴露时间”等方式开挖。

（2）基坑开挖应尽量防止对地基土的扰动。当用人工挖土，基坑挖好后不能立即进行下道工序时，应预留15～30cm一层土不挖，待下道工序开始再挖至设计标高。采用机械开挖基坑时，为避免破坏基底土，应在基底标高以上预留一层结合人工挖掘修整。使用铲运机、推土机时，保留土层厚度为15～20cm，使用正铲、反铲或拉铲挖土时为20～30cm。

（3）在地下水位以下挖土，应在基坑四周挖好临时排水沟和集水井，或采用井点降水，将水位降低至坑底以下50cm，以利挖方进行。降水工作应持续到基础（包括地下水位下回填土）施工完成。

（4）基坑边界周围地面应设排水沟，对坡顶、坡面、坡脚采取降排水措施。雨期施工时，基坑应分段开挖，挖好一段浇筑一段垫层，并应在坑顶、坑底采取有效的截排水措施（截水沟、排水沟宜在基坑坡顶或截水帷幕外侧不小于0.5m布置）；同时，应经常检查边坡和支撑情况，以防止坑壁受水浸泡，造成塌方。

(5) 在基坑（槽）边缘上侧堆土或堆放材料以及移动施工机械时，应与基坑边缘保持1.5m以上距离，以保证坑边直立壁或边坡的稳定。当土质良好时，堆土或材料应距挖方边缘0.8m以内，高度不宜超过1.5m。

(6) 基坑开挖时，应对平面控制桩、水准点、平面位置、水平标高、边坡坡度、排水、降水系统等经常复测检查。

(7) 基坑挖完后应进行验槽，做好记录；如发现地基土质与地质勘察报告、设计要求不符时，应与有关人员研究并及时处理。

深基坑工程的挖土方案，主要有放坡挖土、中心岛式（也称墩式）挖土、盆式挖土和多层接力挖土法。前者无支护结构，后三种皆有支护结构，可根据基坑面积大小、开挖深度、支护结构形式、周围环境条件等因素选择。

3.4.1 放坡挖土法

放坡开挖是最经济的挖土方案。当基坑开挖深度不大、周围环境又允许时，一般优先采用放坡开挖。

开挖深度较大的基坑，当采用放坡挖土，宜设置多级平台分层开挖，每级平台的宽度不宜小于1.5m。常用坡度形式如图3-35所示。

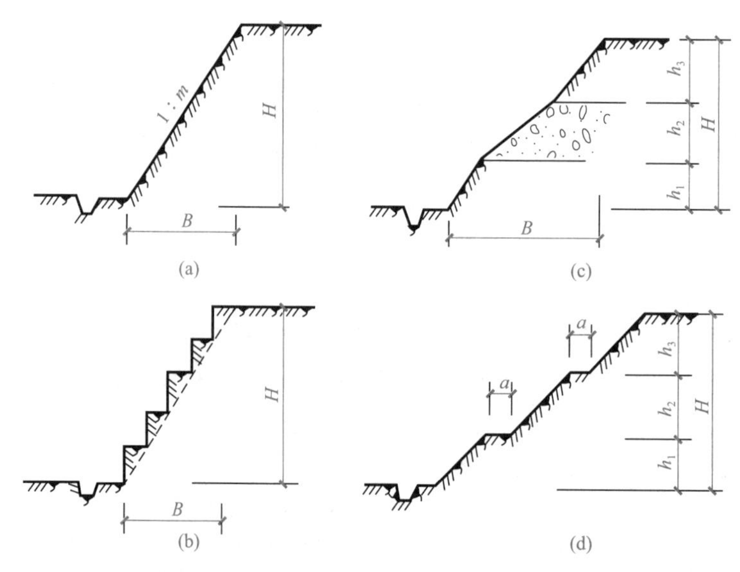

图3-35 基坑边坡形式

(a) 斜坡式；(b) 踏步式；(c) 折线式；(d) 台阶式

$1:m$—土方边坡（$H:B$）；m—坡度系数（$B:H$）；H—边坡高度；B—边坡宽度

在地下水位较高的软土地区，应在降水达到要求后再进行土方开挖，宜采用分层开挖的方式进行。分层挖土厚度不宜超过2.5m。挖土时应注意保护工程桩，防止碰撞或因挖土过快、高差过大使工程桩受侧压力而倾斜。

采用机械挖土时，坡面及坡底应保留200～300mm厚基土，用人工修坡清理和整平坑底，防止超挖使坡面失稳和扰动坑底土。待挖至设计标高后，应清除浮土，经验槽合格后，及时进行垫层施工。

3.4.2　中心岛式挖土法

中心岛（墩）式挖土，是先开挖基坑周边土方，在中间留土墩作为支点搭设栈桥，挖土机利用栈桥下到基坑挖土，运土汽车亦可通过栈桥进入基坑运土，如此加快挖土和运土的速度（图3-36）。中心岛式挖土宜用于大型基坑，支护结构的支持形式为角撑、环梁式或边桁（框）架式，中间具有较大空间的情况下。

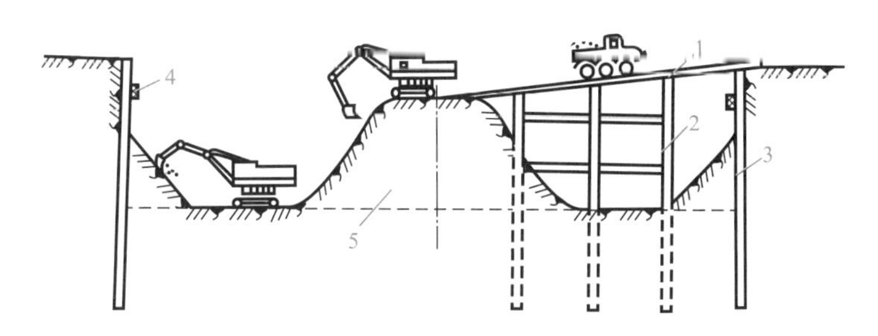

图3-36　中心岛（墩）式挖土示意

1—栈桥；2—支架（尽量利用工程桩）；3—围护墙；4—腰梁；5—土墩

中间土墩的留土高度、边坡的高度、挖土层次与高差都要经过仔细研究确定。由于在雨期遇有大雨，土墩边坡易滑坡，必要时尚需对边坡进行加固。挖土亦分层开挖，一般先全面挖去一层，中间部分留置土墩，周围部分分层开挖。挖土多用反铲挖掘机，如基坑深度很大，则采用向上逐级传递方式进行土方装车外运。整个土方的开挖顺序应遵循开槽支撑、先撑后挖、分层开挖、严禁超挖的原则。

挖土时，除支护结构设计允许外，挖土机和运土车辆不得直接在支撑上行走和操作。挖土机挖土时严禁碰撞工程桩、支撑、立柱和降水的井点管。分层挖土时，层高不宜过大，以免土方侧压力过大使工程桩变形倾斜，在软土地区尤为重要。

为减少时间效应的影响，挖土时应尽量缩短围护墙无支撑的暴露时间。一般对一、二级基坑，每一工况挖至规定标高后，钢支撑的安装周期不宜超过一昼夜，混凝土支撑的完成时间不宜超过两昼夜。对面积较大的基坑，为减少空间效应的影响，基坑土方宜分层、分块、对称、限时进行开挖，土方开挖顺序要为尽可能早地安装支撑创造条件。土方挖至设计标高后，对有钻孔灌注桩的工程，宜边破桩头边浇筑垫层，尽可能早一些浇筑垫层，以便利用垫层（必要时可加厚作配筋垫层）对围护墙起支撑作用，以减少围护墙的变形。

同一基坑内当深浅不同时，土方开挖宜从浅基坑处开始，如条件允许可在浅基坑处浇筑后，再挖基坑较深处的土方。如两个深浅不同的基坑同时挖土，土方开挖宜从较深基坑开始，待深基坑底板浇筑后，再开始开挖较浅基坑的土方。

3.4.3　盆式挖土法

盆式挖土，是先分层开挖基坑中间部分的土方，基坑四周留土坡暂不开挖（图3-37），可视土质情况放坡，使之形成对四周围护结构的被动土反压力区，以增强围护结构的稳定性。待中间部分的混凝土垫层、基础或地下室结构施工完成之后，再用水平支撑或斜撑对四周围护结构进行支撑，并突击开挖周边支护结构内部被动土区的土，每挖一层支一层水平横撑，直至坑底，最后浇筑该部分结构（图3-38）。

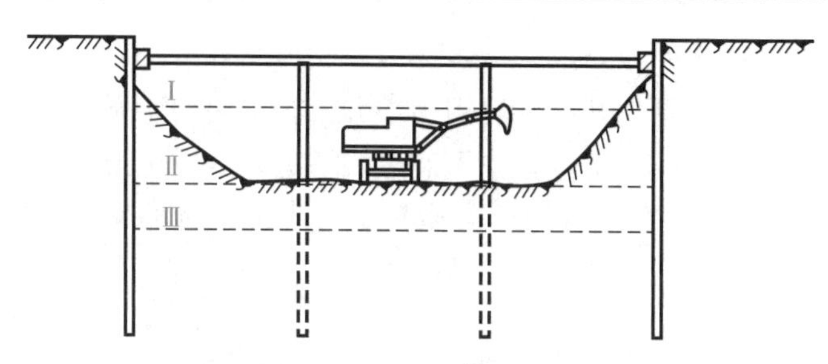

图 3-37 盆式挖土示意图

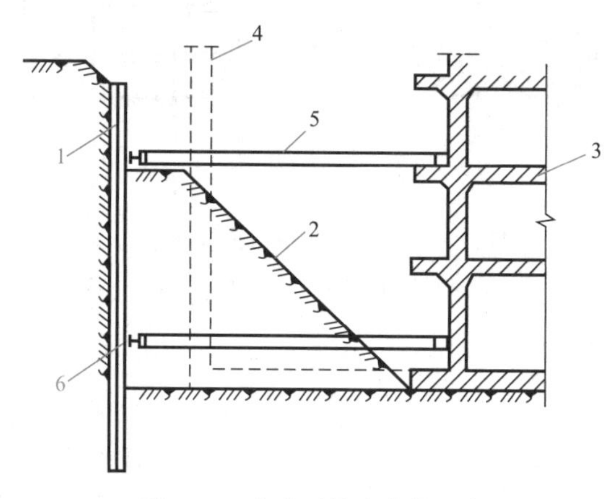

图 3-38 盆式开挖内支撑示意

1—钢板桩或灌注桩；2—后挖土方；3—先施工的地下结构；4—后施工的地下结构；5—水平钢支撑；6—钢横撑

盆式挖土基坑内四周所留置的土坡，其宽度、高度和坡度大小均应通过稳定验算确定。如留得过小，对围护墙支撑作用不明显，失去盆式挖土的意义。如坡度太陡，会致边坡不稳定，在挖土过程中失稳滑动，不但失去对围护墙的支撑作用，影响施工，而且有损于工程桩的质量。

盆式挖土的优点是对于支护挡墙受力有利，时间效应小，但大量土方不能直接外运，需要集中提升装车外运。

3.4.4 多层接力挖土法

对面积、深度均较大的基坑，通常采用分层挖土的施工法，使用大型土方机械，在坑下作业（图 3-39）。如为软土地基，土方机械进入基坑行走有困难，需要铺垫钢板或铺路基箱垫道，将使费用增大，工效降低。遇此情况可采用“反铲接力挖土法”，它是利用两台或三台反铲挖土机分别在基坑的不同标高处同时挖土，一台在地表，两台在基坑不同标高的台阶上，边挖土边向上传递（图 3-40），到上层由地表挖土机掏土装车，用自卸汽车运至弃土地点。基坑上部可用大型挖土机，中、下层可用液压中、小型挖土机，以便挖土、装车均衡作业；机械开挖不到之处，再配以人工开挖修坡、整平。在基坑纵向两端设有道路出入口，上部汽车开行单向行驶。对小基坑，标高深浅不一，需边清理坑底，边放坡挖土，挖土按设计的开行路线，边挖边往后退，直到全部基坑挖好为止再退出。用本法开挖基坑，可一次挖到设计标高，一次成型，一般两层挖土可到－10m，三层挖土可到－15m 左右，可避免载重自卸汽车开进基坑装土、运土作业，工作条件好，运输效率高，并可降低费用。

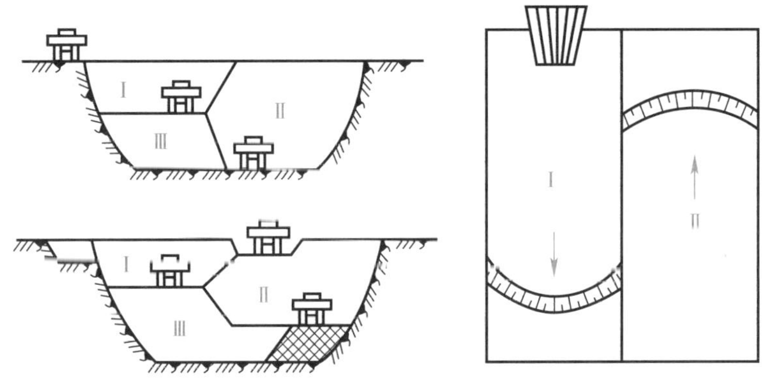

图 3-39 分层挖土施工法

Ⅰ、Ⅱ、Ⅲ—开挖次序

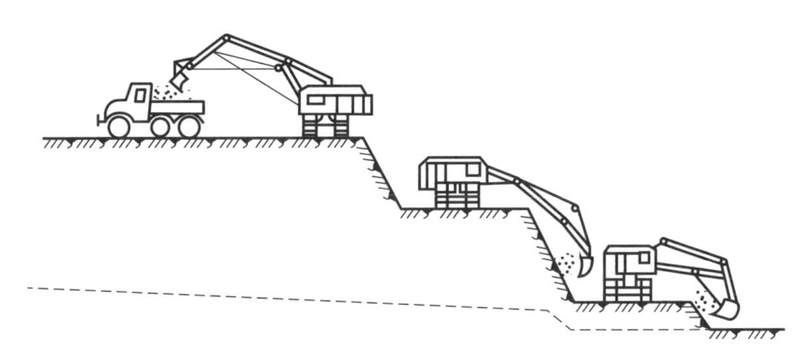

图 3-40 反铲挖土机多层接力挖土法

无论用何种机械开挖土方，都需要配备少量人工挖除机械难以开挖到的边角部位土方和修整边坡，并及时清理予以运土。

机械开挖土方的运输，当挖土高度在 3m 以上，运距超过 0.5m，场地空地较少的，一般宜采用自卸汽车装土，运到弃土场堆放，或部分就近空地堆放，留作以后回填之用。为了使土堆高及整平场地，另配 1～2 台推土机和一台压路机。雨天挖土应用路基箱做机械操作和车辆行驶区域加固地基之用，路基箱用 1 台 12t 汽车式起重机吊运铺设。

每一段基坑挖土机械的配备是根据工作场地的大小、深度、土方量等因素，按工期要求，配备相应的机械及作业班次，采用两班或三班作业。

3.5 基坑验槽

建（构）筑物基坑均应进行施工验槽。基坑挖至基底设计标高并清理后，施工单位在自检合格的基础上应由建设单位组织设计、监理、施工、勘察等单位的项目负责人员共同进行验槽，合格后方能进行基础工程施工。

3.5.1 验槽时必须具备的资料和条件

(1) 勘察、设计、建设（或监理）、施工等单位有关负责及技术人员到场；

(2) 基础施工图和结构总说明；

(3) 详勘阶段的岩土工程勘察报告；

(4) 开挖完毕、槽底无浮土、松土（若分段开挖，则每段条件相同），条件良好的基槽。

3.5.2　验槽的主要内容

不同建筑物对地基的要求不同，基础形式不同，验槽的内容也不同，主要有以下几点：

(1) 根据设计图纸检查基槽的开挖平面位置、尺寸、槽底深度；检查是否与设计图纸相符，开挖深度是否符合设计要求；

(2) 仔细观察槽壁、槽底土质类型、均匀程度和有关异常土质是否存在，核对基坑土质及地下水情况是否与勘察报告相符；

(3) 检查基槽之中是否有旧建筑物基础、古井、古墓、洞穴、地下掩埋物及地下人防工程等；

(4) 检查基槽边坡外缘与附近建筑物的距离，基坑开挖对建筑物稳定是否有影响；

(5) 检查核实分析钎探资料，对存在的异常点位进行复核检查。

3.5.3　验槽的方法

验槽方法通常主要采用观察法为主，而对于基底以下的土层不可见部位，要先辅以钎探法或轻型动力触探配合共同完成。

1. 观察法

(1) 观察槽壁、槽底的土质情况，验证基槽开挖深度，初步验证基槽底部土质是否与勘察报告相符，观察槽底土质结构是否被人为破坏。

(2) 基槽边坡是否稳定，是否有影响边坡稳定的因素存在，如地下渗水、坑边堆载或近距离扰动等（对难于鉴别的土质，应采用洛阳铲等手段挖至一定深度仔细鉴别）。

(3) 基槽内有无旧的房基、洞穴、古井、掩埋的管道和人防设施等。如存在上述问题，应沿其走向进行追踪，查明其在基槽内的范围、延伸方向、长度、深度及宽度。

(4) 在进行直接观察时，可用袖珍式贯入仪作为辅助手段。

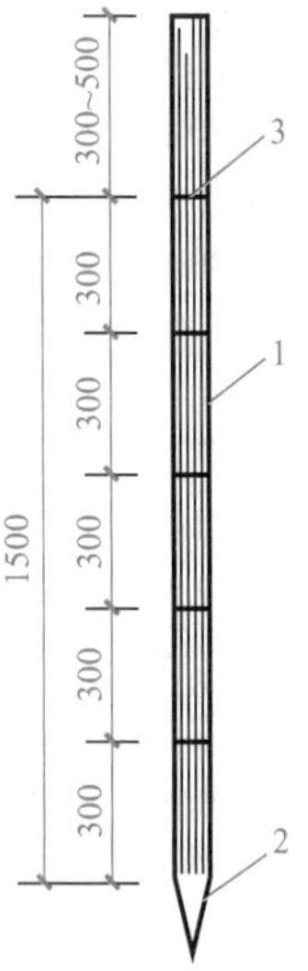

2. 钎探法

采用直径 22～25mm 钢筋制作的钢钎，使用人力（机械）使大锤（穿心锤）自由下落规定的高度，撞击钎杆垂直打入土层中，记录其单位进深所需的锤数，为设计承载力、地勘结果、基土土层的均匀度等质量指标提供验收依据。钎探是在基坑底进行轻型动力触探的主要方法。

(1) 工艺流程

绘制钎点平面布置图→放钎点线→核验点线→就位打钎→记录锤击数→拔钎→盖孔保护→验收→灌砂。

(2) 主要机具

钢钎：用直径 22～25mm 的钢筋制成，钎头呈 60°尖锥形状，钎长 2.1～2.6m，如图 3-41 所示。

大锤：普通锤子，重量 8～10kg。

穿心锤：钢质圆柱形锤体，在圆柱中心开孔 28～30mm，穿于钢钎上部，锤重 10kg。

钎探机械：专用的提升穿心锤的机械，与钎杆、穿心锤配套

图 3-41　钢钎构造示意
1—钎杆 ϕ22～ϕ25mm；2—钎尖；3—刻痕

使用。

(3) 打钎准备

人工挖土或机械挖土后由人工清底到基础垫层上表面设计标高，表面人工铲平整，基坑（槽）宽、长均符合设计图纸要求。

按钎探孔位置平面布置图放线，钎孔布置和钎探深度应根据地基土质的复杂情况和基槽宽度、形状而定，一般可参考表3-7。孔位洒上白灰点，用盖孔块压在点位上作好覆盖保护。盖孔块宜采用预制水泥砂浆块、陶瓷锦砖、碎磨石块、砖等。每块盖块上面必须用粉笔写明钎点编号。

钎孔布置　　表3-7

槽宽（cm）	排列方式及图示	间距（m）	钎探深度（m）
小于80	中心一排	1～2	1.2
80～200	两排错开	1～2	1.5
大于200	梅花形	1～2	2.0
柱基	梅花形	1～2	≥1.5m，并不浅于短边宽度

注：对于较软弱的新近沉积黏性土和人工杂填土的地基，钎孔间距应不大于1.5m。

(4) 就位打钎

钢钎的打入分人工和机械两种。

人工打钎：将钎尖对准孔位，一人扶正钢钎，一人站在操作凳子上，用大锤打钢钎的顶端；锤举高度一般为50cm，将钎垂直打入土层中，也可使用穿心锤打钎。

机械打钎：将触探杆尖对准孔位，再把穿心锤套在钎杆上，扶正钎杆，利用机械动力拉起穿心锤，使其自由下落，锤距为50cm，把触探杆垂直打入土层中。

(5) 记录锤击数

钎杆每打入土层30cm时，记录一次锤击数。钎探深度以设计为依据；如设计无规定时，一般钎点按纵横间距1.5m梅花形布设，深度为2.0m。

(6) 拔钎、移位、灌砂

用麻绳或钢丝将钎杆绑好，留出活套，套内插入撬棍或钢管，利用杠杆原理，将钎拔出。每拔出一段将绳套往下移一段，以此类推，直至完全拔出为止；将钎杆或触探器搬到下一孔位，以便继续拔杆。

钎探后的孔要用砂灌实。打完的钎孔，经过质量检查人员和有关工长检查孔深与记录无误后，用盖孔块盖住孔眼。当设计、勘察和施工方共同验槽办理完验收手续后，方可灌孔。

(7) 质量控制及成品保护

同一工程中，钎探时应严格控制穿心锤的落距，不得忽高忽低，以免造成钎探不准，使用钎杆的直径必须统一。

钎探孔平面布置图绘制要有建筑物外边线、主要轴线及各线尺寸关系，外圈钎点要超出垫层边线 200～500mm。

遇钢钎打不下去时，应请示有关工长或技术员，调整钎孔位置，并在记录单备注栏内做好记录。

钎探前，必须将钎孔平面布置图上的钎孔位置与记录表上的钎孔号先行对照，无误后方可开始打钎；如发现错误，应及时修改或补打。

在记录表上用有色铅笔或符号将不同的钎孔（锤击数的大小）分开。

在钎孔平面布置图上，注明过硬或过软的孔号的位置，把枯井或坟墓等尺寸画上，以便设计勘察人员或有关部门验槽时分析处理。

打钎时，注意保护已经挖好的基槽，不得破坏已经成型的基槽边坡；钎探完成后应做好标记，用砖护好钎孔，未经勘察人员检验复核，不得堵塞或灌砂。

3. 轻型动力触探

遇到下列情况之一时，应在基坑底普遍进行轻型动力触探（现场也可用轻型动力触探替代钎探）：

（1）持力层明显不均匀；

（2）浅部有软弱下卧层；

（3）有浅埋的坑穴、古墓、古井等，直接观察难以发现时；

（4）勘察报告或设计文件规定应进行轻型动力触探时。

特别提示

验槽注意事项：验槽时应重点观察柱基、墙角、承重墙下或其他受力较大部位；如有异常部位，要会同勘察、设计等有关单位进行处理。

单元小结

本单元内容包括深基坑支护、土方开挖和基坑验槽。

基坑支护结构包括挡土围护结构和支撑体系。挡土围护结构形式包括水泥土挡墙支护、混凝土灌注桩支护、钢板桩支护、地下连续墙支护、土钉墙支护、SMW 工法桩支护等；支撑结构有混凝土支撑和钢支撑两种。基坑支护是一种施工临时性措施结构物，尤其是在软土地区，对保证工程顺利进行，以及邻近地基和已有建（构）筑物的安全影响极大。因此，基坑支护方案的选择和编制应根据基坑周边环境、土层结构、工程地质、水文情况、基坑形状、开挖深度、施工拟采用的挖方、排水方法、施工作业设备条件、安全等级和工期要求以及技术经济效果等因素加以综合全面地考虑而定。

深基坑工程的挖土方法，主要有放坡挖土、中心岛式（也称墩式）挖土、盆式挖土和多层接力挖土法。可根据基坑面积大小、开挖深度、支护结构形式、周围环境条件等因素选取。

基坑挖至设计标高并清理后，施工单位应会同建设、监理、施工、勘察等部门的项目负责人共同进行验槽。验槽的重点注意柱基、墙角、承重墙下受力较大的部位。验槽通常采用观察法，对于基底以下不可见的土层部位，要辅以钎探或轻型动力触探配合共同完成。

3-5 单元自测

习 题

一、选择题

1. 某 10m 深基坑，地下水位位于基底以上 3m 处，该基坑支护宜选用（　　）。

A. 土钉墙　　B. 水泥土桩墙　　C. 地下连续墙　　D. 逆作拱墙

2. 下列各项中，属透水挡土结构的是（　　）。

A. 深层搅拌水泥土墙　　B. 密排桩间加高层喷射水泥注浆桩

C. 地下连续墙　　D. H 型钢桩加横插挡土板

3. 防止基坑护坡桩位移和倾斜，下列各项防护措施中不当的是（　　）。

A. 打桩完毕紧接着开挖基坑　　B. 打桩完毕停留一段时间

C. 预抽地下水　　D. 均匀、分层地开挖土方

4. 关于基坑开挖预留土层的说法，正确的是（　　）。

A. 人工挖土不能立即进行下道工序时，保留土层厚度为 10～15cm

B. 机械开挖在基底标高以上预留一层结合人工挖掘修整

C. 使用铲运机、推土机时，保留土层厚度为 20～30cm

D. 使用正铲、反铲或拉铲挖土时，保留土层厚度为 30～40cm

5. 在基坑验槽时，对于基底以下不可见部位的土层，要先辅以（　　）。

A. 局部开挖　　B. 钎探　　C. 钻孔　　D. 超声波检测

6. 下列深基坑工程挖土方案中，属于无边护结构挖土的是（　　）。

A. 墩式挖土　　B. 盆式挖土　　C. 放坡挖土　　D. 中心岛式挖土

7. 关于土方开挖的顺序、方法的说法，正确的是（　　）。

A. 开槽支撑，先撑后挖，分层开挖　　B. 支撑开槽，先撑后挖，分层开挖

C. 开槽支撑，后挖先撑，分层开挖　　D. 支撑开槽，后挖先撑，分层开挖

8. 观察验槽的重点应选择在（　　）。

A. 基坑中心点　　B. 基坑边角处　　C. 受力较大的部位　　D. 最后开挖的部位

9. 对基坑侧壁安全等级为一级的深基坑工程，宜采取的支护形式为（　　）。

A. 水泥土墙　　B. 地下连续墙　　C. 土钉墙　　D. 逆作拱墙

二、填空题

1. 土方开挖的顺序、方法必须与设计要求相一致，并遵循“开槽支撑，______、______、______”的原则。

2. 当用人工挖土，基坑挖好后不能立即进行下道工序时，应预留______一层土不挖，待下道工序开始再挖至设计标高。使用铲运机、推土机时，保留土层厚度为______，使用正铲、反铲或拉铲挖土时为______。

3. 验槽钎探工作在打钎时，每贯入______通常称为一步，记录一次锤击数。

4. 钎探孔平面布置图中外圈钎点要超出建筑物垫层边线______。

三、简答题

1. 地下连续墙施工中导墙的作用是什么？

2. 地下连续墙的主要施工工序包括哪些步骤？

3. 泥浆的作用是什么？

4. 钢板桩支护适用于哪些情况？如何施工？

5. 验槽的方法有哪些？

四、应用案例

1. 工程背景

某建筑工程基坑深 17m，地下水位在基坑深度 10m 处，基坑支护采取地下连续墙形式，地下连续墙深 35m。在施工 11 号槽段时，钢筋笼放入基坑，由于基坑内有大量沉渣，钢筋笼不能放到坑底，造成此槽段混凝土不能浇筑，半夜赶上暴雨，致使此槽段塌孔。此槽段紧邻正在使用城市主干道，且主干道邻近基坑一侧铺设有军用电缆。为使边坡整体稳定，采取了紧急回填的措施。目前，工程地下连续墙已陆续完工，只剩 11 号槽段，须制定此槽段施工方案，以便下一步土方工程顺利进行。

问题：

（1）此槽段施工方案制定时要保证哪个关键点？

（2）槽段土方开挖施工方案应选择什么形式？

（3）槽段施工过程中最需防范的是什么？

（4）确保槽段施工时不出现管涌的措施包括哪些？

2. 工程背景

某工程整体地下室 2 层、主楼地上 24 层、裙房地上 4 层，钢筋混凝土全现浇框架剪力墙结构，填充墙为小型空心砌块砌筑。基础为整体筏板，地下室外墙为整体剪力墙混凝土刚性防水，外加 SBS 卷材防水层。平整场地结束后，施工单位马上进行了工程定位和测量放线，然后即进行土方开挖工作，整修基坑采取大放坡开挖，土方开挖至设计要求时，项目总工程师组织监理进行基坑验槽。经钎探检查，发现基坑内裙房部位存在局部软弱下卧层，项目总工召开现场会议，经协商决定采取灌浆补强，并按要求形成相关验收记录。

问题：

（1）工程定位及放线应检查的内容？

（2）土方开挖时应检查的内容？开挖后应检查哪些内容？

（3）施工单位对软弱下卧层的处理程序是否得当，简述理由。

（4）基坑验槽的重点是什么？本案例中基坑验槽做法是否妥当？简述理由。

（5）本案例中基坑验槽相关验收记录主要有哪些？

3. 某施工单位中标承建过街地下通道工程，周边地下管线较复杂，设计采用明挖顺作法施工。通道基坑总长 80m，宽 12m，开挖深度 10m。基坑围护结构采用 SMW 工法桩，基坑沿深度方向设有 2 道支撑，其中第一道支撑为钢筋混凝土支撑，第二道支撑为 ϕ609mm×16mm 钢管支撑（图 3-42）。基坑场地地层自上而下依次为：2m 厚素填土、6m 厚黏质粉土、10m 厚砂质粉土。地下水位埋深约 1.5m。在基坑内布置了 5 口管井降水。

问题：

（1）给出图 3-42 中 A、B 构件的名称，并分别简述其功能。

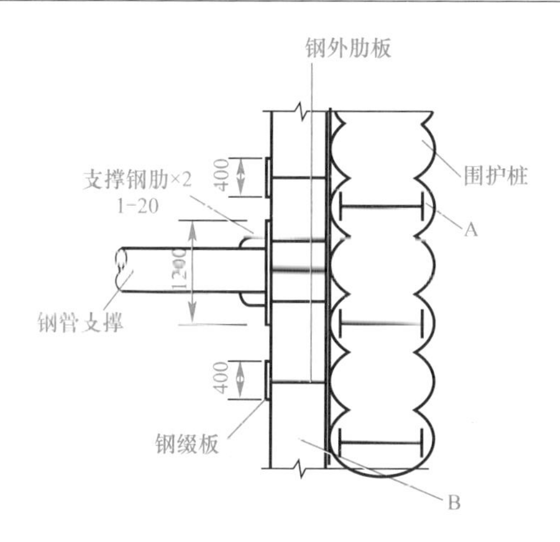

图 3-42　第二道支撑节点示意

（2）根据两类支撑的特点分析围护结构设置不同类型支撑的理由。

（3）本项目基坑内管井属于什么类型？起什么作用？

（4）列出基坑围护结构施工的大型工程机械设备。

单元 4

浅基础施工

【教学目标】

掌握钢筋混凝土独立基础、条形基础的构造要求和施工要点；掌握筏形基础的构造要求和施工要点。

能协助编制浅基础工程施工方案，协助管理基础工程施工。

【教学要求】

能力目标	知识要点	权重	自测分数
能编写独立基础钢筋工程、模板工程、混凝土工程施工技术措施和施工方案	掌握独立基础构造要求和施工要点	30%	
能编写条形基础钢筋工程、模板工程、混凝土工程施工技术措施和施工方案	掌握条形基础构造要求和施工要点	30%	
能编写筏形基础钢筋工程、模板工程、混凝土工程施工技术措施和施工方案	掌握筏形基础构造要求、后浇带、施工缝构造要求，及大体积混凝土施工措施	40%	

案例导入

某办公楼工程，建筑面积 82000m^2，地下 3 层，地上 22 层，钢筋混凝土框架剪力墙结构，距邻近六层住宅楼 7m。基础为筏板基础，基础底板混凝土厚 1500mm，水泥采用普通硅酸盐水泥，采取整体连续分层浇筑方式施工。底板混凝土施工中，混凝土浇筑从高处开始，沿短边方向自一端向另一端进行。在混凝土浇筑完 12h 内对混凝土表面进行保温保湿养护，养护持续 7d。养护至 72h 时，测温显示混凝土内部温度 70℃，混凝土表面温度 35℃。

请指出施工过程中底板大体积混凝土浇筑及养护的不妥之处，并简要说明理由或给出正确做法。

4-1 浅基础施工

4.1　扩展基础施工

扩展基础，是指为扩散上部结构传来的荷载，使作用在基底的压应力满足地基承载力的设计要求，且基础内部的应力满足材料强度的设计要求，通过向侧边扩展一定底面积的基础。扩展基础包括柱下钢筋混凝土独立基础（图 4-1）和墙下钢筋混凝土条形基础（图 4-2）。它由于钢筋混凝土的抗弯性能好，可充分放大基础底面尺寸，达到减小地基应力的效果，同时可有效地减少埋深，节省材料和土方开挖量，加快工程进度。适用于多层民用建筑、整体式和装配式结构厂房承重的柱基和墙基。柱下独立基础，当柱荷载的偏心距不大时，常用方形；当偏心距较大时，则用矩形。

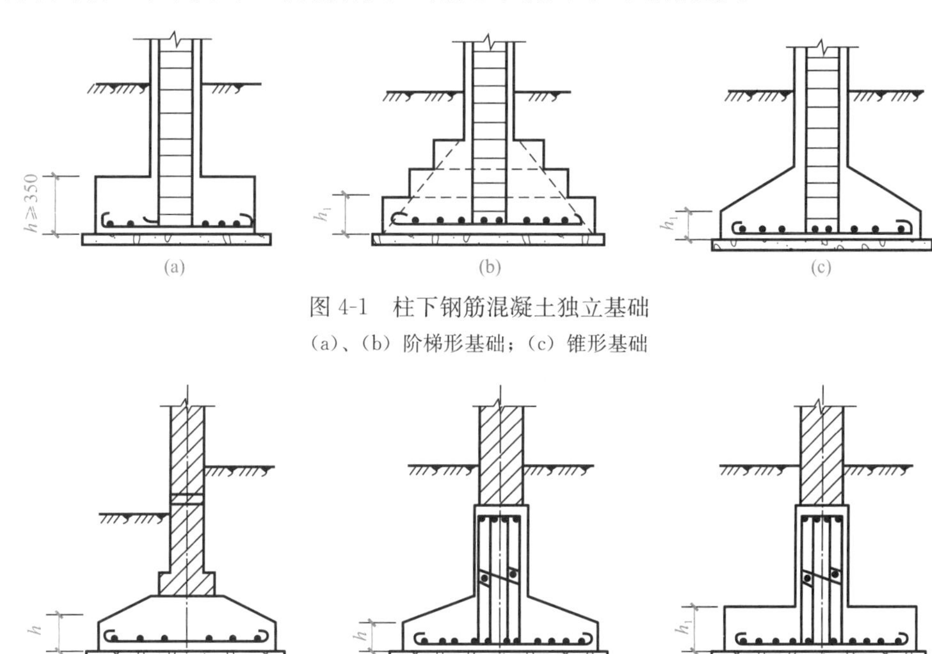

图 4-1　柱下钢筋混凝土独立基础

（a）、（b）阶梯形基础；（c）锥形基础

图 4-2　墙下钢筋混凝土条形基础

（a）板式；（b）、（c）梁、板结合式

4.1.1　构造要求

扩展基础的构造，应符合下列规定：

（1）锥形基础的边缘高度不宜小于 200mm，且两个方向的坡度不宜大于 1∶3；阶梯形基础的每阶高度宜为 300～500mm。

（2）垫层的厚度不宜小于 70mm，垫层混凝土强度等级不宜低于 C10。

（3）扩展基础受力钢筋最小配筋率不应小于 0.15%，底板受力钢筋的最小直径不应小于 10mm，间距不应大于 200mm，也不应小于 100mm。墙下钢筋混凝土条形基础纵向分布钢筋的直径不应小于 8mm；间距不应大于 300mm；每延米分布钢筋的面积不应小于受力钢筋面积的 15%。当有垫层时钢筋保护层的厚度不应小于 40mm；无垫层时不应小于 70mm。

（4）混凝土强度等级不应低于C20。

（5）当柱下钢筋混凝土独立基础的边长和墙下钢筋混凝土条形基础的宽度大于或等于2.5m时，除外侧钢筋外，底板受力钢筋的长度可取边长或宽度的0.9倍，并宜交错布置（图4-3）。

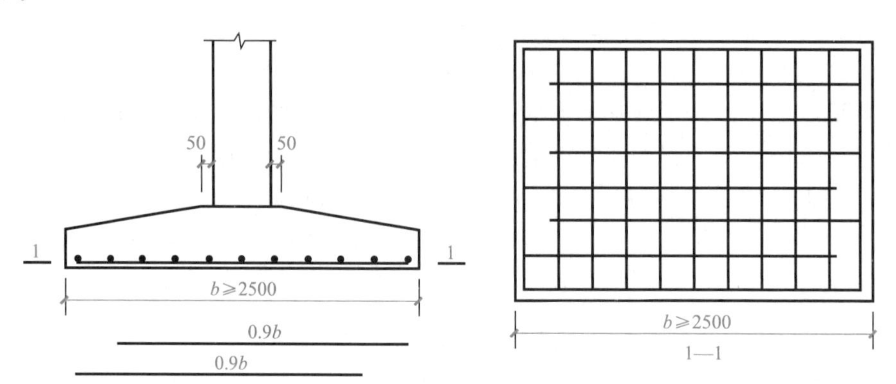

图4-3 柱下独立基础底板受力钢筋布置

（6）钢筋混凝土条形基础底板在T形及十字形交接处，底板横向受力钢筋仅沿一个主要受力方向通长布置，另一方向的横向受力钢筋可布置到主要受力方向底板宽度1/4处。在拐角处底板横向受力钢筋应沿两个方向布置（图4-4）。

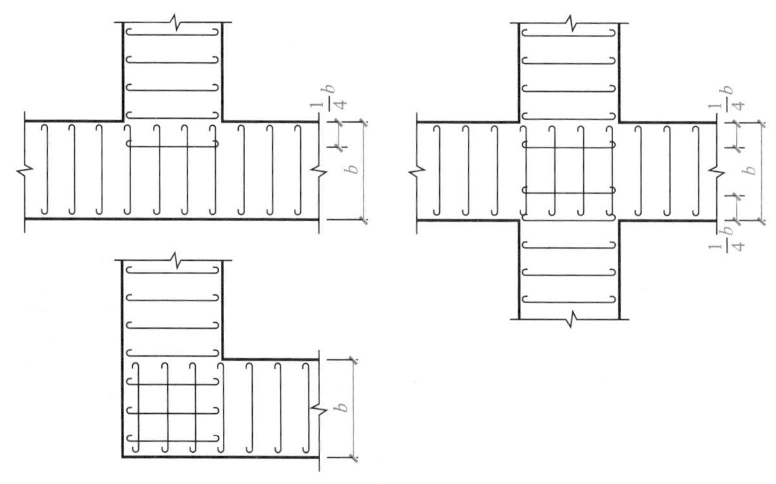

图4-4 墙下条形基础纵横交叉处底板受力钢筋布置

4.1.2 施工要点

施工工艺流程：基础垫层→基础放线→绑扎钢筋→支基础模板→浇筑混凝土→拆模。

（一）钢筋工程

1. 施工工序

（1）基础垫层清理→弹钢筋定位线（底板钢筋位置线、中线、边线、洞口位置线）→钢筋半成品运输→布放钢筋→钢筋绑扎→设置垫块→插筋设置→钢筋质量检查→钢筋验收、隐蔽。

（2）完成基础垫层施工后，将基础垫层清扫干净，用石笔和墨斗弹放钢筋位置线。

（3）按钢筋位置线布放基础钢筋。

（4）绑扎钢筋。

（5）由监理工程师（建设单位项目负责人）组织施工单位项目专业质量（技术）负责人进行验收。

2. 施工工艺要求

（1）钢筋网的绑扎。四周两行钢筋交叉点应每点扎牢，中间部分交叉点可相隔交错扎牢，但必须保证受力钢筋不位移；双向主筋的钢筋网，则须将全部钢筋相交点扎牢，绑扎时应注意相邻绑扎点的钢丝扣要成八字形，以免网片歪斜变形。

（2）基础底板采用双层钢筋网时，当板厚小于 1m 时，在上层钢筋网下面应设置钢筋撑脚，以保证钢筋位置正确。钢筋撑脚的形式与尺寸如图 4-5 所示，每个 1m 放置一个。其直径的选用：当板厚 $h<300$mm 时为 8～10mm；当板厚 $h=300\sim500$mm 时为 12～14mm；当板厚 $h>500$mm 时为 16～18mm。

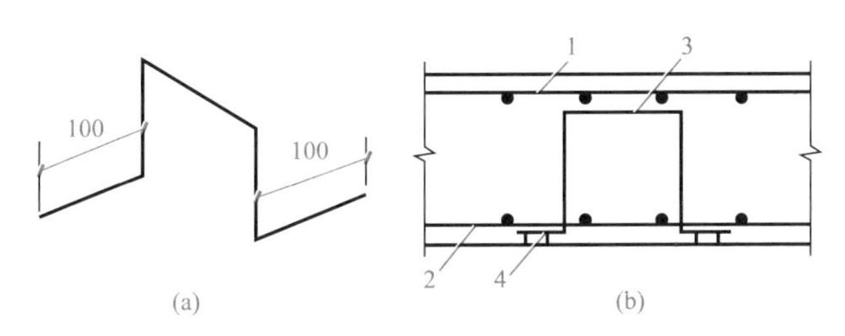

图 4-5 钢筋撑脚

（a）钢筋撑脚；（b）撑脚位置

1—上层钢筋网；2—下层钢筋网；3—撑脚；4—水泥垫块

（3）钢筋的弯钩应朝上，不要倒向一边；但双层钢筋网的上层钢筋弯钩应朝下。

（4）独立柱基础为双向钢筋时，其底面短边的钢筋应放在长边钢筋的上面。

（5）现浇柱与基础连接用的插筋，一定要固定牢靠，位置准确，以免造成柱轴线偏移。

（6）受力钢筋的接头宜设置在受力较小处。在同一根纵向受力钢筋上不宜设置两个或两个以上接头。接头末端至钢筋弯起点的距离不应小于钢筋直径的 10 倍。若采用绑扎搭接接头，则相邻纵向受力钢筋的绑扎接头宜相互错开。钢筋绑扎接头连接区段的长度为 1.3 倍搭接长度。凡搭接接头中点位于该区段的搭接接头均属于同一连接区段。位于同一区段内的受拉钢筋搭接接头面积百分率不宜大于 25%。当受拉钢筋的直径 $d>25$mm 及受压钢筋的直径 $d>28$mm 时，不宜采用绑扎接头，宜采用焊接或机械连接接头。

（二）模板工程

模板是使混凝土构件按几何尺寸成型的板。混凝土基础模板通常采用组合式钢模板、胶合板模板、钢框木（竹）胶合板模板等。图 4-6 所示为阶形独立基础模板。

1. 施工工序

模板制作→定位放线→模板安装、加固→模板验收→模板拆除→模板清理、保养。

2. 施工工艺要求

（1）模板及其支撑拆除的顺序原则为：后支先拆、先支后拆，具体应按施工方案执行。

（2）模板的安装位置、尺寸必须满足图纸要求，且表面平整、拼缝严密不漏浆。

（3）在浇筑混凝土前，木模板应浇水湿润，但模板内不应有积水。模板与混凝土的接触面应清理干净并刷隔离剂。

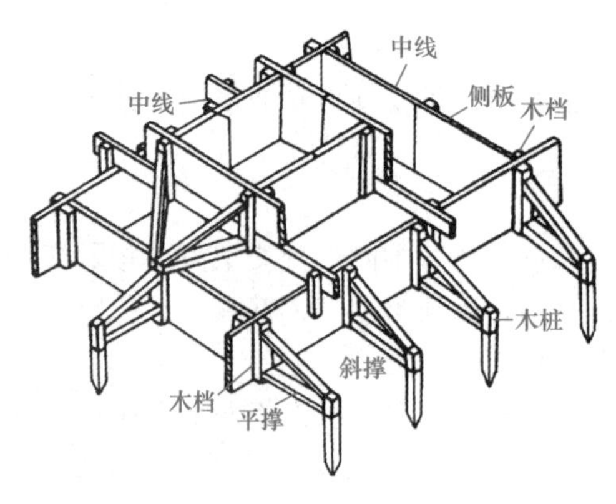

图 4-6　阶形独立基础模板

(4) 模板及其支撑应具有足够的承载能力、刚度和稳定性，能可靠地承受浇筑混凝土的重量、侧压力以及施工荷载。

(5) 对跨度不小于 4m 的现浇钢筋混凝土梁、板，其模板应按设计要求起拱；当设计无具体要求时，起拱高度宜为跨度的 1/1000～3/1000。

(6) 在浇筑混凝土之前，应对模板工程进行验收。模板安装和浇筑混凝土时，应对模板及其支撑进行观察和维护。

(三) 混凝土工程

1. 施工工序

浇筑前准备→混凝土运输、泵送与布料→混凝土浇筑→混凝土振捣和表面抹压→混凝土养护→拆除模板。

2. 施工工艺要求

混凝土浇筑前做好混凝土配置及运输工作，并检查模板的标高、尺寸、位置、强度、刚度等是否满足要求，模板接缝是否严密；钢筋及预埋件的数量、型号、规格、摆放位置、保护层厚度等是否满足要求，并做好隐蔽工程；模板中的垃圾应清理干净；木模板应浇水湿润，同时做好基坑周围及坑内排水设施才能浇筑混凝土。

1) 单独基础浇筑

(1) 台阶式基础施工，可按台阶分层一次浇筑完毕，不允许留施工缝。每层混凝土要一次浇筑，顺序是先边角后中间，务必使砂浆充满模板。

(2) 浇筑台阶式柱基时，为防止垂直交角处可能出现吊脚（上层台阶与下口混凝土脱空）现象，可采取如下措施：

在第一级混凝土捣固下沉 2～3cm 后暂不填平，继续浇筑第二级。先用铁锹沿第二级模板底圈做成内外坡，然后再分层浇筑，外圈边坡的混凝土于第二级振捣过程中自动摊平，待第二级混凝土浇筑后，再将第一级混凝土齐模板顶边拍实抹平（图 4-7）。

振捣完第一级后拍平表面，在第二级模板外先压以 200mm×100mm 的压角混凝土并加以捣实后，再继续浇筑第二级。

如条件许可，宜采用柱基流水作业方式，即顺序先浇筑一排柱基的第一级混凝土，再回转依次浇筑第二级。这样对已浇筑好的第一级将有一个下沉的时间，但必须保证每个柱基混凝土在初凝之前连续施工。

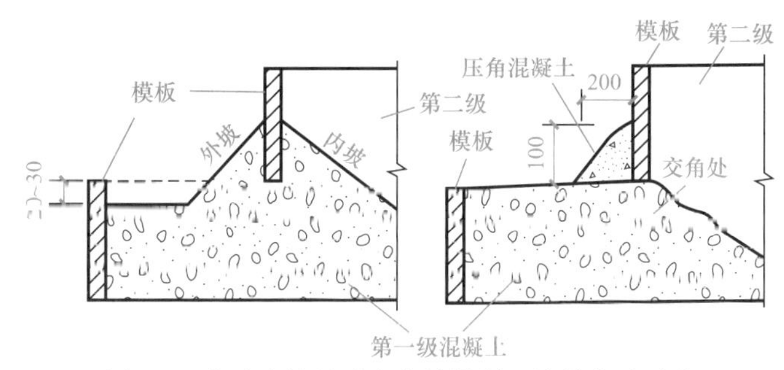

图 4-7　台阶式柱基础交角处混凝土浇筑方法示意

(3) 对于锥形基础，应注意保持锥体斜面坡度的正确，斜面部分的模板应随混凝土浇捣分段支设并顶压紧，以防模板上浮变形；边角处的混凝土必须捣实。严禁斜面部分不支模，用铁锹拍实。基础上部柱子后施工时，可在上部水平面留设施工缝。施工缝的处理应按有关规定执行。

(4) 现浇柱下基础时，要特别注意插筋的位置，防止移位和倾斜，发现偏差及时纠正。在浇筑开始时，先满铺一层 5～10cm 厚的混凝土并捣实，使柱子插筋下段和钢筋网片的位置基本固定，然后对称浇筑。

(5) 混凝土浇筑完后振捣多采用插入式振动器振捣。使用插入式振动器时，要做到"快插慢拔"。一般每个插入点的振捣时间为 20～30s，而且以混凝土表面呈现浮浆，不再出现气泡，表面不再沉落为准。振捣时间过短混凝土不易被捣实，过长又可能使混凝土出现离析。振捣时插点排列要均匀，可采用"行列式"或"交错式"的次序移动，且不得混用，以免漏振。每次移动间距，对于普通混凝土不宜大于振捣器作用半径的 1.5 倍；对于轻骨料混凝土，不宜大于其作用半径。布置插点时，振动器与模板的距离不应大于振动器作用半径的 0.5 倍，并应避免碰撞模板、钢筋、预埋件等。

(6) 混凝土浇筑完毕要进行多次搓平，保证混凝土表面不产生裂纹，具体方法是振捣完后先用长刮杠刮平，待表面收浆后，用木抹刀搓平表面，并覆盖塑料布以防表面出现裂缝，在终凝前掀开塑料布再进行搓平，要求搓压三遍，最后一遍抹压要掌握好时间，以终凝前为准，终凝时间可用手压法把握。

(7) 混凝土浇筑完毕 12h 以内，应进行覆盖和洒水养护。一般每天不少于 2 次洒水，对于采用硅酸盐水泥、普通硅酸盐水泥或矿渣硅酸盐水泥拌制的混凝土，不得少于 7d，对掺用缓凝型外加剂或有抗渗性要求的混凝土，不得少于 14d，必要时采取保温措施。对于一些表面积较大或难以覆盖浇水养护的工程，可采用塑料薄膜养护。混凝土强度需达到 1.2N/mm^2 后，方允许上人和在上面进行施工。

(8) 现浇结构的模板及其支架拆除时的混凝土强度应符合设计要求。拆模前应设专人检查混凝土强度，拆除时采用撬棍从一侧顺序拆除，不得采用大锤砸或撬棍乱撬，以免造成混凝土棱角破坏。模板拆下后应及时加以清理和修整，按种类和尺寸堆放，以便重复使用。

2) 条形基础浇筑

(1) 浇筑前，应根据混凝土基础顶面的标高在两侧木模上弹出标高线；如采用原槽土模时，应在基槽两侧的土壁上交错打入长 100mm 左右的标杆，并露出 20～30mm，标杆面与基础顶面标高平，标杆之间的距离约 3m。

(2) 清除垫层上的浮土、杂物、木屑等并排除积水；检查垫块设置是否正确，板缝是否漏浆，模板支撑是否牢固，木模浇筑前可先浇水湿润。

（3）根据基础深度宜分段分层连续浇筑混凝土，一般不留施工缝。各段层间应相互衔接，每段间浇筑长度控制在 2～3m，做到逐段逐层呈阶梯形向前推进。

4.2 筏形基础施工

筏形基础又称筏板、筏片基础（简称筏基），系由整块钢筋混凝土平板或板与梁等组成，它在外形和构造上像倒置的钢筋混凝土无梁楼盖或肋形楼盖，又称为满堂基础。筏形基础分为平板式和梁板式两种类型（图 4-8）。平板式基础一般用于荷载不很大，柱网较均匀且间距较小的情况；梁板式基础多用于荷载较大的情况。这类基础整体性好，抗弯刚度大，可充分利用地基承载力，调整上部结构的不均匀荷载和地基的不均匀沉降。适用于土质较软弱且上部荷载又很大的情况，在高层建筑和横墙较密集的多层建筑基础工程中被广泛应用。

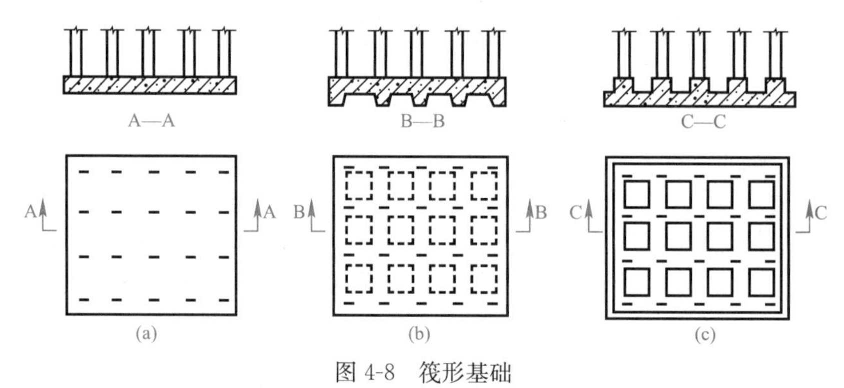

图 4-8　筏形基础

（a）平板式；（b）下翻梁式；（c）上翻梁式

4.2.1　构造要求

（1）基础一般采用等厚的钢筋混凝土平板；平面应大致对称，尽量使整个基底的形心与上部结构传来的荷载合力点相重合，使基础处于中心受压，减少基础所受的偏心力矩。

（2）垫层厚度宜为 100mm，混凝土强度等级采用 C10，每边伸出基础底板不小于 100mm；筏板基础混凝土强度等级不宜低于 C30；当有防水要求时，抗渗等级不低于 P6。

（3）筏板厚度应根据抗冲切、抗剪切要求确定，但不得小于 200mm；梁截面按计算确定，高出底板的顶面，一般不小于 300mm，梁宽不小于 250mm。筏板悬挑墙外的长度，从轴线起算，横向不宜大于 1500mm，纵向不宜大于 1000mm，边端厚度不小于 200mm。

（4）筏板配筋由计算确定，按双向配筋。板厚小于 300mm，构造要求可配置单层钢筋；板厚大于或等于 300mm 时，应配置双层钢筋。受力钢筋直径不宜小于 12mm，间距为 100～200mm；分布钢筋直径一般不宜小于 8～10mm；间距 200～300mm。钢筋保护层厚度不宜小于 35mm。底板配筋除符合计算要求外，纵横分向支承钢筋应分别有 0.15%、0.10%配筋率连通，跨中钢筋按实际配筋率全部连通。在筏板基础周边附近的基底及四角反力较大，配筋应予加强。

（5）当采用墙下不埋式筏板，四周必须设置向下边梁，其埋入室外地面下不得小于 500mm，梁宽不宜小于 200mm，上下钢筋可取最小配筋率，并不少于 2ϕ10，箍筋及腰筋

一般采用 ϕ8@150～250，与边梁连接的筏板上部要配置受力钢筋，底板四角应布置放射状附加钢筋。

(6) 当高层建筑筏形基础下天然地基承载力或沉降变形不能满足要求时，可在筏形基础下加设各种桩（如预制桩、钢管桩、灌注桩、大直径扩底桩等）组合成桩筏复合基础。桩顶嵌入筏基底板内的长度，对于大直径桩不宜小于 100mm；对于中、小直径桩不宜小于 50mm。桩的纵向钢筋锚入筏基底板内的长度不宜小于 35d；对于抗拔桩基，不应小于 45d。

4.2.2 钢筋工程

1. 施工工序

放线并预检→成型钢筋进场→排钢筋→焊接接头→绑扎→柱墙插筋定位→交接验收。

2. 施工工艺要求

(1) 绑扎底板下层网片钢筋

根据在防水保护层弹好的钢筋位置线，先铺下层网片的长向钢筋，后铺下层网片上面的短向钢筋，然后依次绑扎局部加强筋。钢筋接头尽量采用焊接或机械连接。一定要注意钢筋绑扎接头和焊接接头按要求错开，防止出现质量通病。

(2) 绑扎地梁钢筋

在放平的梁下层水平主钢筋上，用粉笔画出箍筋间距。箍筋与主筋要垂直，箍筋转角与主筋交点均要绑扎，主筋与箍筋非转角部分的相交点成梅花交错绑扎。箍筋的接头，即弯钩叠合处沿梁水平筋交错布置绑扎。地梁在槽上预先绑扎好后，根据已划好的梁位置线用塔吊直接吊装到位，并与底板钢筋绑扎牢固。

(3) 绑扎底板上层网片钢筋

基础底板上层的水平钢筋网常悬空搁置，高差大，且单根钢筋重量较大。为保证钢筋位置，当高度在 1m 以内时，可按常规用钢筋马凳支承固定层次和位置。当高度在 1m 以上，用钢筋马凳支承，稳定性较差，操作不安全，且难以保持上层钢筋网在同一水平上，此时可采用型钢焊制的支架或混凝土支柱或利用基础的钢管脚手架，在适当的标高焊上型钢横担，或利用桩头钢筋用废短钢筋接头组成骨架（图 4-9）来支承上层钢筋网片的重量和上部操作平台的施工荷载。图 4-10 所示为用钢管支撑上部钢筋网片示意图。在上部钢筋网片绑扎完毕后，需要置换出水平钢管；为此另取一些垂直钢管通过直角扣件与上部钢筋网片的下层钢筋连接起来（该处需另用短钢筋段加强），替换了原支撑（图 4-10b）。在混凝土浇筑过程中，

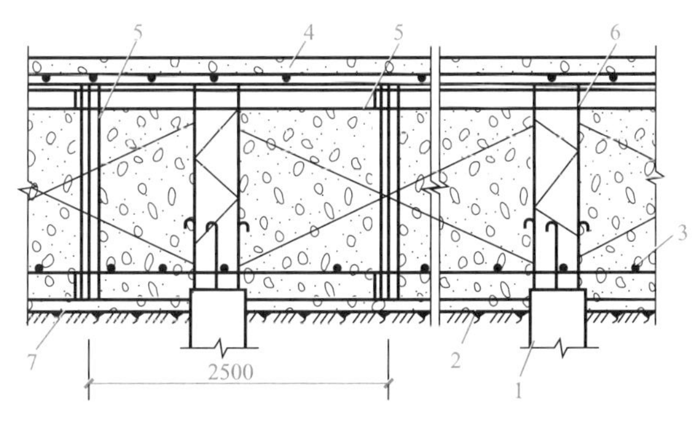

图 4-9 钢筋网的支撑

1—灌注桩；2—垫层；3—底层钢筋；4—顶层钢筋；5—L75×6 角钢支承架；6—ϕ25 钢筋支承架；7—垫层上预埋短钢筋头或角钢

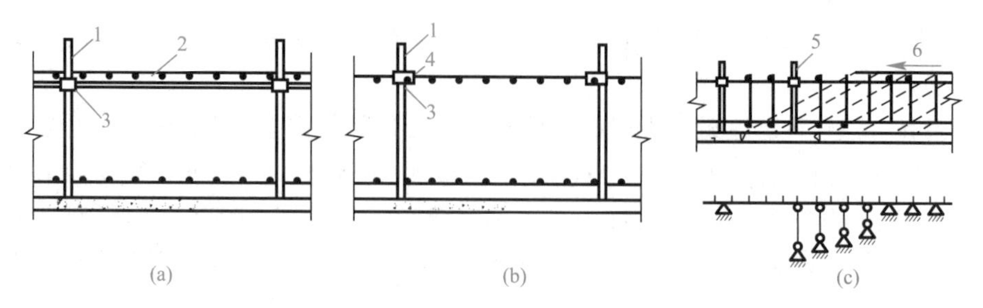

图 4-10 厚片筏上部钢筋网片的钢管临时支撑

(a) 绑扎上部钢筋网片时；(b) 浇筑混凝土前；(c) 浇筑混凝土时

1—垂直钢管；2—水平钢管；3—直角扣件；4—下层水平钢筋；5—待拔钢管；6—混凝土浇筑方向

逐步抽出垂直钢管（图 4-10c）。此时，上部荷载可由附近的钢管及上、下端均与钢筋网焊接的多个拉结筋来承受。由于混凝土不断浇筑与凝固，拉结筋细长比减小，提高了承载力。

（4）绑扎暗柱和墙体插筋

根据放好的柱和墙体位置线，将暗柱和墙体插筋绑扎就位，并和底板钢筋点焊固定，要求接头均错开 50%，根据设计要求执行。设计无要求时，甩出底板面的长度大于等于 $45d$，暗柱绑扎两道箍筋，墙体绑扎一道水平筋。

（5）垫保护层

底板下保护层为 35mm，梁柱主筋保护层为 25mm，外墙迎水面为 35mm，外墙内侧及内墙均为 15mm。保护层垫块间距为 600mm，梅花形布置。

（6）成品保护

绑扎钢筋时钢筋不能直接抵到外墙砖模上，并注意保护防水层，钢筋绑扎前，导墙内侧防水层必须甩浆做保护层，导墙上部的防水浮铺油毡加盖砖保护，以免防水卷材在钢筋施工时被破坏。

4.2.3 模板工程

1. 平板式筏形基础只需支设基础平板侧模、斜撑、木桩即可，侧模的支设同梁板式筏基中的底板侧模。

2. 当梁板式筏形基础的梁在底板下部时，通常采取梁板同时浇筑混凝土，梁的侧模板是无法拆除的，一般梁侧模采取在垫层上两侧砌半砖代替钢（或木）侧模与垫层形成一个砖壳子模，俗称砖胎膜（图 4-11）。

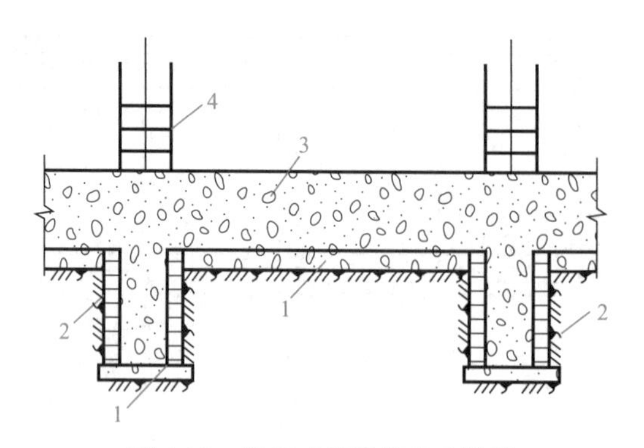

图 4-11 梁板式筏形基础砖胎膜

1—垫层；2—砖胎膜；3—底板；4—柱钢筋

3. 对于梁在底板上部筏板基础施工，可根据结构情况和施工具体条件及要求采用以下两种方法之一：

（1）先在垫层上绑扎底板梁的钢筋和上部柱插筋，先浇筑底板混凝土，待达到25%以上强度后，再在底板上支梁侧模板，浇筑完梁部分混凝土；

（2）采取底板和梁钢筋、模板一次同时支好，梁侧模板用混凝土支墩或钢支脚支承，并固定牢固，混凝土一次连续浇筑完成。

前法可降低施工强度，支梁模方便，但处理施工缝较复杂；后法一次完成，施工质量易于保证，可缩短工期，但两种方法都应注意保证梁位置和柱插筋位置正确，混凝土应一次连续浇筑完成。当梁板式筏形基础的梁在底板上部时，模板的支设，多用组合钢模板，支承在钢支承架上，用钢管脚手架固定（图4-12），采用梁板同时浇筑混凝土，以保证整体性。

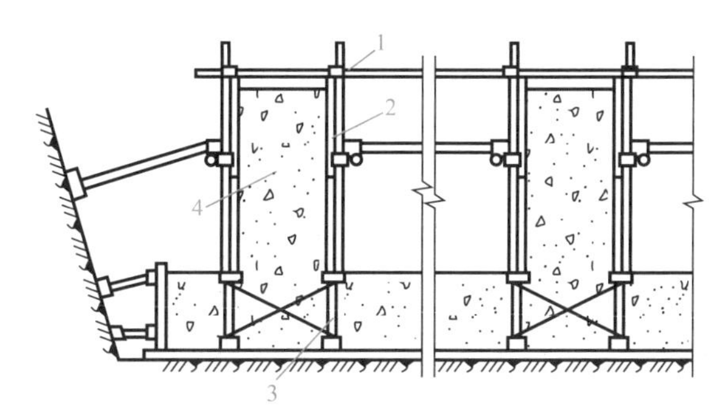

图4-12　梁板式筏形基础钢管支架支模

1—钢管支架；2—组合钢模板；3—钢支承架；4—基础梁

4.2.4　混凝土工程

（一）混凝土施工要点

筏形基础施工中混凝土用量较大，基础的整体性要求高，一般按大体积混凝土施工。大体积混凝土基础的整体性要求高，一般要求混凝土连续浇筑，一气呵成。施工工艺上应做到分层浇筑、分层捣实，但又必须保证上下层混凝土在初凝之前结合好，不致形成施工缝。

1. 混凝土浇筑方案应根据整体性要求、结构大小、钢筋疏密、混凝土供应等具体情况，选用如下三种方式：

（1）全面分层（图4-13a）：在整个基础内全面分层浇筑混凝土，要做到第一层全面浇筑完毕回来浇筑第二层时，第一层浇筑的混凝土还未初凝，如此逐层进行，直至浇筑好。这种方案适用于结构的平面尺寸不太大，施工时从短边开始，沿长边进行较适宜。必要时亦可分为两段，从中间向两端或从两端向中间同时进行。

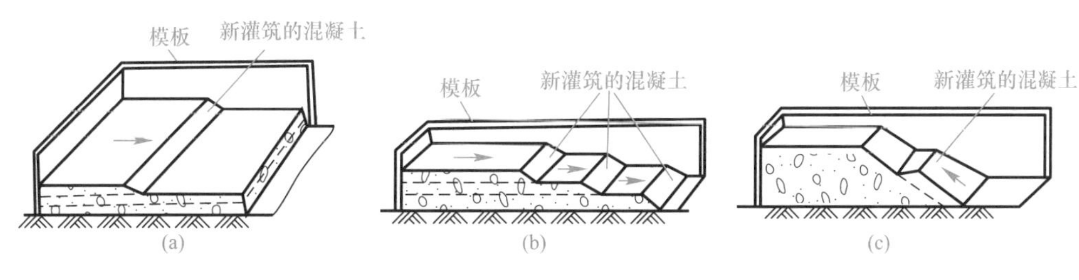

图4-13　大体积基础浇筑方案

（a）全面分层；（b）分段分层；（c）斜面分层

（2）分段分层（图 4-13b）：适宜于厚度不太大而面积或长度较大的结构。混凝土从底层开始浇筑，进行一定距离后回来浇筑第二层，如此依次向前浇筑以上各分层。

（3）斜面分层（图 4-13c）：适用于结构的长度超过厚度的 3 倍。振捣工作应从浇筑层的下端开始，逐渐上移，以保证混凝土施工质量。

2. 混凝土振捣：根据混凝土泵送时自然形成的坡度，在每个浇筑带前、后、中部不停振捣，振捣工要求认真负责，仔细振捣，以保证混凝土振捣密实。振捣时，要快插慢拔，分层浇筑混凝土。振捣上层时，应插入下层混凝土 50mm 左右，以消除两层混凝土之间的接缝，同时必须在下层混凝土初凝以前完成上层混凝土的浇筑。

3. 混凝土入模分层浇筑振捣后，由于水泥的析水和骨料的沉降，其表面常聚积一层游离水（浮浆层），它对混凝土危害极大，不但会损害各层之间的粘结力，造成混凝土强度不均，影响混凝土强度，而且极易出现夹层、沉降缝和表面塑性裂缝，因此在浇筑过程中必须妥善处理，排除泌水，以提高混凝土质量，常用处理方法如图 4-14 所示。

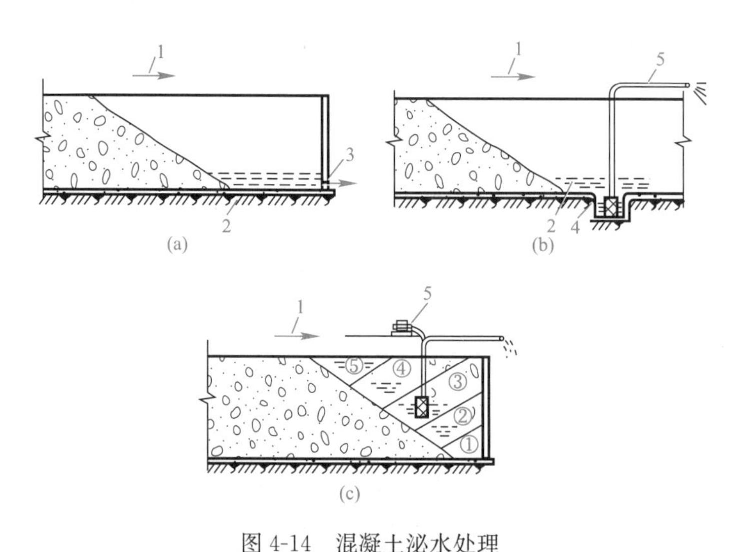

图 4-14　混凝土泌水处理

（a）模板留孔排除泌水；（b）设集水坑用泵排除泌水；（c）用软轴水泵排除泌水

1—浇筑方向；2—泌水；3—模板留孔；4—集水坑；5—软轴水泵

①、②、③、④、⑤—浇筑次序

4. 浇筑完毕后 3～12h 内做好表面覆盖和洒水养护，一般每天不少于 2 次洒水，并不少于 7d（有缓凝剂或抗渗混凝土不少于 14d），必要时采取保温措施，并防止浸泡地基。

5. 混凝土强度达到 1.2MPa 以上时，方可行人和进行下道工序。待混凝土达到设计强度的 25%以上时可拆除侧模。当混凝土达到设计强度的 30%时可进行基坑回填，回填时在四周同时进行，并按照基底排水方向由高到低进行。

（二）后浇带的设置与处理

当基础长度超过 40m 时，为避免出现温度、收缩裂缝或减轻浇灌强度，宜在中部设置贯通后浇带。后浇带是在现浇钢筋混凝土结构施工过程中，为克服由于温度、收缩等原因导致有害裂缝而设置的临时施工缝。

1. 后浇带的断面形式如图 4-15 所示。后浇带的断面形式应考虑浇筑混凝土后连接牢固，一般应避免留直缝。对于板，可留斜缝；对于梁和基础，可留企口缝，可根据结构断面情况确定。对有防水抗渗要求的地下室还应设置止水带，以防后浇带处渗水。

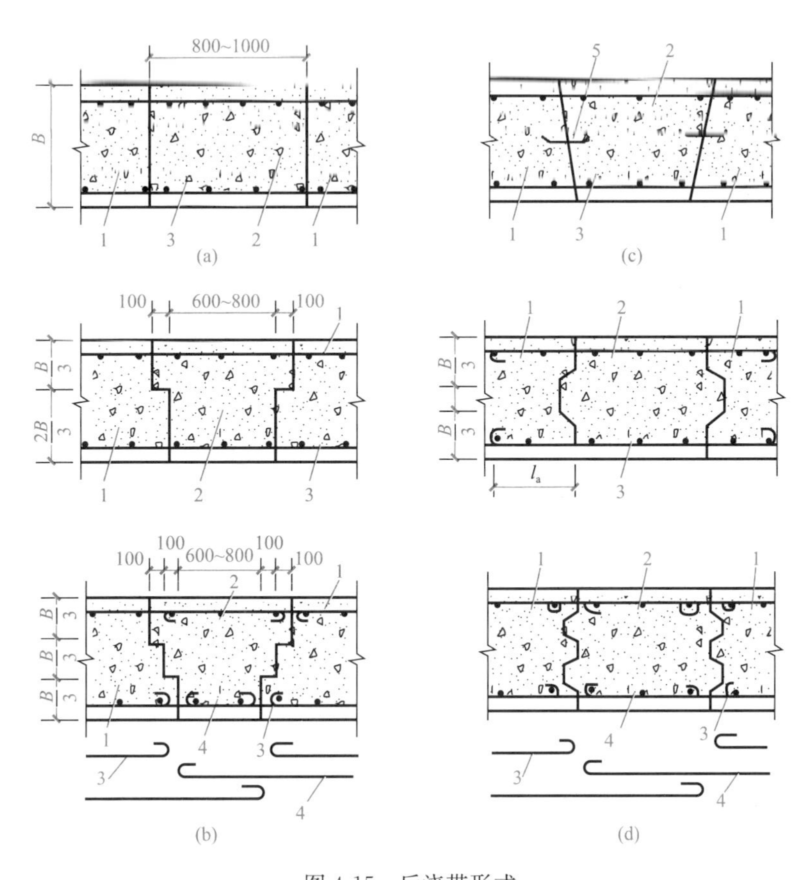

图 4-15　后浇带形式

(a) 平直缝；(b) 阶梯缝；(c) 楔形缝；(d) 企口缝

1—先浇混凝土；2—后浇混凝土；3—主筋；4—附加钢筋 ϕ14～16@250mm；5—3mm 厚、450mm 宽金属止水带

2. 基础底板和基础梁后浇带留筋方式和宽度如图 4-16（a）、（b）所示。当地下水位较高且有较大压力时，后浇带下抗水压垫层、后浇带超前止水构造如图 4-16（c）、（d）。基础后浇带处的垫层应加厚，垫层顶面应做防水层。当外墙留设后浇带时，外墙外侧在上述范围内也应做防水层，并用强度等级为 M5 的水泥砂浆砌半砖厚保护。

3. 后浇带宽度一般为 800～1000mm，从两侧混凝土内伸出贯通主筋，主筋按原设计连续安装而不切断。通过后浇带的板、墙钢筋宜断开搭接，以便两部分的混凝土各自自由收缩；梁主筋断开问题较多，可不断开。伸缩后浇带混凝土宜在其两侧混凝土浇灌完毕 2 个月后，采用比原结构强度提高一级的微膨胀混凝土浇灌密实，并做好混凝土振捣，加强养护，养护时间至少 14d。

4. 带裙房的高层建筑筏形基础，当高层建筑与相连的裙房之间不设置沉降缝时，宜在裙房一侧设置后浇带，当沉降实测值和计算确定的后期沉降差满足设计要求后，方可进行后浇带混凝土浇筑。当高层建筑基础面积地基满足地基承载力和变形要求时，后浇带宜设在与高层建筑相邻裙房的第一跨内。

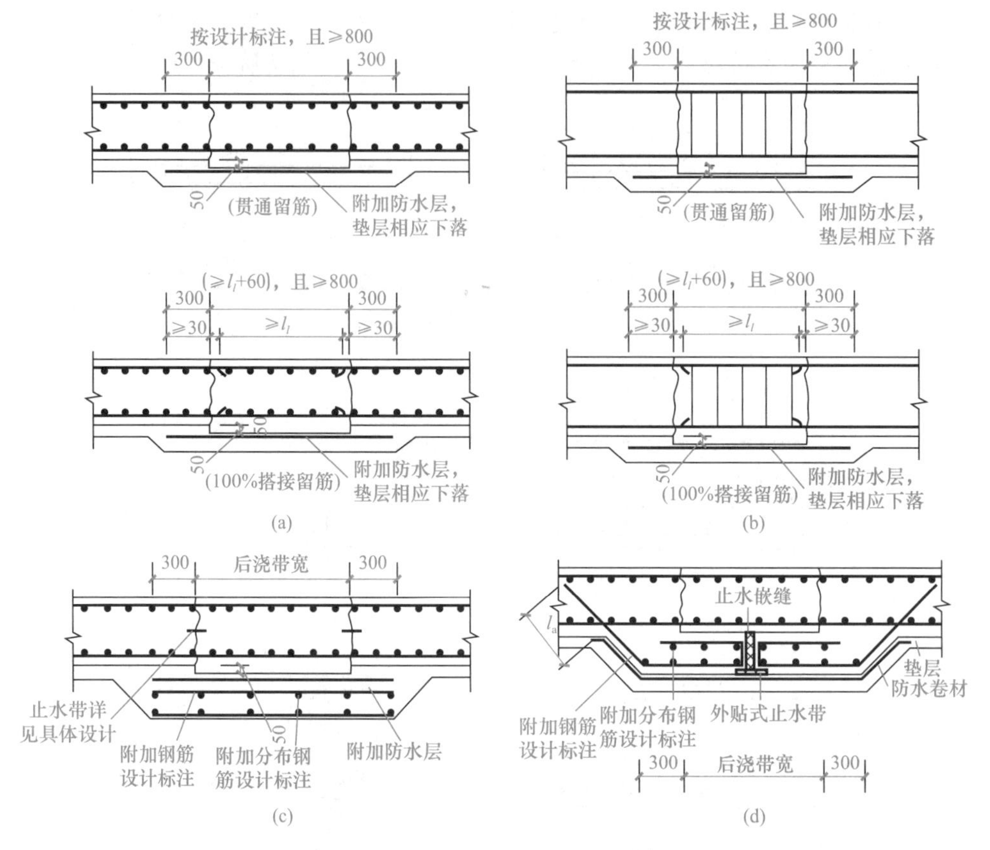

图 4-16　基础底板和基础梁后浇带构造

（a）基础底板后浇带 HJD 构造；（b）基础梁后浇带 HJD 构造；

（c）后浇带 HJD 下抗水压垫层构造；（d）后浇带 HJD 超前止水构造

5. 后浇带施工时两侧可采用钢筋支架单层钢丝网或单层钢板网隔断（图 4-17），网眼不宜太大，防止漏浆。若网眼过大，可在网外粘贴一层塑料薄膜，并支挡固定，保证不跑浆。

图 4-17　后浇带的钢丝网

6. 浇筑结构混凝土后垂直施工缝的处理：对采用钢丝网模板的垂直施工缝，当混凝土达到初凝时，用压力水冲洗，清除浮浆、碎片并使冲洗部位露出骨料，同时将钢丝网片冲洗干净。混凝土终凝后将钢丝网拆除，立即用高压水再次冲洗施工缝表面；在后浇带混凝土浇筑前应清理表面。

（三）施工缝的设置与处理

施工缝是因施工组织需要在各施工单元分区间留设的缝。施工缝并不是一种真实存在的“缝”，它只是因为后浇筑的混凝土超过初凝时间，而在先浇筑的混凝土之间存在一个结合面，该结合面称为施工缝。

1. 施工缝的留设位置

施工缝的位置应在混凝土浇筑之前确定，并宜留置在结构受剪力较小且便于施工的部位。施工缝的留置位置应符合下列规定：

（1）柱：宜留置在基础、楼板、梁的顶面，梁和吊车梁牛腿、无梁楼板柱帽的下面；

（2）与板连成整体的大截面梁（高超过1m），留置在板底面以下20～30mm处，当板下有梁托时，留置在梁托下部；

（3）单向板：留置在平行于板的短边的任何位置；

（4）有主次梁的楼板，施工缝应留置在次梁跨中1/3范围内；

（5）筏形基础垂直施工缝应留设在平行于平板式基础短边的任何位置且不应留设在柱角范围；梁板式基础垂直施工缝应留设在次梁跨度中间的1/3范围内；

（6）墙：留置在门洞口过梁跨中1/3范围内，也可留在纵横墙的交接处；

（7）楼梯施工缝留设在楼梯段跨中1/3无负弯矩的范围，且留槎垂直于模板面（图4-18）。

图4-18　楼梯施工缝的位置

（8）箱形基础底板、内外墙和顶板的支模、钢筋绑扎和混凝土浇筑，可采取分块进行，其施工缝的留设如图4-19所示，外墙水平施工缝应在底板面上部300～500mm范围内和无梁顶板下部30～50mm处，并应做成企口形式（图4-20）。有严格防水要求时，应在企口中部设镀锌钢板、橡胶止水带或凸形企口缝或在水平施工缝外贴防水层。外墙的垂直施工缝宜用凹缝，内墙的水平和垂直施工缝多采用平缝，内墙与外墙之间可留垂直缝。在继续浇筑混凝土之前必须清除杂物，将表面冲洗干洁净，注意接浆质量，然后浇筑混凝土。

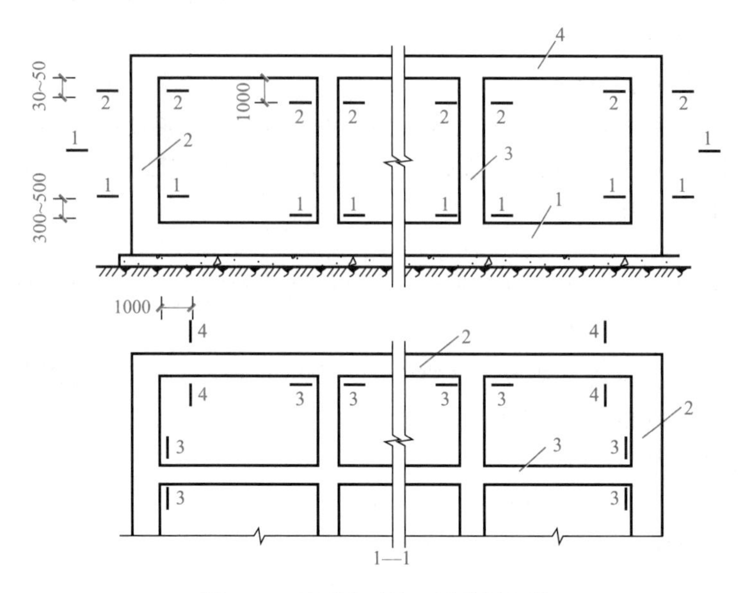

图 4-19　箱形基础施工缝位置留设

1—底板；2—外墙；3—内隔墙；4—顶板

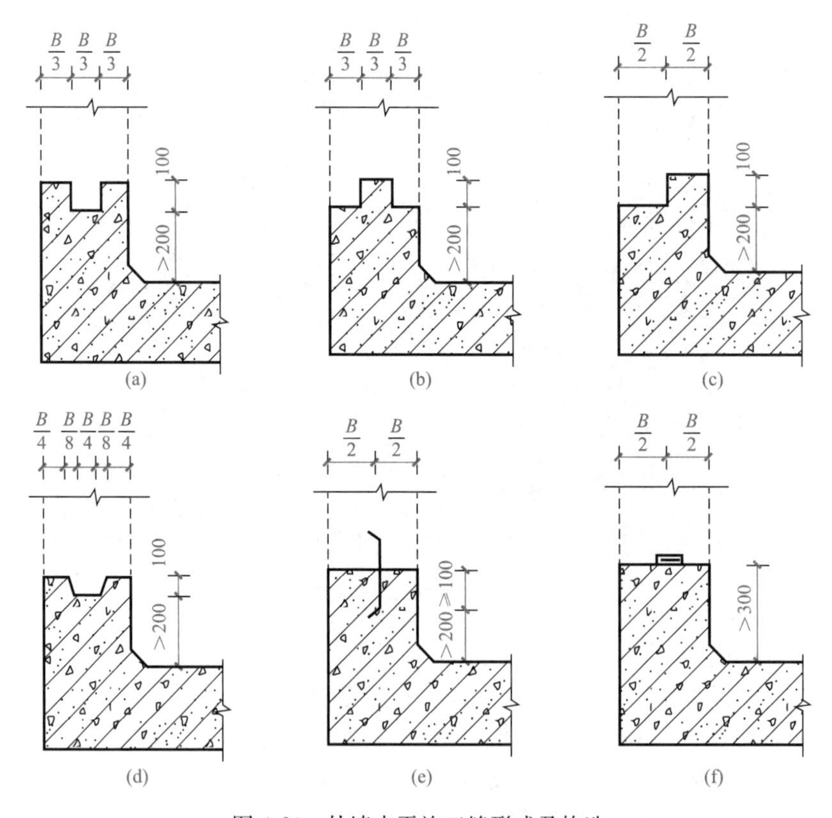

图 4-20　外墙水平施工缝形式及构造

(a) 凹缝；(b) 凸缝；(c) 阶梯缝；(d) 楔形缝；(e) 嵌止水带平缝；(f) 嵌 BW 条平缝

2. 施工缝的处理

在施工缝处继续浇筑混凝土时，应符合下列规定：

(1) 所有水平施工缝应保持水平，并做成毛面，垂直缝处应支模浇筑，施工缝处的钢筋均应留出，不得截断；施工缝位置附近回弯钢筋时，要做到钢筋周围的混凝土不受松动和损坏。钢筋上的油污、水泥砂浆及浮锈等杂物也应清除。

(2) 在已硬化的混凝土表面上继续浇筑混凝土前，应清除水泥薄膜和松动石子以及软弱混凝土层，同时加以凿毛，并加以充分湿润和冲洗干净，且不得积水。

(3) 在施工缝处继续浇筑混凝土时，已浇筑的混凝土抗压强度不应小于1.2N/mm^2。

(4) 在浇筑前，水平施工缝宜先铺上10~15mm厚的水泥砂浆一层，其配合比与混凝土内的砂浆成分相同；从施工缝处开始继续浇筑时，要注意避免直接靠近缝边下料。

(5) 机械振捣前，宜向施工缝处逐渐推进，并距80～100cm处停止振捣，但应加强对施工接缝的捣实工作，使其紧密结合。

(四) 大体积混凝土施工

按照规范，大体积混凝土是指混凝土结构物实体最小几何尺寸不小于1m的大体量混凝土，或预计会因混凝土中胶凝材料水化引起的温度变化和收缩而导致有害裂缝产生的混凝土。

1. 混凝土裂缝原因分析

大体积混凝土施工阶段产生的温度裂缝，是其内部矛盾发展的结果。一方面是混凝土由于内外温差产生应力和应变，另一方面是结构的外约束和混凝土个质点间的约束（即内约束）阻止这种应变。一旦温度应力超过混凝土能承受的抗拉强度，就会产生裂缝。大体积混凝土裂缝产生的主要原因如下：

(1) 水泥水化热

水泥在水化过程中会产生一定的热量，是大体积混凝土内部热量的主要来源。由于大体积混凝土截面厚度大，水化热聚集在结构内部不易散发，所以会导致大量的热量聚集，引起急剧温升。水泥水化热引起的绝热温升，与混凝土单位体积内的水泥用量和水泥品种有关，并随混凝土的龄期按指数关系增长，一般10d左右达到较终绝热温升，但由于结构自散热，实际上混凝土内部的较高温度大多发生在混凝土浇筑后的3～5d。

混凝土的导热性较差，浇筑初期，混凝土的弹性模量和强度都很低，对于水化热急剧温升引起的变形约束不大，温度应力也就较小。随着混凝土龄期的逐渐增长，弹性模量和强度相应的提高，对混凝土降温收缩变形的约束愈来愈强，即产生很大的温度应力，当混凝土的抗拉强度不足以抵抗该温度应力时，便开始产生温度裂缝。

(2) 约束条件

约束分为外约束与内约束。大体积混凝土由于温度变化产生变形，这种变形受到约束才产生应力。在全约束条件下，混凝土结构的变形超过混凝土的极限拉伸值时，结构便出现裂缝。由于结构不可能受到全约束，且混凝土还有徐变变形，所以当混凝土内外温差在25℃甚至到达30℃情况下混凝土也可能不开裂。无约束就不会产生应力，因此，改善约束对于防止混凝土开裂有积极作用。

(3) 外界气温变化

温度应力是由温差引起的变形造成的，温差越大，温度应力也越大。大体积混凝土结构施工期间，外界气温的变换情况对大体积混凝土的裂缝产生有重要的影响。混凝土的内部温度是浇筑温度、水化热的绝热温升和结构散热降温等各种温度的叠加之和。外界气温越高，混凝土的浇筑温度也越高；如果外界温度下降，会增加混凝土的降温幅度，特别在外界气温剧降时，会增加外层混凝土与内部混凝土的温度梯度，这对大体积混凝土极为不利。

(4) 混凝土的收缩变形

混凝土的拌合水中，只有约20%的水分是水泥水化所需要的，其余80%都是要被蒸发掉的。混凝土水泥水化过程中要产生体积变形，多数是收缩变形，只有少数为膨胀变形，这主要取决于所采用的胶凝材料的性质。混凝土中多余水的蒸发是引起混凝土体积收缩的主要原因之一。这种干燥收缩变形不受约束条件的影响，若存在约束，就会产生收缩应力，引起混凝土裂缝。

2. 大体积混凝土裂缝控制措施

控制大体积混凝土裂缝的基本措施在于：混凝土材料选择、配合比的设计；控制混凝土的温升；降低混凝土的浇灌入模温度，延缓升温和降温速度；改善边界约束条件，削减温度收缩应力；提高混凝土的早期强度和极限拉伸强度；改进构造设计以及加强施工的温度监测和控制等。

(1) 合理选择水泥品种。选用中、低热硅酸盐水泥或低热矿渣硅酸盐水泥，以此减少水化热，使混凝土减少温升。利用混凝土后期（90d、180d）强度替代28d设计强度，这样可使混凝土的水泥用量减少40～70kg/m^3，混凝土的水化热温升相应减少4～7℃。

(2) 合理选用骨料，在满足施工要求的情况下，尽量选用粒径较大、级配良好的石子，以减少用水量和水泥用量、混凝土的收缩和泌水性。粗骨料中的针、片状颗粒按重量计应不大于15%。在厚大无筋或少筋的大块体积混凝土中，可掺入不超过混凝土体积的25%的大块石，以减少水泥用量，降低水化热。细骨料以中、粗砂为宜。严格控制砂、石的含泥量。石子控制在小于1%，黄砂控制在小于2%。这样可减少用水量和水泥用量，也就降低了混凝土的温升并减少混凝土的收缩。

(3) 合理选用外掺料。在混凝土中加入适量的外加剂，可以改善混凝土的特性，减少水泥用量，减少混凝土的温升。同时可降低水化热释放的速度，延缓温度峰值出现的时间。混凝土中掺入一定量的粉煤灰不仅能改善混凝土特性，而且能代替部分水泥，减少水化热，但应注意掺加粉煤灰后混凝土早期强度会有所降低。采用UEA补偿收缩混凝土，在混凝土内掺水泥用量10%～20%的U形混凝土膨胀剂，以实现超长结构的无缝施工。

(4) 在确定混凝土配合比时，应根据混凝土的绝热温升、温控施工方案的要求等，提出混凝土制备时粗细骨料和拌合用水及入模温度控制的技术措施。对混凝土出机温度影响最大的是石子及水的温度，砂次之，水泥的影响较小。因此，具体施工中可采取用地下水或加冰屑拌和，砂石料遮阳覆盖避免暴晒、用水冲洗降温，输送管道用草袋包裹洒水降温等技术措施。

(5) 控制混凝土的出机温度和浇筑温度。对混凝土出机温度影响最大的是石子及水的温度，其最有效的办法就是降低石子的温度。在气温较高时，为防止太阳的直射，可在砂、石堆场搭设简易遮阳装置，必要时，向骨料喷射水雾或使用前用冷水冲洗骨料。混凝土从搅拌机出料后，经搅拌运输车运输、卸料、泵送、浇捣、振捣、平仓等工序后的混凝土温度称为浇筑温度。建议最高浇筑温度控制在40℃以下。

（6）加强施工的温度控制。加强测温和温度检测与管理，实行情报信息化施工。混凝土浇筑体在入模温度基础上的温升值不宜大于 50℃。混凝土浇筑体的里表温差不宜大于 25℃。混凝土浇筑体的降温速率不宜大于 2.0℃/d。混凝土浇筑体表面与大气温差不宜大于 20℃。

（7）提高混凝土的极限拉伸强度。改进混凝土搅拌和振捣工艺，即采用二次投料和二次振捣的新工艺，浇筑后及时排除表面泌水，提高混凝土的强度。在结构内适当配置温度、构造钢筋；在结构截面突然变化、转折部位、底（顶）板与墙转折处，孔洞转角及周边，增加斜向构造钢筋，以防应力集中。

（8）改善约束条件，削减温度收缩应力。合理分缝分块浇筑，适当设置水平或垂直施工缝或在适当位置设置后浇缝带，或跳仓浇筑，以放松约束程度，减少每次浇筑长度和蓄热量，增加散热面，防止水化热的过大积聚，削减温度收缩应力。

（9）在特殊的情况下可以留有基础后浇带。即在大体积混凝土基础中预留有一条后浇的施工缝，将整块大体积混凝土分成两块或若干块浇筑，待所浇筑的混凝土经一段时间的养护干缩后，再在预留的后浇带中浇筑补偿收缩混凝土，使分块的混凝土连成一个整体。基础后浇带的浇筑，考虑到补偿收缩混凝土的膨胀效应，当后浇带的直径长度大于 50m 时，混凝土要分两次浇筑，时间间隔为 5～7d。要求混凝土振捣密实，防止漏振，也避免过振。混凝土浇筑后，在硬化前 1～2h，应抹压，以防沉降裂缝的产生。

知识拓展

预埋水管，降低最高温升。冷却水管大多采用直径为 25mm 的薄壁钢管，按照中心距 1.5～3.0m 交错排列，水管上下间距一般也为 1.5～3.0m，并通过立管相连接。

单元小结

本单元内容包括扩展基础施工和筏形基础施工。

基础施工时，应按照施工质量验收规范要求组织钢筋、模板、混凝土工程施工。大体积混凝土施工时应注意裂缝防治。

习　题

一、选择题

1. 关于单独台阶式混凝土基础浇筑的说法，正确的是（　　）。

4-2 单元自测

A. 每层混凝土要一次浇筑，顺序是先边角后中间

B. 每层混凝土要一次浇筑，顺序是后边角先中间

C. 每层混凝土要分次浇筑，顺序是先边角后中间

D. 每层混凝土要分次浇筑，顺序是后边角先中间

2. 扩展基础垫层的厚度不宜小于（　　）；垫层混凝土强度等级应为（　　）。

A. 70mm，C10　　B. 70mm，C15　　C. 100mm，C10　　D. 100mm，C15

3. 扩展基础混凝土强度等级不应低于（　　）。

A. C10　　B. C15　　C. C20　　D. C25

4. 关于施工缝留置位置的说法，正确的是（　　）。

A. 柱留置在基础、楼板、梁的顶面

B. 梁和吊车梁牛腿、无梁楼板柱帽的上面

C. 有主次梁的楼板，施工缝应留置在次梁跨中 1/2 范围内

D. 墙留置在门洞口过梁跨中 1/2 范围内，也可留在纵横墙的交接处

5. 关于施工缝处继续浇筑混凝土的说法，正确的是（　　）。

A. 已浇筑的混凝土，其抗压强度不应小于 1.0N/mm^2

B. 清除硬化混凝土表面水泥薄膜和松动石子以及软弱混凝土层

C. 硬化混凝土表面微湿润

D. 浇筑混凝土前，宜先在施工缝铺一层 1∶1 水泥砂浆

6. 关于后浇带设置和处理的说法，正确的是（　　）。

A. 若设计无要求，至少保留 21d 后再浇筑

B. 填充后浇带，可采用高膨胀混凝土

C. 膨胀混凝土强度等级比原结构强度相同

D. 填充混凝土保持至少 15d 的湿润养护

7. 关于后浇带施工的做法，正确的是（　　）。

A. 浇筑与原结构相同等级的混凝土

B. 浇筑比原结构提高一等级的微膨胀混凝土

C. 接槎部位未剔凿直接浇筑混凝土

D. 后浇带模板支撑重新搭设后浇筑混凝土

8. 筏板基础施工时，混凝土浇筑方向应（　　）于次梁长度方向，对于平板式筏板基础则应（　　）于基础长边方向。

A. 平行，平行　　B. 垂直，平行　　C. 平行，垂直　　D. 垂直，垂直

9. 关于大体积混凝土温控指标的说法，正确的是（　　）。

A. 混凝土浇筑体在人模温度基础上的温升值不宜大于 60℃

B. 混凝土浇筑块体的里表温差（不含混凝土收缩的当量温度）不宜大于 30℃

C. 混凝土浇筑体的降温速率不宜大于 3.0℃/d

D. 混凝土浇筑体表面与大气温差不宜大于 20℃

二、填空题

1. 扩展基础的混凝土强度等级不应低于______。

2. 锥形基础的边缘高度不宜小于______，且两个方向的坡度不宜大于 1∶3；阶梯形基础的每阶高度宜为______。

3. 当柱下钢筋混凝土独立基础的边长和墙下钢筋混凝土条形基础的宽度大于或等于______时，除外侧钢筋外，底板受力钢筋的长度可取边长或宽度的______倍，并宜交错布置。

4. 梁板式筏形基础由基础主梁、______、______三种构件组成。

5. 施工缝的位置应在混凝土浇筑之前确定，并宜留置在结构受______较小且______的部位。

6. 筏形基础混凝土浇筑方案应根据整体性要求、结构大小、钢筋疏密、混凝土供应等具体情况，选用如下三种方式：______、______、______。

三、简答题

1. 简述独立基础施工工序。

2. 为什么要留设施工缝？留设在什么位置？

3. 为什么要设置后浇带？施工有什么要求？

4. 模板拆除时应注意什么？

5. 大体积混凝土裂缝防治措施有哪些？

四、应用案例

1. 案例背景

某办公楼工程，建筑面积 82000m^2，地下 3 层，地上 22 层，钢筋混凝土框架剪力墙结构，距邻近六层住宅楼 7m。地基土层为粉质黏土和粉细砂，地下水为潜水，地下水位－9.5m，自然地面－0.5m。基础为筏形基础，埋深 14.5m，基础底板混凝土厚 1500m，水泥采用普通硅酸盐水泥，采取整体连续分层浇筑方式施工。基坑支护工程委托有资质的专业单位施工，降排的地下水用于现场机具、设备清洗。主体结构选择有相应资质的 A 劳务公司作为劳务分包，并签订劳务分包合同。合同履行过程中，发生下列事件：

事件一：基础支持工程专业施工单位提出基坑支护降水采用“排桩＋锚杆＋降水井”的方案，施工总承包单位要求多提出几种方案进行比选。

事件二：底板混凝土施工中，混凝土浇筑从高处开始，沿短边方向自一端向另一端进行。在混凝土浇筑完 12h 内对混凝土表面进行保温保湿养护，养护持续 7d。养护至 72h 时，测温显示混凝土内部温度 70℃，混凝土表面温度 35℃。

问题（1）事件一中，适用于本工程的基坑支护降水方案还有哪些？

问题（2）降排的地下水还可用于施工现场哪些方面？

问题（3）指出事件二中底板大体积混凝土浇筑及养护的不妥之处，并简要说明理由或给出正确做法。

2. 工程背景

案例背景：某建筑工程，建筑面积 145200m^2，现浇钢筋混凝土框架—剪力墙结构，地下 3 层，地上 60 层，基础埋深 18.6m，主楼底板厚 3.0m，底板面积 6036m^2，底板混凝土强度设计为 C35/P12，底板施工时施工单位制定了底板施工方案，采用溜槽配合混凝土地泵的施工方法，并选定了某混凝土搅拌站提供预拌混凝土。底板混凝土浇筑时当地最高大气温度为 35℃，混凝土最高入模温度为 40℃；混凝土浇筑完成 12h 后覆盖一层塑料膜一层保温草帘保湿保温养护 7d，养护期间测温度记录显示：混凝土内部最高温度 75℃，这时表面最高温度为 45℃；监理工程师检查中发现底板表面混凝土有裂缝，经钻芯取样检查，取样样品有贯通裂缝。

问题（1）在上述的描述中，有哪些施工过程不符合规范的要求，使得基础底板产生裂缝？正确做法应该是什么？

问题（2）底板混凝土浇筑前应与预拌混凝土搅拌站做哪些准备工作？

问题（3）本工程底板混凝土浇筑常采用什么方法？采取这种方法时应注意些什么？

问题（4）大体积混凝土裂缝控制的常用措施是什么？

单元 5

桩基础施工

【教学目标】

土木工程施工和监理的技术人员，应掌握各类桩基础工程施工工艺流程、质量控制要点、常见的质量问题及处理措施、质量验收规范。学生经过本单元内容学习，应熟悉桩基的分类及桩基承台构造，能够熟练对各类桩基础施工过程进行质量控制，对常见的质量问题进行处理，对各类桩基施工工序进行验收。

【教学要求】

能力目标	知识要点	权重	自测分数
会阅读各类桩基础施工图纸，并根据桩基础桩施工规范，编写各类桩基专项方案	掌握各类桩基施工工序及施工工艺要点	40%	
能根据桩基专项施工方案、桩基施工规范及桩基施工图组织施工，对各道工序的施工质量进行验收，对出现的质量问题进行处理	掌握桩基施工质量验收要点，熟悉常见施工质量问题产生的原因	60%	

案例导入

拟在宁波新城广场建商务楼须打工程桩，该工程地基基础设计等级为甲级，工程设计标高±0.000 相当于黄海高程 3.550m。1 号～11 号楼主楼工程桩采用泥浆护壁钻孔灌注桩，桩型为摩擦端承桩。钻孔灌注桩以 8-2-1 层中砂层为持力层；桩身进入持力层大于 2m，桩直径为 600mm；设计桩长 1 号～4 号楼、6 号、7 号楼 61m，5 号楼 62m，8 号、9 号、11 号楼 57m，10 号楼 58m；桩身混凝土强度为 C30，钢筋笼保护层厚度为 50mm；单桩抗压承载力特征值 2600kN。纯地下车库、沿街商业 A 号～E 号工程桩采用预应力方桩分别以 6-1、7 及 8-1-1 层联合持力层，6-1 层粉质黏土层，6-1 层粉质黏土夹粉砂层作为持力层，桩身进入持力层不小于1.2m；桩型为b550、b450；设计桩长37～45m不等，桩身混凝土强度为C60；单桩抗压承载力特征值1400～2000kN不等，针对上述情况，结合施工图纸，该如何编写桩基专项施工方案、如何组织施工？如何对各道工序进行验收，如何对施工过程中出现的质量问题进行处理？这是我们学习本章所要解决的问题。

5.1　桩基础基本知识

5.1.1　桩基础类型

1. 按承台位置的高低分

① 高承台桩基础——承台底面高于地面，它的受力和变形不同于低承台桩基础。一般应用在桥梁、码头工程中。

② 低承台桩基础——承台底面低于地面，一般用于房屋建筑工程中。

2. 按承载性质不同分

① 端承桩——是指穿过软弱土层并将建筑物的荷载通过桩传递到桩端坚硬土层或岩层上。桩侧较软弱土对桩身的摩擦作用很小，其摩擦力可忽略不计。

② 摩擦桩——是指沉入软弱土层一定深度通过桩侧土的摩擦作用，将上部荷载传递扩散于桩周围土中，桩端土也起一定的支承作用，桩尖支承的土不甚密实，桩相对于土有一定的相对位移时，即具有摩擦桩的作用。

3. 按桩身的材料不同分

① 钢筋混凝土桩分

可以预制也可以现浇。根据设计，桩的长度和截面尺寸可任意选择。

② 钢桩

常用的有直径250～1200mm的钢管桩和宽翼工字形钢桩。钢桩的承载力较大，起吊、运输、沉桩、接桩都较方便，但消耗钢材多，造价高。我国目前只在少数重点工程中使用。如上海宝山钢铁总厂工程中，重要的和高速运转的设备基础和柱基础使用了大量的直径914.4mm和600mm，长60mm左右的钢管桩。

③ 木桩

目前已很少使用，只在某些加固工程或能就地取材临时工程中使用。在地下水位以下时，木材有很好的耐久性，而在干湿交替的环境下，极易腐蚀。

④ 砂石桩

主要用于地基加固，挤密土壤。

⑤ 灰土桩

主要用于地基加固。

4. 按桩的使用功能分

① 竖向抗压桩。

② 竖向抗拔桩。

③ 水平荷载桩。

④ 复合受力桩。

5. 按桩直径大小分

① 小直径桩 $d \leqslant 250$mm

② 中等直径桩 250mm$<d<$800mm

③ 大直径桩 $d \geqslant 800$mm

6. 按成孔方法分

① 非挤土桩泥浆护壁灌筑桩和人工挖孔灌筑桩，应用较广。

② 部分挤土桩先钻孔后打入。

③ 挤土桩打入桩。

7. 按制作工艺分

① 预制桩钢筋混凝土预制桩是在工厂或施工现场预制，用锤击打入、振动沉入等方法，使桩沉入地下。

② 灌筑桩又叫现浇桩，直接在设计桩位的地基上成孔，在孔内放置钢筋笼或不放钢筋，后在孔内灌筑混凝土而成桩。与预制桩相比，可节省钢材，在持力层起伏不平时，桩长可根据实际情况设计。

8. 按截面形式分

① 方形截面桩制作、运输和堆放比较方便，截面边长一般为 250～550mm。

② 圆形空心桩是用离心旋转法在工厂中预制，它具有用料省，自重轻，表面积大等特点。国内铁道部门已有定型产品，其直径有 300mm、450mm 和 550mm，管壁厚 80mm，每节长度自 2～12m 不等。

5.1.2 桩基承台构造

当建筑物采用桩基础时，在群桩基础上将桩顶用钢筋混凝土平台或者平板连成整体基础，以承受其上荷载的结构，此结构名为桩承台。承台是桩与柱或墩的联系部分。

1. 桩基承台的构造，应满足抗冲切、抗剪切、抗弯承载力和上部结构要求，尚应符合下列要求：

1）独立柱下桩基承台的最小宽度不应小于 500mm，边桩中心至承台边缘的距离不应小于桩的直径或边长，且桩的外边缘至承台边缘的距离不应小于 150mm。对于墙下条形承台梁，桩的外边缘至承台梁边缘的距离不应小于 75mm。承台的最小厚度不应小于 300mm。

2）高层建筑平板式和梁板式筏形承台的最小厚度不应小于 400mm，墙下布桩的剪力墙结构筏形承台的最小厚度不应小于 200mm。

3）高层建筑箱形承台的构造应符合现行规范《高层建筑筏形与箱形基础技术规范》JGJ 6 的规定。

2. 承台混凝土材料及其强度等级应符合结构混凝土耐久性的要求和抗渗要求。

3. 承台的钢筋配置应符合下列规定：

1）柱下独立桩基承台纵向受力钢筋应通长配置（图 5-1a），对四桩以上（含四桩）承台宜按双向均匀布置，对三桩的三角形承台应按三向板带均匀布置，且最里面的三根钢筋围成的三角形应在柱截面范围内（图 5-1b）。纵向钢筋锚固长度自边桩内侧（当为圆桩时，应将其直径乘以 0.8 等效为方桩）算起，不应小于 $35d$（d 为钢筋直径）；当不满足时应将纵向钢筋向上弯折，此时水平段的长度不应小于 $25d$，弯折段长度不应小于 $10d$。承台纵向受力钢筋的直径不应小于 12mm，间距不应大于 200mm。柱下独立桩基承台的最小配筋率不应小于 0.15%。

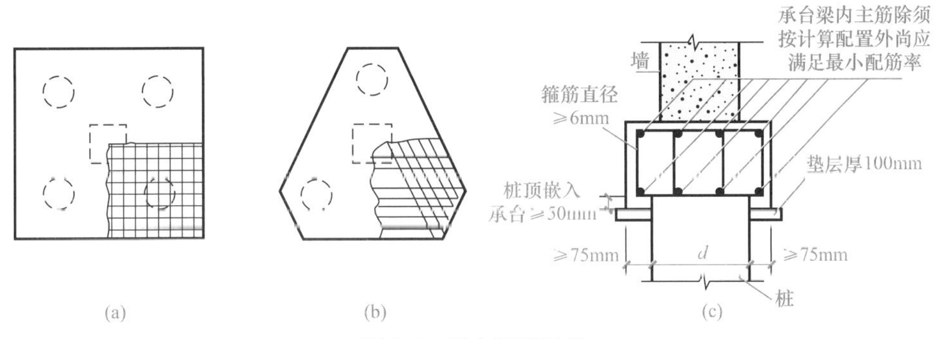

图 5-1　承台配筋示意

(a) 矩形承台配筋；(b) 三桩承台配筋；(c) 墙下承台梁配筋图

2）柱下独立两桩承台，应按现行国家标准《混凝土结构设计规范》GB 50010 中的深受弯构件配置纵向受拉钢筋、水平及竖向分布钢筋。承台纵向受力钢筋端部的锚固长度及构造应与柱下多桩承台的规定相同。

承台底面钢筋的混凝土保护层厚度，当有混凝土垫层时，不应小于 50mm，无垫层时不应小于 70mm；此外尚不应小于桩头嵌入承台内的长度。

4. 桩与承台的连接构造应符合下列规定：

(1) 桩嵌入承台内的长度对中等直径桩不宜小于 50mm；对大直径桩不宜小于 100mm。

(2) 混凝土桩的桩顶纵向主筋应锚入承台内，其锚入长度不宜小于 35 倍纵向主筋直径。对于抗拔桩，桩顶纵向主筋的锚固长度应按现行国家标准《混凝土结构设计规范》GB 50010 确定。

(3) 对于大直径灌注桩，当采用一柱一桩时可设置承台或将桩与柱直接连接。

5. 柱与承台的连接构造应符合下列规定：

(1) 对于一柱一桩基础，柱与桩直接连接时，柱纵向主筋锚入桩身内长度不应小于 35 倍纵向主筋直径。

(2) 对于多桩承台，柱纵向主筋应锚入承台不应小于 35 倍纵向主筋直径；当承台高度不满足锚固要求时，竖向锚固长度不应小于 20 倍纵向主筋直径，并向柱轴线方向呈 90°弯折。

(3) 当有抗震设防要求时，对于一、二级抗震等级的柱，纵向主筋锚固长度应乘以 1.15 的系数；对于三级抗震等级的柱，纵向主筋锚固长度应乘以 1.05 的系数。

5.2　灌注桩基础工程施工

5.2.1　灌注桩的基本知识

1. 灌注桩的类型

灌注桩是在施工现场桩位处先成桩孔，然后在孔内设置钢筋笼等加劲材、灌注混凝土而形成的桩。

灌注桩无须像预制桩那样的制作、运输及设桩过程，因而比较经济，但施工技术较复杂，成桩质量控制比较困难。

灌注桩按具体成孔方法可分为钻孔、冲孔、挖孔、挤孔及爆扩孔等多种类型。

1）钻孔灌注桩

钻孔灌注桩是各类灌注桩中应用最为广泛的一种。随着我中高层建筑的大量兴起以及大型桥梁、码头等的建设，对桩基单桩竖向承载力要求常达 2000～5000kN，而打入桩因沉桩能力较小以及振动与噪声等问题应用越来越小，而大直径一般可达 0.3～2.0m，而桩长变化更大，可为数米至一二百米，因而可适应多种土层条件，提供相应承载力。钻孔灌注桩还可在桩端处利用桩端硬土层的承载能力。

2）沉管灌注桩

沉管灌注桩属于有套管护壁作业桩，可分为振动沉管桩和锤击沉管桩两种。这两种桩型在我国目前各行业中均有广泛的应用，主要是因为施工速度快且造价较低。在饱和软黏土地区中，沉管成孔的挤土效益比较明显，而且套管沉入与拔出要适时而小心，否则易造成混凝土缩颈甚至断桩等现象。

3）挖孔桩

挖孔桩可采用人工或机械挖孔。人工挖孔时每挖一段就浇制一圈混凝土护壁，到桩底处可扩孔。挖孔桩桩径大，可直视土层情况。

2. 灌注桩施工的一般规定

1）灌注桩施工应具备下列资料：

（1）建筑物场地工程地质材料和必要的水文地质资料；

（2）桩基工程施工图（包括同一单位工程中所有的桩基础）及图纸会审纪要；

（3）建筑场地和邻近区域内的地下管线（管道、电缆）、地下构筑物、危房、精密仪器车间等的调查资料；

（4）主要施工机械及其配套设备的技术性能资料；

（5）基础工程的施工组织设计或施工方案；

（6）水泥、砂、石、钢筋等原材料及其制品的质检报告；

（7）荷载、施工工艺的试验参考资料。

2）施工组织设计应结合工程特点，有针对性地制定相应质量管理措施，主要包括下列内容：

（1）施工平面图：标明桩位、编号、施工顺序、水电线路和临时设施的位置；采用泥浆护壁成孔时，应标明泥浆制备设施及其循环系统；

（2）确定成孔机械、配套设备以及合理施工工艺的有关资料，泥浆护壁灌注桩必须有泥浆处理措施；

（3）施工作业计划和劳动力组织计划；

（4）机械设备、备（配）件、工具（包括质量检查工具）、材料供应计划；

（5）桩基施工时，对安全、劳动保护、防火、防雨、防台风、爆破作业、文物和环境保护等方面应按有关规定执行；

（6）保证工程质量、安全生产和季节性（冬、雨期）施工的技术措施。

3）成桩机械必须经鉴定合格，不合格机械不得使用。

4）施工前应组织图纸会审，会审纪要连同施工图等作为施工依据并列入工程档案。

5）桩基施工用的临时设施，如供水、供电、道路、排水、临设房屋等，必须在开工前准备就绪，施工场地应进行平整处理，以保证施工机械正常作业。

6）基桩轴线的控制点和水准基点应设在不受施工影响的地方。开工前，经复核后应妥善保护，施工中应经常复测。

5.2.2　泥浆护壁成孔灌注桩施工

泥浆护壁成孔灌注桩适用于地下水位以下的黏性土、粉土、砂土、填土、碎（砾）石土及风化岩层；以及地质情况复杂，夹层多、风化不均、软硬变化较大的岩层；冲孔灌注桩除适应上述地质情况外，还能穿透旧基础、大孤石等障碍物，但在岩溶发育地区应慎重使用。

1. 机具选择

钻孔机具及工艺的选择，应根据桩型、钻孔深度、土质情况、泥浆排放及处理等条件综合确定。对孔深大于 30m 的端承桩型，宜采用反循环工艺成孔或清孔。

2. 施工工艺流程

确定桩位→埋设护筒→桩机就位→钻孔→注入泥浆→清孔→安装钢筋→骨架→灌注混凝土（图 5-2）。

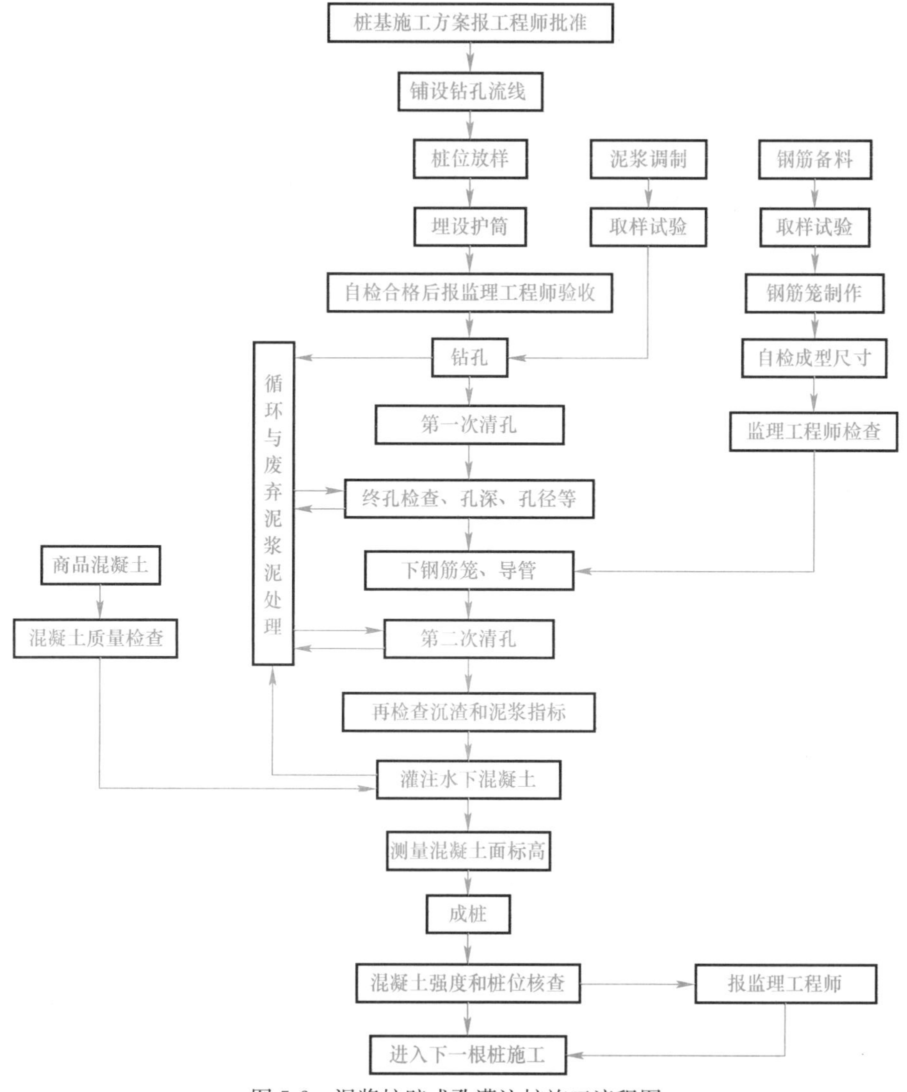

图 5-2　泥浆护壁成孔灌注桩施工流程图

3. 现场施工

现场施工如图 5-3 所示。

(a) 桩基移位对中

(b) 终孔验收钢筋笼验收

(c) 钢筋笼焊接验收二清验收

图 5-3 泥浆护壁成孔灌注桩现场施工流程图（一）

(d) 混凝土坍落度测定初灌

图 5-3　泥浆护壁成孔灌注桩现场施工流程图（二）

4. 施工工艺要点

1）定位

用全站仪测放桩位，桩位中心插一钢筋，四周各打一根控制桩来控制桩位中心，用砂浆固定控制桩，桩定位放线完成后监理工程师复验符合要求后才能进入下一道工序。

2）护筒埋设

工程桩的孔口护筒是保护孔口、隔离上部杂填松散物，防止孔口塌陷的必要措施，护筒采用 100mm 厚的水泥护筒，每节高度 1m，内径（D）0.6m，护筒上部开设 1 个溢浆孔；校核桩位中心后，在护筒四周用黏土分层回填夯实，护筒采用人工挖埋及锤击方法埋设，需要穿过回填土层入土深度 3～4m 以上，护筒上部高出地下水位或孔外最高水位 1.5～2m 以上，并高出地面 0.3m。护筒中心应与桩中心重合，平面偏位允许误差小于 5cm，倾斜度的偏差小于 1%。

3）钻孔就位，调垂直度

钻机就位时，转盘中心对准护筒中心标志，偏差小于 10mm，用水平尺校对转盘水平，并做到天车中心、转盘中心与桩位中心（三心）成一垂线。

4）泥浆配制

护壁泥浆采用自然造浆法，比重采用现场抽检方法，针对不同地层及时调整泥浆性能。标准为：淤泥成孔控制在 1.25～1.30；粉砂、黏性土混圆砾、含粉细砂圆砾、圆砾泥浆相对密度 1.30～1.40；黏土可适当调稀，可控制在 1.20～1.25；一次清孔泥浆性能综合指标控制：相对密度 1.20～1.25，含砂率<8%；二次清孔泥浆性能综合指标控制：比重 1.15～1.20，含砂率<6%；成孔泥浆护壁尽可考虑利用原土造浆，如不能满足成孔造浆需要，需外运高塑性黏土或黄泥造浆护壁。

5）钻孔

采用正循环回旋钻机造孔，配备 GPS-10 型钻机，钻头选用三翼梳齿形刮刀钻头和牙轮钻钻头。钻具下放前，做好检查工作，钻进过程中，注意第一、二根钻杆的进尺，保证钻具与孔的中心垂直，同时需要吊紧钻具，均匀钻进，须指定专人操作。钻进 2m 后，重新校正钻机的水平，确保钻杆垂直度符合规范要求。

钻进中需要根据地层的变化而变化钻进参数，在整个钻进过程中指定专人操作。在黏土层中钻进速度宜为 48～90 转/min；在淤泥质土的钻进速度宜为 40～70 转/min；在松散易塌的地层中，泥浆的比重一般控制在 1.2～1.4，黏度 18～24s。同时还根据钻机负荷、地层的变化、钻孔的深度、含砂量的大小等具体情况，及时采用相应的钻进速度，待试桩后确定合理的技术参数。

钻孔控制：钻机就位后，安装周正稳固，保持施工中不倾斜，不移位，并在钻孔过程中经常复检，当钻至软硬地层变异处时，缓钻进，并采取钻完一段再复扫一遍的方法。在提拔钻具时，发现有受阻现象的孔段，应指定专人进行纠正。复扫的工作，必须认真对待和操作、处理。

接钻杆必须先将钻具稍提离孔底，待泥浆循环 2～3min 后再拧卸加接钻杆。除桩机安装稳固、开孔时主动钻杆轴线位于转盘中心外，钻进时每次加接钻杆单根之前，必须检查主动钻杆轴线是否对中转盘中心。如有偏位，必须及时调整桩机基台或修整孔壁纠斜。

6）清孔

钻孔结束后对孔底进行清理是保证混凝土灌注桩质量的一道非常重要的工序，本工程采取终孔后和混凝土开浇前二次清孔。第一次清孔：钻孔至设计深度后，停止进尺，稍提钻具离孔底 10～20cm，保持泥浆正常泥浆循环，回转钻定时空转钻盘，以便把孔底残余泥块磨成泥浆排出。第一次清孔要求达到以下标准：孔底沉渣基本全部清除干净，能准确测量孔深，孔内泥浆中无泥块悬浮。清孔时间≥30min。

7）成孔验收

成孔后用测绳测量孔深，严格控制终孔深度不欠深、不超深，必要时采用桩孔检测仪或孔规用钻机吊绳吊入孔中检测桩径与孔斜。终孔后及时通知监理或业主，待监理或业主确定达到终孔条件后，方可终孔。未经检查和监理工程师批准的钻孔不得浇筑混凝土。孔径和孔深必须符合图纸要求。当检查时发现有缺陷，及时向监理工程师报告并提出补救措施的建议，在取得批准前不准继续施工

8）钢筋笼制作安装

钢筋骨架现场制作，在一次清孔完毕后，起钻、吊车吊放钢筋骨架。钢筋骨架加工场制作完成，采用单面焊接连接，同一截面接头数不大于 50%，钢筋骨架型号、位置安放必须准确。钢筋笼的制作应符合图纸设计和现行国家标准《建筑地基基础工程施工规范》GB 51004（表 5-1）的规定。

钢筋笼制作允许偏差（mm） 表 5-1

项目	允许偏差	检查方法
主筋间距	±10	用钢尺量
长度	±100	用钢尺量
箍筋间距	±20	用钢尺量
直径	±10	用钢尺量

钢筋笼外侧设置控制保护层厚度的垫块（混凝土保护层厚度为 50mm），其间距竖向

为2m，横向圆周不得小于4处，顶端应设置吊环，钢筋笼分段在井口采用单面搭接焊，主筋焊接长度不小于10d，钢筋搭接头应相互错开35d，且不小于50cm，同一截面接头数受拉区不大于50%，同一钢筋上应尽量少设接头。

钢筋笼在运输和吊装时，应防止变形，安放应对准孔位，不得强行插入和碰撞孔壁，就位后应立即固定。钢筋笼安装可用小型吊运机具或起重机吊装就位。对直径和长度大的钢筋笼，可分节制作和安装，且在每节主筋内侧每隔5m设一道井字ϕ30加强支撑，与上筋焊接牢固组成骨架。

钢筋笼安装完毕时，应会同建设单位、监理单位对该项进行隐蔽工程验收，合格后应及时灌注水下混凝土。

9）安放导管

导管采用壁厚7.5mm的无缝钢管制作，直径280mm，导管必须具有良好的密封性能，使用前应进行水密承压和接头抗拉试验，进行水密试验的水压不应小于孔内水1.3倍的压力，也不应小于导管壁和焊缝可能承受灌注时最大压力的1.3倍。导管吊放时应居中且垂直，下口距孔底0.3～0.5m，最下一节导管长度应大于4m。导管接头用法兰或双螺纹方扣快速接头。

10）第二次清孔

为保证灌注混凝土前孔底沉渣达到设计规范要求，要求进行二次清孔。采用气举排渣法。此法的原理是借助气举排渣器将液气混合，利用密度差来升扬排出孔底的沉渣。清除孔底沉渣的工作，当在浇筑混凝土前进行孔底淤积的清理，必要时补充清孔。施工顺序：钢筋笼、导管下设完毕进行第二次清孔。二次清孔后，孔底500mm内泥浆比重应≤1.25，含砂率≤6%，黏度≤28s，清孔后孔底沉渣厚度应符合表5-2的规定。清孔结束后，孔内应保持水头高度，并应在30min内灌注混凝土。若超过30min，必须重新测定泥浆指标，如超出规范允许值，则应再次清孔。

清孔后孔底沉渣厚度（mm）　　表5-2

项目	允许值
端承型桩	≤50
摩擦型桩	≤100
抗拔、抗水平荷载桩	≤200

11）混凝土灌注施工

混凝土灌注是成桩过程的关键工艺，施工人员应从思想上高度重视，在做好准备工作和技术措施后，才能开始灌注。一般采用商品混凝土，混凝土强度等C25，用混凝土搅拌运输车运至现场，导管灌注。

凝土灌注前、清孔完毕后，采用同强度等级混凝土隔水塞隔水。并将导管提离孔底0.5m。料斗混凝土初灌注量应计算准确，保证导管埋入混凝土中不小于0.8～1.2m。

每次灌注，必须按规定测坍落度和孔口随机取样留置试块，试块上标明桩号、日期、混凝土强度等级等，并放入标养室内养护28d。

灌注过程中，导管埋入深度宜保持在3～8m，最小埋入深度不得小于2m。浇灌混凝土时随浇随提，严禁将导管提出混凝土面或埋入过深，一次提拔不得超过6m，测量混凝土面上升高度由机长或班长负责。

如运到现场的混凝土发现离析和属性不符合要求时，必须再进行拌制，以防堵塞导管。

混凝土浇灌中要防止钢筋笼上浮，在混凝土面接近钢筋笼底端时灌注速度应适当放慢，当混凝土进入钢筋笼底端 1～2m 后，可适当提升导管，导管提升要平稳，避免出料冲击过大或钩带钢筋笼。

桩身实际浇筑混凝土的数量不得小于桩身的计算体积的 1.15 倍，根据地质情况判断桩混凝土的充盈系数将超过规范要求，为了保证桩身质量符合设计要求桩身混凝土充盈系数按实际测算为准。

为了保证桩顶质量符合设计要求，混凝土实际浇灌高度应高出桩顶≥1m，保证桩顶混凝土达到设计要求，且要保证混凝土中不夹泥浆。

混凝土浇灌完毕后，及时割断吊筋，等地面以上混凝土初凝再拔出护筒，清除孔口泥浆和混凝土残浆。

导管使用后及时清除管壁内外粘附的混凝土残浆，以防再次使用时阻塞导管。

钻孔灌注桩空孔处必须及时回填。

5. 质量检查与验收

1）钻孔灌注桩关键控制点设置如下：

a. 轴线控制网的复验、桩位测量定位、埋护筒；

b. 钻机对中就位复核；

c. 确认孔深、确认终孔；

d. 钢筋笼制作、钢筋笼下孔焊接；

e. 反循环清孔量测沉渣；

f. 混凝土浇筑初灌量、配合比、坍落度、超灌量控制。

2）监理工作流程

监理工作流程如图 5-4 所示。

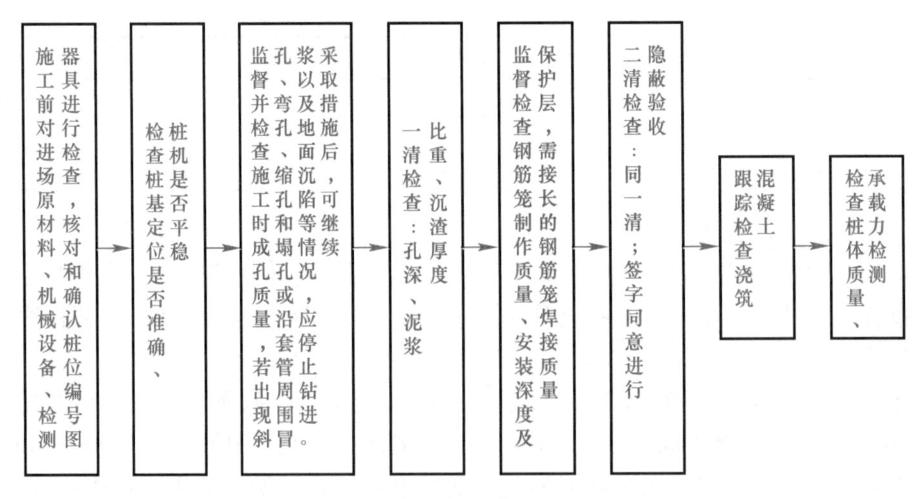

图 5-4　监理工作流程图

3）验收

（1）桩基放样允许偏差：群桩 20mm，单桩 10mm。

(2) 灌注桩的桩径、垂直度及桩位允许偏差应符合表5-3的规定。

灌注桩的桩径、垂直度及桩位允许偏差　　表5-3

序	成孔方法		桩径允许偏差(mm)	垂直度允许偏差	桩位允许偏差(mm)
1	泥浆护壁钻孔桩	$D<1000$mm	≥0	≤1/100	≤70+0.01H
		$D\geq1000$mm			≤100+0.01H
2	套管成孔灌注桩	$D<500$mm	≥0	≤1/100	≤70+0.01H
		$D\geq500$mm			≤100+0.01H

注：1. H 为桩基施工面至设计桩顶的距离(mm)；
2. D 为设计桩径(mm)。

(3) 施工前应检验灌注桩的原材料及桩位处的地下障碍物处理资料。

(4) 施工中应对成孔、钢筋笼制作与安装、水下混凝土灌注等各项质量指标进行检查验收；嵌岩桩应对桩端的岩性和入岩深度进行检验。

(5) 施工后应对桩身完整性、混凝土强度及承载力进行检验。

(6) 泥浆护壁成孔灌注桩质量检验标准应符合表5-4的规定。

泥浆护壁成孔灌注桩质量检验标准　　表5-4

项目	序号	检查项目		允许值或允许偏差		检查方法
				单位	数值	
主控项目	1	承载力		不小于设计值		静载试验
	2	孔深		不小于设计值		用测绳或井径仪测量
	3	桩身完整性		—		钻芯法，低应变法，声波透射法
	4	混凝土强度		不小于设计值		28d试块强度或钻芯法
	5	嵌岩深度		不小于设计值		取岩样或超前钻孔取样
一般项目	1	垂直度		见表5-3		用超声波或井径仪测量
	2	孔径		见表5-3		用超声波或井径仪测量
	3	桩位		见表5-3		全站仪或用钢尺量开挖前量护筒，开挖后量桩中心
	4	泥浆指标	比重(黏土或砂性土中)	1.10～1.25		用比重计测，清孔后在距孔底500mm处取样
			含砂率	%	≤8	洗砂瓶
			黏度	s	18～28	黏度计
	5	泥浆面标高(高于地下水位)		m	0.5～1.0	目测法
	6	钢筋笼质量	主筋间距	mm	±10	用钢尺量
			长度	mm	±100	用钢尺量
			钢筋材质检验	设计要求		抽样送检
			箍筋间距	mm	±20	用钢尺量
			笼直径	mm	±10	用钢尺量
	7	沉渣厚度	端承桩	mm	≤50	用沉渣仪或重锤测
			摩擦桩	mm	≤150	
	8	混凝土坍落度		mm	180～220	坍落度仪
	9	钢筋笼安装深度		mm	+100 0	用钢尺量

续表

<table>
<tr><th rowspan="2">项目</th><th rowspan="2">序号</th><th rowspan="2" colspan="2">检查项目</th><th colspan="2">允许值或允许偏差</th><th rowspan="2">检查方法</th></tr>
<tr><th>单位</th><th>数值</th></tr>
<tr><td rowspan="7">一般项目</td><td>10</td><td colspan="2">混凝土充盈系数</td><td colspan="2">≥1.0</td><td>实际灌注量与计算灌注量的比</td></tr>
<tr><td>11</td><td colspan="2">桩顶标高</td><td>mm</td><td>+30
−50</td><td>水准测量，需扣除桩顶浮浆层及劣质桩体</td></tr>
<tr><td rowspan="3">12</td><td rowspan="3">后注浆</td><td rowspan="2">注浆终止条件</td><td colspan="2">注浆量不小于设计要求</td><td>查看流量表</td></tr>
<tr><td colspan="2">注浆量不小于设计要求 80%，且注浆压力达到设计值</td><td>查看流量表，检查压力表读数</td></tr>
<tr><td>水胶比</td><td colspan="2">设计值</td><td>实际用水量与水泥等胶凝材料的重量比</td></tr>
<tr><td rowspan="2">13</td><td rowspan="2">扩底桩</td><td>扩底直径</td><td colspan="2">不小于设计值</td><td rowspan="2">井径仪测量</td></tr>
<tr><td>扩底高度</td><td colspan="2">不小于设计值</td></tr>
</table>

6. 常见故障及处理方法

1）隔水栓卡在导管内

原因：①隔水栓翻转或胶垫过大；②隔水栓遇物卡住；③导管连接不直或导管变形。

处理方法：用长杆冲捣或振捣，若无效提出导管，取出隔水栓重放，并检查导管垂直度，拆换变形导管。

2）导管内进水

原因：①导管连接处连接不好；②初灌量不足，未埋住导管。

处理方法：①提出导管、检查垫圈，重新设导管；②提出导管清除灌入混凝土重新灌注，增加初灌量。

3）断桩

原因：①混凝土面测量不准，导管提升过高；②钻孔上部发生塌方或孔底沉渣过多；③导管密封不好，因漏水，混凝土产生严重离析或混凝土因故灌注中断。

处理方法：①严格按灌注规程操作；②导管埋深要测量准确；③对由疑问的桩要进行抽芯检查。

4）导管堵塞

原因：①导管堵塞或内壁由混凝土硬结影响隔水塞通过；②隔水塞上没有浇水泥砂浆，而混凝土的黏聚性又不太好，在搅拌储料斗或提吊料斗中的初存量混凝土时漏斗中的混凝土离析，粗骨料卡入隔水塞或在隔水塞上架桥；③混凝土品质差；④导管漏水。

处理方法：①可在允许的导管埋入深度内，略为提升导管，或用提升导管后猛然下插导管的动作来抖动导管，抖动后的导管下口不得低于原来的位置，否则反会使失去流动性的混凝土堵塞导管口；②如果用上述方法仍不能消除卡管时，则应停止灌注，用长钢筋或竹杆疏通；③拔出导管疏通重新下入。

5）钢筋笼上浮

原因：①混凝土品质差，易离析的、初凝时间不够的、坍落度损失大的混凝土，都会使混凝土面上升到钢筋笼底端时钢筋笼难以插入或无法插入而造成上浮，有时混凝土面已升至钢筋笼内一定高度时，表面混凝土开始发生初凝硬结，也有携带钢筋笼上浮；②操作不当，即钢筋笼的孔口固定不牢、提升导管过猛、导管埋深太浅，混凝土面进入钢筋笼一定高度后，导管埋深过大。

处理方法：①操作不当引起的钢筋笼上浮较好预防，即注意操作；②由于混凝土表面初凝引起的钢筋笼上浮；则应通过配置混凝土和加快灌注速度予以避免。

6）桩身混凝土质量问题

属于这一类的事故有：桩身混凝土强度低于设计要求；桩身上部混凝土质量低；桩身混凝土夹泥、混凝土离析等。

混凝土强度低：

原因：①原材料不合格；②混凝土配合比设计不合理。

处理方法：严把原材料质量关，正确选择配合比。

7）桩顶部混凝土质量低劣

原因：目前导管法灌注水下混凝土是靠导管内混凝土柱的压力灌注的，混凝土靠自重力压密实。由于接近地表时，超压力减少了，不得不减少导管埋深，因而桩顶段灌注的混凝土所受的自重压力始终较小，加之顶部混凝土始终与泥浆及沉渣接触，易混入杂质，因此，桩身上部混凝土质量不如中、下部质量。

处理方法：超落（即桩顶标高上应有一定高度的混凝土）；控制上下提动导管的幅度、速度。

8）桩身混凝土离析

原因：原材料级配差、搅拌质量差、计量不准等。有时导管漏水也会造成。

处理方法：严格管理和施工。

5.2.3 沉管灌注桩施工

5-1 沉管灌注桩施工

沉管灌注桩，是采用与桩的设计尺寸相适应的钢管（即套管），在端部套上桩尖后沉入土中后，在套管内吊放钢筋骨架，然后边浇筑混凝土边振动或锤击拔管，利用拔管时的振动捣实混凝土而形成所需要的灌注桩。这种施工方法适用于在有地下水、流砂、淤泥的情况。其工艺特点是：能适应较复杂地层，能用小桩管打较大截面桩，承载力大；有套管护壁，可避免坍孔、缩颈、断桩、移位、脱空等缺陷，质量可靠；能沉能拔，施工速度快，效率高，操作简便安全。

根据沉管方法和拔管时振动不同，套管成孔灌注桩可分为锤击沉管灌注桩，振动沉管灌注桩。前者多用于一般黏性土、淤泥质土、砂土和人工填土地基，后者除以上范围外，还可用于稍密及中密的碎石土地基。

1. 主要机具设备

1）锤击打桩设备：

一般锤击打桩机，如落锤、柴油锤、蒸汽锤等，由桩架、桩锤、桩管等组成，桩管直径为270～370mm，长8～15m。

2）振动沉桩设备：

包括DZ60或DZ90型振动锤、DJB25型步履式桩架、卷扬机、加压装置、桩管、桩尖或钢筋混凝土预制桩靴等。桩管直径为220～370mm，长10～28m。

3）配套机具设备：

有下料斗、1t机动翻斗车、L-400型混凝土搅拌机、钢筋加工机械、交流电焊机（32kVA）、氧割装置等。

2. 施工工艺流程

1）振动沉管灌注桩

振动沉管灌注桩施工流程如图 5-5 所示。

2）锤击沉管灌注桩

锤击沉管灌注桩沉桩的工艺流程如图 5-6 所示。

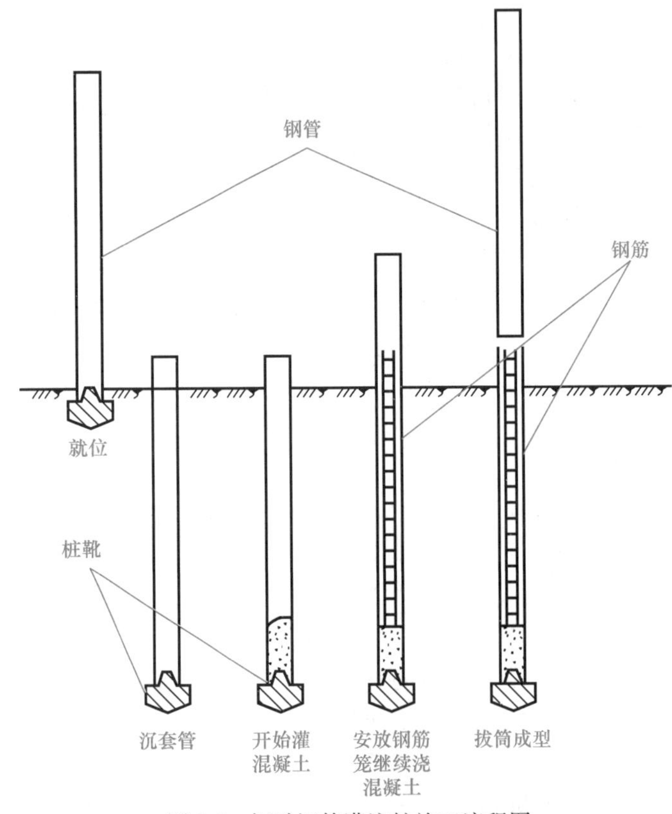

图 5-5　振动沉管灌注桩施工流程图

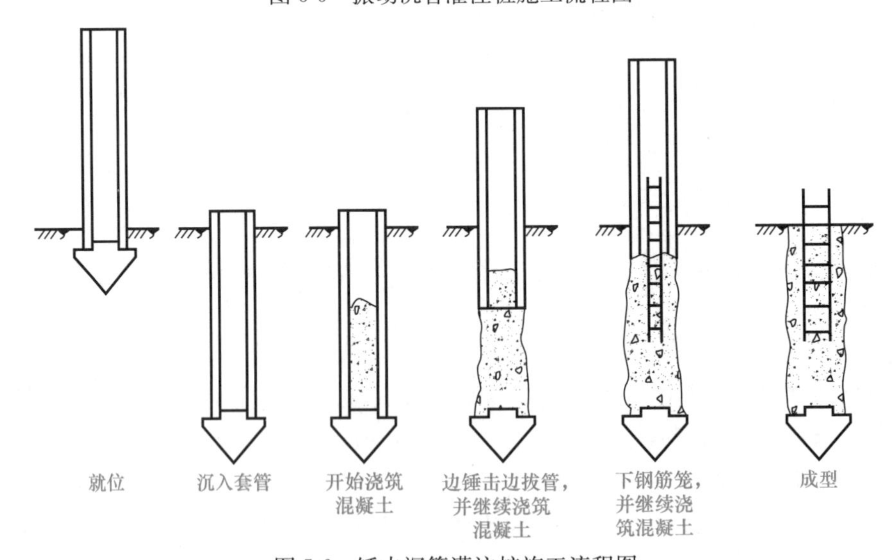

图 5-6　锤击沉管灌注桩施工流程图

3. 施工工艺要点

1）打（沉）桩机就位时，应垂直、平稳架设在打（沉）桩部位，桩锤（振动箱）应对准桩位。同时，在桩架或套管上标出控制深度标记，以便在施工中进行套管深度观测。

2）采用活瓣式桩尖时，应先将桩尖活瓣用麻绳或铁丝捆紧合拢，活瓣间隙应紧密。当桩尖对准桩基中心，并核查调整套管垂直度后，利用锤击及套管自重将桩尖压入土中。

3）采用预制混凝土桩尖时，应先在桩基中心预埋好桩尖，在套管下端与桩尖接触处垫好缓冲材料。桩机就位后，吊起套管，对准桩尖，使套管、桩尖、桩锤在一条垂直线上，利用锤重及套管自重将桩尖压入土中。

4）成桩施工顺序一般从中间开始，向两侧边或四周进行，对于群桩基础或桩的中心距小于或等于 3.5d（d 为桩径）时，应间隔施打，中间空出的桩，须待邻桩混凝土达到设计强度的 50%后，方可施打。

5）开始沉管时应轻击慢振。锤击沉管时，可用收紧钢绳加压或加配重的方法提高沉管速率。当水或泥浆有可能进入桩管时，应事先在管内灌入 1.5m 左右的封底混凝土。

6）应按设计要求和试桩情况，严格控制沉管最后贯入度。锤击沉管应测量最后二阵十击贯入度；振动沉管应测量最后两个 2min 贯入度。

7）在沉管过程中，如出现套管快速下沉或套管沉不下去的情况，应及时分析原因，进行处理。如快速下沉是因桩尖穿过硬土层进入软土层引起的，则应继续沉管作业。如沉不下去是因桩尖顶住孤石或遇到硬土层引起的，则应放慢沉管速度（轻锤低击或慢振），待越过障碍后再正常沉管。如仍沉不下去或沉管过深，最后贯入度不能满足设计要求，则应核对地质资料，会同建设单位研究处理。

8）钢筋笼的吊放，对通长的钢筋笼在成孔完成后埋设，短钢筋笼可在混凝土灌至设计标高时再埋设，埋设钢筋笼时要对准管孔，垂直缓慢下降。在混凝土桩顶采取构造连接插筋时，必须沿周围对称均匀垂直插入。

9）每次向套管内灌注混凝土时，如用长套管成孔短桩，则一次灌足如成孔长桩，则第一次应尽量灌满。混凝土坍落度宜为 6～8cm，配筋混凝土坍落度宜为 8～10cm。

10）灌注时充盈系数（实际灌注混凝土量与理论计算量之比）应不小于 1。一般土质为 1.1；软土为 1.2～1.3。在施工中可根据不同土质的充盈系数，计算出单桩混凝土需用量折合成料斗浇灌次数，以核对混凝土实际灌注量。当充盈系数小于 1 时，应采用全桩复打，对于断桩及缩颈桩可局部复打，即复打超过断桩或缩颈桩 1m。

11）桩顶混凝土一般宜高出设计标高 200mm 左右，待以后施工承台时再凿除。如设计有规定，应按设计要求施工。

12）每次拔管高度应以能容纳吊斗一次所灌注混凝土为限，并边拔边灌。在任何情况下，套管内应保持不少于 2m 高度的混凝土，并按沉管方法不同分别采取不同的方法拔管拔管，在拔管过程中，应有专人用测锤或浮标检查管内混凝土下降情况，一次不应拔得过高。

13）锤击沉管拔管方法是：套管内灌入混凝土后，拔管速度应均匀，对一般土层；不宜大于 1m/min；对软弱土层及软硬土层交界处不宜大于 0.8m/min。采用倒打拔管的打击次数，单动汽锤不得少于 70 次/min；自由落锤轻击（小落距锤击）不得少于 50 次/min。在管底未拔到桩顶设计标高之前，倒打或轻击不得中断。

14）振动沉管拔管方法可根据地基土具体情况，分别选用单打法或反插法进行。单打法：适用于含水量较小土层。系在套管内灌入混凝土后，再振再拔，如此反复，直至套管全部拔出，在一般土层中拔管速度宜为1.2～1.5m/min，在软弱土层中不宜大于0.8～1.0m/min。反插法：适用于饱和土层。当套管内灌入混凝土后，先振动再开始拔管，每次拔管高度为0.5～1m，反插深度0.3～0.5m，同时不宜大于活瓣桩尖长度的2/3。拔管过程应分段添加混凝土，保持管内混凝土面始终不低于地表面，或高于地下水位1～1.5m以上。拔管速度控制在0.5m/min以内。在桩尖接近持力层处约1.5m范围内，宜多次反插，以扩大桩底端部面积。当穿过淤泥夹层时，适当放慢拔管速度，减少拔管和反插深度。反插法易使泥浆混入桩内造成夹泥桩，施工中应慎重采用。

15）套管成孔灌注桩施工时，应随时观测桩顶和地面有无水平位移及隆起，必要时应采取措施进行处理。

16）桩身混凝土浇筑后有必要复打时，必须在原桩基混凝土未初凝前在原桩位上重新安装桩尖，第二次沉管。沉管后每次灌注混凝土应达到自然地面高，不得少灌。拔管过程中应及时清除桩管外壁和地面上的污泥。前后两次沉管的轴线必须重合。

4. 质量检查与验收

1）施工前应对放线后的桩位进行检查。

2）施工中应对桩位、桩长、垂直度、钢筋笼笼顶标高、拔管速度等进行检查。

3）施工结束后应对混凝土强度、桩身完整性及承载力进行检验。

4）沉管灌注桩的质量检验标准应符合表5-5的规定。

沉管灌注桩质量检验标准　　表5-5

项目	序号	检查项目	允许值或允许偏差		检查方法
			单位	数值	
主控项目	1	承载力	不小于设计值		静载试验
	2	混凝土强度	不小于设计要求		28d试块强度或钻芯法
	3	桩身完整性	—		低应变法
	4	桩长	不小于设计值		施工中量钻杆或套管长度，施工后钻芯法或低应变法
一般项目	1	桩径	见表5-3		用钢尺量
	2	混凝土坍落度	mm	80～100	坍落度仪
	3	垂直度	≤1/100		经纬仪测量
	4	桩位	见表5-3		全站仪或用钢尺量
	5	拔管速度	m/min	1.2～1.5	用钢尺量及秒表
	6	桩顶标高	mm	+30 −50	水准测量
	7	钢筋笼笼顶标高	mm	±100	水准测量

5. 质量记录

1）水泥出厂合格证及复检报告。

2）钢筋出厂合格证以及原材、焊件检验报告。

3）石子、砂的检验报告，焊件合格证。

4）试桩的试压记录。

5）灌注桩施工记录。

6）混凝土试配中清单和试验室签发的配合比通知单。

7）混凝土试块28d标养抗压强度试验报告。

8）桩位平面布置图。

9）各工序取样见证记录。

6. 施工常见的质量问题、产生原因及处理办法

1）缩颈（瓶颈）（浇筑混凝土后的桩身局部直径小于设计尺寸）

产生原因：

a. 在地下水位以下或饱和淤泥或淤泥质土中沉桩管时，土受强制扰动挤压，土中水和空气未能很快扩散，局部产生孔隙压力，当套管拔出时，混凝土强度尚低，把部分桩体挤压或缩颈。

b. 在流塑淤泥质土中，由于下套管产生的振动作用，使混凝土不能顺利地灌入，被淤泥质土填充进来，而造成缩颈。

c. 桩身间距较小，施工时受邻桩挤压。

d. 拔管速度过快，混凝土来不及下落，而被泥土填充。

e. 混凝土过于干硬或和易性差，拔管时对混凝土产生摩擦力或管内混凝土量过少，混凝土出管的扩散性差，而造成缩颈。

处理办法：

施工时每次向桩管内尽量多装混凝土，借其自重抵消桩身所受的孔隙水压力，一般使管内混凝土高于地面或地下水位1.0～1.5m，使之有一定的扩散力；桩间距过小，宜用跳打法施工；沉桩应采取“慢抽密击（振）”；桩拔管速度不得大于0.8～1.0m/min；桩身混凝土应用和易性好的低流动性混凝土浇筑。桩轻度缩颈，可采用反插法，每次拔管高度以1.0m为宜，局部缩颈采用半复打法；桩身多段缩颈采用复打法施工。

2）断桩、桩内混凝土坍塌（桩身局部残缺夹有泥土，或桩身的某一部位混凝土坍塌，上部被土填充）

产生原因：

a. 桩下部遇软弱土层，桩成型后，还未到初凝强度时，在软硬不同的两层土中振动下沉套管，由于振动对两层地的波速不一样，产生了剪切力把桩剪断。

b. 拔管时速度过快，混凝土尚未流出套管，周围的土迅速回缩，形成断桩。

c. 在流态的淤泥质土中，孔壁不能自立，浇筑混凝土时，混凝土密度大于流态淤泥质土，造成混凝土在该层中坍塌。

d. 桩中心距过近，打邻桩时受挤压（水平力及抽管上拔力）断裂，混凝土终凝不久，受振动和外力扰动。

处理办法：

采用跳打法施工，跳打时必须等相邻成形的桩达到设计强度的60%以上进行；认真控制拔管速度，一般以1.2～1.5m/min为宜；对于松散性和流态淤泥质土，不宜多振，以边振边拔为宜；已出现断桩，采用复打法解决；在流态的淤泥质土中出现桩身混凝土坍塌时，尽可能不采用套管护壁灌注桩；控制桩中心距大于3.5倍桩直径；混凝土终凝不久避免振动和扰动；桩中心过近，可采用跳打或控制时间的方法。

3）拒落（灌完混凝土后拔管时，混凝土不从管底部流出，拔至一定高度后，才流出管外，造成桩的下部无混凝土或混凝土不密实）

产生原因：

a. 在低压缩性粉质黏土层中打拔管桩，灌完混凝土开始拔管时，活瓣桩尖被周围的土包围压住而打不开，使混凝土无法流出而造成拒落。

b. 在有地下水的情况下，封底混凝土过干，套管下沉时间较长，在管底形成“塞子”堵住管口，使混凝土无法流出。

c. 预制桩头混凝土质量较差，强度不够，沉管时桩头被挤入套管内阻塞混凝土下落。

处理办法：

根据工程和地质条件，合理选择桩长，尽量使桩不进入低压缩性土层；严格检查预制桩头的强度和规格，防止桩尖在施工时压入桩管；在有地下水的情况下，混凝土封底不要过干，套管下沉时间不要过长，套管沉至设计要求后，应用浮标测量预制桩尖是否进入桩管，如桩尖进入桩管，应拔出处理，浇筑混凝土后，拔管时应用浮标经常观测测量，检查混凝土是否有阻塞情况，已出现拒落，可在拒落部位采用翻插法处理。

4）桩身夹泥（桩身混凝土内存在泥夹层，使桩身截面减小或隔断）

产生原因：

a. 在饱和淤泥质土层中施工，拔管速度过快，混凝土骨料粒径过大，坍落度过小，混凝土还未流出管外，土即涌入桩身，造成桩向夹泥。

b. 采用翻插法时，翻插深度太大，翻埋时活瓣向外张开，使孔壁周围的泥挤进桩身，造成桩身夹泥。

c. 采用复打法时，套管上的泥土未清理干净，而带入桩身混凝土内。

处理办法：

在饱和淤泥质土层中施工，注意控制拔管速度和混凝土骨料粒径（＜30mm），坍落度（≯5～7cm），拔管速度以 0.8～1.0mm/min 较合适，混凝土应搅拌均匀，和易性要好，拔管时随时用浮标测量，观察桩身混凝土灌入量，发现桩径减小时，应采取措施；采用翻插法时，翻插深度不宜超过活瓣长度的 2/3；复打时，在复打前应把套管上的泥土清除干净。

5）桩身下沉（桩成形后，在相邻桩位下沉套管时，桩顶的混凝土、钢筋或钢筋笼下沉）

产生原因：

a. 新浇筑的混凝土处于流塑状态，由于相邻桩沉入套管时的振动影响，混凝土骨料自重沉实，造成桩顶混凝土下沉，土塌入混凝土内。

b. 钢筋的密度比混凝土大，受振动作用，使钢筋或钢筋笼沉入混凝土。

处理办法：

在桩顶部位采用较干硬性混凝土；钢筋或钢筋笼放入混凝土后，上部用钢管将钢筋或钢筋笼架起，支在孔壁上，可防止相邻柱下沉；指定专人铲去桩顶杂物、浮浆，重新补足混凝土。

6）超量（浇筑混凝土，混凝土的用量比正常情况下大一倍以上）

产生原因：

a. 在饱和淤泥质软土中成桩，土受到扰动，强度大大降低，由于混凝土对土壁侧压力作用，而使土壁压缩，桩身扩大。

b. 地下遇有土洞、坟坑、溶洞、下水道、枯井、防空洞等洞穴。

处理办法：

在饱和淤泥质软土层成桩；宜先打试验桩，如发现混凝土用量过大，应与设计单位研究改用其他桩型；施工前应通过钎探了解工程范围内的地下洞穴情况，如发现洞穴，预先挖开或钻孔，进行填塞处理，再行施工。

7）桩达不到最终控制要求（桩管下沉不到设计要求的深度）

产生原因：

a. 遇有较厚的硬夹层或大块孤石、混凝土块等地障碍物。

b. 实际持力层标高起伏较大，超过施工机械能力，桩锤选择太小或太大，使桩沉不到或沉过要求的控制标高。

c. 振动沉桩机的振动参数（如激持力、振幅、频率等）选择不合适，或因振动压力不够而使套管沉不下去。

d. 套管细长比过大，刚度较差，在沉管过程中，产生弹性弯曲而使锤击或振动能量减弱，不能传至桩尖处。

处理办法：

认真勘察工程范围内的地下硬夹层及埋设物情况；遇有难以穿透的硬夹层、应用钻机钻透，或将地下障碍物清除干净；根据工程地质条件，选用合适的沉桩机械和振动参数，沉桩时，如因正压力不够而沉不下去时，可采用加配重或加压的办法来增加正压力；锤击沉管时，如锤击能力不够，可更换大一级的锤；套管应有一定的刚度，细长比不宜大于40。

8）桩尖进水、进泥砂（套管活瓣处涌水或泥砂进入桩管内）

产生原因：

a. 地下涌水量大，水压大。

b. 沉桩时间过长。

c. 桩尖活瓣缝隙大或桩尖被打坏。

处理办法：

地下涌水量大时，桩管应用0.5m高水泥砂浆封底，再灌1m高混凝土，然后沉入；少量进水（<20m）可在灌第一槽混凝土酌减用水量处理；沉桩时间不要过长；桩尖损坏，不密合，可将桩管拔出，桩尖活瓣修复改正后，将孔回填，重新沉入。

9）吊脚桩（桩下部混凝土不密实或脱空，形成空腔）

产生原因：

a. 桩尖活瓣受土压实，抽管至一定高度才张开。

b. 混凝土干硬，和易性差，下落不密实，形成空隙。

c. 预制桩尖被打碎压入桩管内，泥砂与水挤入管中。

处理办法：

为防止活瓣不张开，可采取“密振慢抽”方法，开始拔管50m，可将桩管反插几下，然后再正常拔管；混凝土应保持良好和易性，坍落度应不小于5～7cm；严格检查预制桩尖的强度和规格，防止桩尖打碎或压入桩管。

5.3 预制桩基础工程施工

5.3.1 预制桩的基本知识

预制桩主要有混凝土预制桩和钢桩两大类。混凝土预制桩能承受较大的荷载、坚固耐久、施工速度快，是广泛应用的桩型之一，但其施工对周围环境影响较大。常用的有混凝土实心方桩和预应力混凝土空心管桩。钢桩主要是钢管桩和H型钢桩两种。

1. 预制桩的类型

1）预制桩-混凝土实心方桩

钢筋混凝土实心桩，断面一般呈方形（图5-7）。桩身截面一般沿桩长不变。实心方桩

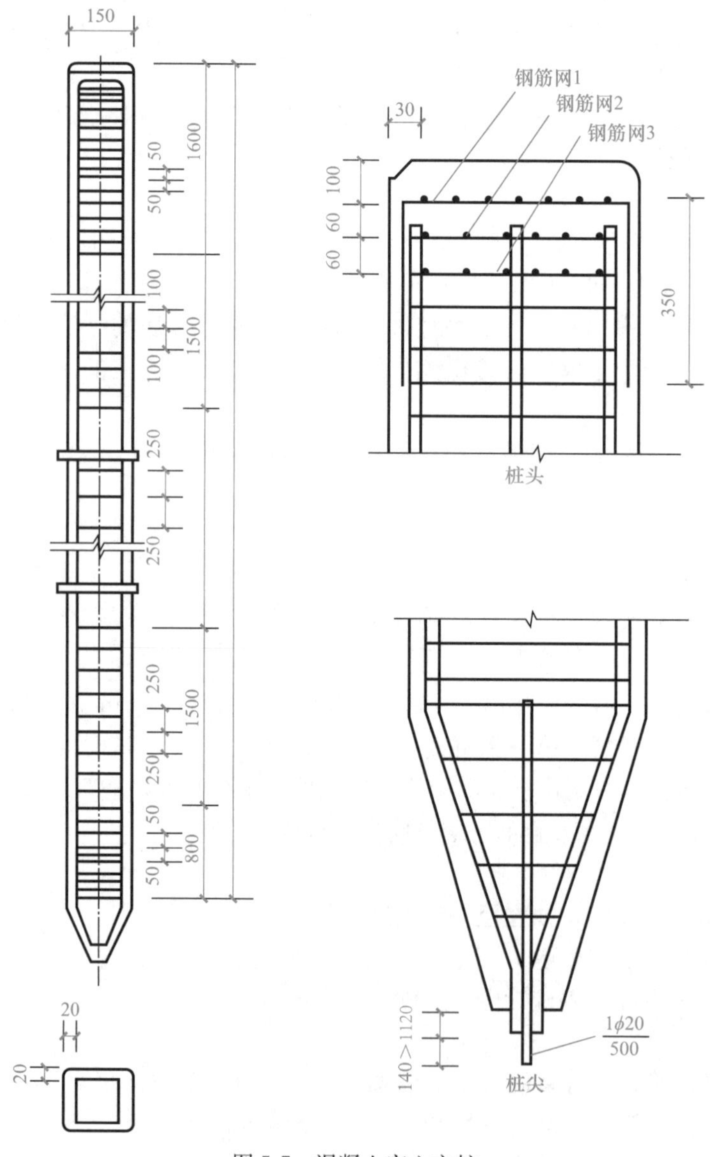

图5-7 混凝土实心方桩

截面尺寸一般为200mm×200mm～600mm×600mm。钢筋混凝土实心桩桩身长度：限于桩架高度，现场预制桩的长度一般在25～30m以内。限于运输条件，工厂预制桩，桩长一般不超过12m，否则应分节预制，然后在打桩过程中予以接长。接头不宜超过2个。钢筋混凝土实心桩的优点：长度和截面可在一定范围内根据需要选择，由于在地面上预制，制作质量容易保证，承载能力高，耐久性好。因此，工程上应用较广。材料要求：钢筋混凝土实心桩所用混凝土的强度等级不宜低于C30（$30N/mm^2$）。采用静压法沉桩时，可适当降低，但不宜低于C20，预应力混凝土桩的混凝土的强度等级不宜低于C40，主筋根据桩断面大小及吊装验算确定，一般为4～8根，直径12～25mm；不宜小于ϕ14，箍筋直径为6～8mm，间距不大于200mm，打入桩顶2～3d长度范围内箍筋应加密，并设置钢筋网片。预制桩纵向钢筋的混凝土保护层厚度不宜小于30mm。桩尖处可将主筋合拢焊在桩尖辅助钢筋上，在密实砂和碎石类土中，可在桩尖处包以钢板桩靴，加强桩尖。

2）预制桩-混凝土管桩

混凝土管桩一般在预制厂用离心法生产（图5-8）。桩径有ϕ300、ϕ400、ϕ500mm等，每节长度8m、10m、12m不等，接桩时，接头数量不宜超过4个。管壁内设ϕ12～ϕ22mm主筋10～20根，外面绕以ϕ6mm螺旋箍筋，多以C30混凝土制造。混凝土管桩各节段之间的连接可以用角钢焊接或法兰螺栓连接。由于用离心法成型，混凝土中多余的水分由于离心力而甩出，故混凝土致密，强度高，抵抗地下水和其他腐蚀的性能好。混凝土管桩应达到设计强度100%后方可运到现场打桩。堆放层数不超过三层，底层管桩边缘应用楔形木块塞紧，以防滚动。

图5-8　混凝土管桩

2. 预制桩的制作

较短的桩一般在预制厂制作，较长的桩一般在施工现场附近露天预制。为节省场地，现场预制方桩多用叠浇法，重叠层数取决于地面允许荷载和施工条件，一般不宜超过4层。制桩场地应平整、坚实，不得产生不均匀沉降。桩与桩间应做好隔离层，桩与邻桩、底模间的接触面不得发生粘结。上层桩或邻桩的浇筑，必须在下层桩或邻桩的混凝土达到设计强度的30%以后方可进行。钢筋骨架及桩身尺寸偏差如超出规范允许的偏差，桩容易被打坏，桩的预制先后次序应与打桩次序对应，以缩短养护时间。预制桩的混凝土浇筑，应由桩顶向桩尖连续进行，严禁中断，并应防止另一端的砂浆积聚过多。

1）混凝土预制桩的制作方法：采用重叠法，且重叠层数不超过4层。

2）混凝土预制桩的制作程序：场地整平、压实→做三七灰土或混凝土垫层→支模→扎筋（包括吊环安装）→浇混凝土→养护→拆模（至混凝土设计强度标准值的30%时）→支间隔端头模板、刷隔离剂、扎筋→浇间隔桩混凝土→重叠制作第二层桩、第三层桩、第四层桩。

3）混凝土预制桩的制作要求

① 分节制作条件：桩长＞30m时。

② 桩混凝土要求：强度等级 C30～C40，粗骨料粒径 5～40mm，坍落度≥6cm；保护层不可过厚，以 25mm 为宜。采用机械搅拌与振捣，顺序从桩顶向桩尖一次浇筑完成；采用洒水养护，养护时间≥7d。

③ 钢筋骨架宜采用焊接连接，主筋接头配置在同一截面内的数量不得超过 50%。

④ 做好制桩记录，记录制桩日期、混凝土强度、桩外观检查、桩质量鉴定，供验收时用。

⑤ 做好桩标记：包括桩的编号、制桩日期、绑扎位置等。

4）桩的质量应符合的规定

① 桩表面应平整、密实；掉角深度≤10mm，且局部蜂窝和掉角的缺损总面积不应超过该桩总表面积的 0.5%，并不应过分集中。

② 由于混凝土收缩产生的裂缝，深度≤20mm，宽度≤0.25mm，且横向裂缝不得超过桩长的一半（管桩、多角形桩不得超过直径或对角线的 1/2）。

③ 桩顶或桩尖处不得有蜂窝、麻面、裂缝和掉角。

3. 预制桩的起吊、运输和堆放

1）起吊

钢筋混凝土预制桩应在混凝土达到设计强度等级的 70%方可起吊，达到设计强度等级的 100%才能运输和打桩。如提前吊运，必须采取措施并经过验算合格后才能进行。

起吊时，必须合理选择吊点，防止在起吊过程中过弯而损坏。

吊点合理位置的确定：当吊点≤3 个时，其位置按正负弯矩相等的原则确定；当吊点>3 个时，其位置应按反力相等的原则确定。具体位置如下：

（1）一个吊点 $a=0.71L$，$b=0.29L$；

（2）二个吊点 $a=0.207L$，$b=0.586L$，$c=0.207L$；

（3）三个吊点 $a=0.153L$，$b=0.347L$，$c=0.347L$，$d=0.153L$；长 20～30m 的桩，一般采用 3 个吊点。

2）运输和堆放（图 5-9）

打桩前，桩从制作处运到现场，并应根据打桩顺序随打随运。桩的运输方式，在运距不大时，可用起重机吊运；当运距较大时，可采用轻便轨道小平台车运输。严禁在场地上直接推拉桩体。

图 5-9　预制桩运输与堆放

堆放桩的地面必须平整、坚实，垫木间距应与吊点位置相同，各层垫木应位于同一垂直线上，堆放层数不宜超过 4 层。不同规格的桩，应分别堆放。

预应力管桩达到设计强度后方可出厂，在达到设计强度及 14d 龄期后方可沉桩。预应力管桩在节长小于等于 20m 时宜采用两点捆绑法，大于 20m 时采用四吊点法。预应力管桩在运输过程中应满足两点起吊法的位置，并垫以楔形掩木防止滚动，严禁层间垫木出现错位。

5.3.2　锤击预制桩施工

1. 施工准备

1）材料构件要求

（1）钢筋混凝土预制桩：规格质量必须符合设计要求和施工规范的规定，并有出厂合格证。砂、石、水泥及钢材等桩体材料均应符合相关标准并具有合格证、检测报告。

（2）焊条（接桩用）：型号、性能必须符合设计要求和有关标准的规定，一般用E4303。

（3）钢板（接桩用）：材质、规格符合设计要求，宜用低碳钢。

2）主要机具

一般应备有：柴油打桩机或液压打桩机、电焊机、桩帽、缓冲垫、运桩小车、索具、钢丝绳、钢垫板或槽钢，以及钢尺等。

3）作业准备

（1）桩基的轴线和标高均已测定完毕，并经过检查办理预检手续。桩基的轴线和高程的控制桩，应设置在施工区附近不受打桩影响的地点，并应妥善加以保护。

（2）处理完高空和地下的障碍物。如影响邻近建筑物或构筑物的使用和安全时，应会同有关单位采取有效措施予以处理。

（3）场地应辗压平整排水畅通，保证桩机的移动和稳定垂直必要时填铺砂石、钢道板、枕木等施工措施，进行地面加固。

（4）根据轴线放出桩位线，用木橛或钢筋头钉好桩位，并用白灰做上标志，便于工作施打。

（5）打试验桩。施工前必须打试验桩，其数量不少于2根，确定贯入度并校验打桩设备、施工工艺以及技术措施是否适宜。

（6）要选择和确定打桩机进出路线和打桩顺序，制定施工方案，做好技术交底。

2. 施工工艺流程

施工工艺流程如图5-10所示。

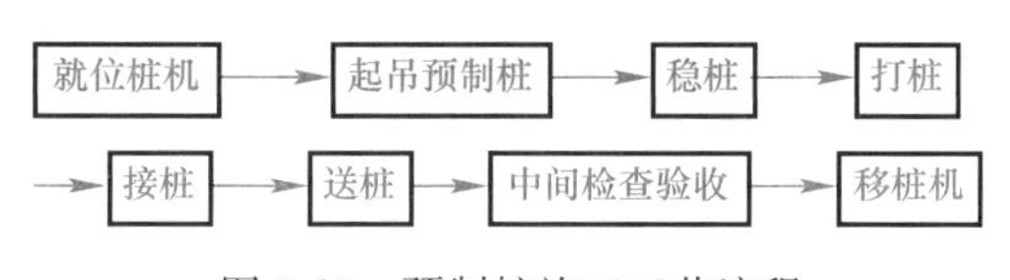

图5-10　预制桩施工工艺流程

3. 施工工艺要点

1）就位桩机。打桩机就位时，应对准桩位，保证垂直稳定，确保在施工中不发生倾斜、移动。在打桩前，用2台经纬仪对打桩机进行垂直度调整使导杆垂直或达到符合设计要求的角度。

2）起吊预制桩。先拴好吊桩用的钢丝绳和索具，然后应用索具捆绑在桩上端吊环附近处，一般不宜超过300mm，再起动机器起吊预制桩，使桩尖垂直或按设计要求的斜角准确地对准预定的桩位中心，缓缓放下插入土中，位置要准确，再在桩顶扣好桩帽或桩箍，即可除去索具。

3）稳桩。桩尖插入桩位后，先用落距较小冷锤敲击1～2次，桩入土一定深度，再调整桩锤、桩帽、桩垫及打桩机导杆，使之与打入方向成一直线，并使桩稳定。10m 以内短桩可用线坠双向校正；10m 以上或打接桩必须经引导仪双向校正，不得用目测。打斜桩时必须用角度仪测定、校正角度。观测仪器应设有不受打桩机移动及打桩作业影响的地点，并经常与打桩机成直角移动。桩插入土时垂度偏差不得超过 0.5%。桩在打入前，应在桩的侧面或桩架上设置标尺，以便在施工中观测、记录。

4）打桩。用落锤或单动汽锤打桩时，锤的最大落距不宜超过 1m；用柴油锤打桩时，应使锤跳动正常。打桩宜重锤低击，锤重的选择应根据工程地质条件、桩的类型、结构、密集程度及施工条件来选用。

5）打桩顺序根据基础的设计标高，先深后浅；依桩的规格先大后小，先长后短。由于桩的密集程度不同，可由中间向两个方向对称进行或向四周进行，可由一侧向单一方向进行。打入初期应缓慢地间断地试打，在确认桩中心位置及角度无误后再转入正常施打。打桩期间应经常校核检查桩机导杆的垂直度或设计角度。

6）接桩。在桩长不够的情况下，采用焊接或浆锚法接桩。接桩前应先检查下节桩的顶部，如有损伤应适当修复，并清除两桩端的污染和杂物等。如下节桩头部严重破坏时应补打桩。

焊接时，其预埋件表面应清洁，上下节之间的间隙应用铁片垫实焊牢。施焊时，先将四角点焊固定，然后对称焊接，并应采取措施，减少焊缝变形，焊缝应连续焊满。0℃以下时须停止焊接式作业，否则需采取预热措施。

浆锚法接桩时，接头间隙内应填满熔化了的硫黄胶泥，硫黄胶泥温度控制在 145℃左右。接桩后应停歇至少 7min 后才能继续打桩。

接桩时，一般在距地面 1m 左右时进行。上下节桩的中心线偏差不得大于 5mm，节点弯曲矢高不得大于 1/1000 桩长。

接桩处入土前，应对外露铁件再次补刷防腐漆。

桩的接头应尽量避免下述位置：桩尖刚达到硬土层的位置；桩尖将穿透硬土层的位置；桩身承受较大弯矩的位置。

7）送桩。设计要求送桩时，送桩的中心线应与桩身吻合一致方能进行送桩。送桩下端宜设置桩垫，要求厚薄均匀。若桩顶不平可用麻袋或厚纸垫平。送桩留下的桩孔应立即回填密实。

8）检查验收。预制桩打入深度以最后贯入度（一般以连续三次锤击均能满足为准）及桩尖标高为准，即“双控”，如两者不能同时满足要求时，首先应满足最后贯入度。坚硬土层中，每根桩已打到贯入度要求，而桩尖标高进入持力层未达到设计标高，应根据实际情况与有关单位会商确定。一般要求连续击 3 阵，每阵 10 击的平均贯入度，不应大于规定的数值；在软土层中以桩尖打至设计标高来控制，贯入度可作参考。符合设计要求后，填好施工记录。然后移桩机到新桩位。如打桩发生与要求相差较大时，应会同有关单位研究处理，一般采取补桩方法。

9）在每根桩桩顶打至场地标高时应进行中间验收，待全部桩打完后，开挖至设计标高，做最后检查验收，并将技术资料提交总承包方。

10）打桩过程中，遇见下列情况应暂停，并及时与有关单位研究处理。

a. 贯入度剧变。

b. 桩身突然发生倾斜、位移或有严重回弹。

c. 桩顶或桩身出现严重裂缝或破碎。

11）冬季在冻土区打桩有困难时，应先将冻土挖除或解冻后进行。

知识拓展

主要施工过程如图 5-11～图 5-22 所示。

图 5-11　采用全站仪进行管桩定位放线

图 5-12　管桩吊车转运

图 5-13　管桩起吊对中

图 5-14　管桩施打

4. 质量检查与验收

预制桩（钢桩）的桩位偏差应符合表 5-6 的规定。

图 5-15　管桩焊接接桩

图 5-16　采用送桩器送桩

图 5-17　管桩焊缝

图 5-18　管桩接头铁件防腐

图 5-19　管桩焊缝磁粉探伤

图 5-20　管桩竖向静压承载力试验

图 5-21　管桩低应变检测试验

图 5-22　管桩高应变检测试验

预制桩（钢桩）的桩位允许偏差　　表 5-6

序号	检查项目		允许偏差（mm）
1	带有基础梁的桩	垂直基础梁的中心线	$\leqslant 100+0.01H$
		沿基础梁的中心线	$\leqslant 150+0.01H$
2	承台桩	桩数为 1 根～3 根桩基中的桩	$\leqslant 100+0.01H$
		桩数大于或等于 4 根桩基中的桩	$\leqslant$1/2 桩径$+0.01H$ 或 1/2 边长$+0.01H$

注：H 为桩基施工面至设计桩顶的距离（mm）。

锤击预制桩质量检验标准应符合表 5-7 的规定。

锤击预制桩质量检验标准　　表 5-7

项目	序号	检查项目	允许值或允许偏差		检查方法
			单位	数值	
主控项目	1	承载力	不小于设计值		静载试验、高应变法等
	2	桩身完整性	—		低应变法
一般项目	1	成品桩质量	表面平整，颜色均匀，掉角深度小于 10mm，蜂窝面积小于总面积的 0.5%		查产品合格证
	2	桩位	表 5-6		全站仪或用钢尺量
	3	电焊条质量	设计要求		查产品合格证
	4	接桩：焊缝质量	无气孔、无焊瘤、无裂缝		目测法
		电焊结束后停歇时间	min	≥8（3）	用表计时
		上下节平面偏差	mm	≤10	用钢尺量
		节点弯曲矢高	同桩体弯曲要求		用钢尺量
	5	收锤标准	设计要求		用钢尺量或查沉桩记录
	6	桩顶标高	mm	±50	水准测量
	7	垂直度	≤1/100		经纬仪测量

注：括号中为采用二氧化碳气体保护焊时的数值。

5.3.3　静压式钢筋混凝土预制桩施工

静压法施工是通过静力压桩机的压桩机械以压桩机自重和机架上的配重提供反力而将

桩压入土中的沉桩工艺。由于这种方法具有无噪声、无振动、无冲击力等优点；同时压桩桩型一般选用预应力管桩，该桩作基础具有工艺简明，质量可靠，造价低，检测方便的特性。静压式钢筋混凝土预制桩适用于软土地区、城市中心或建筑物密集处的桩基础工程，以及精密工厂的扩建工程。

静压式钢筋混凝土预制桩的主要缺点，对周围建筑环境及地下管线有一定的影响，要求边桩中心到相邻建筑物的间距较大；施工场地的地耐力要求较高，在新填土、淤泥土及积水浸泡过的场地施工易陷机；过大的压桩力（夹持力）易将管桩桩身夹破夹碎，或使管桩出现纵向裂缝，不宜在地下障碍物或孤石较多的场地施工。

1. 施工准备

1）材料要求

（1）混凝土预制桩的质量要求。

（2）表面平整（方桩）密实、掉角的深度不应该超过 10mm，且局部窝和掉角的总面积不得超过桩表面面积的 0.5%，并不得过分集中。

（3）方桩深度不得大于 20mm、宽度不得大于 0.2mm 横向裂缝长度不得超过边长的一半、（管桩不超过直径的 1/2）。预应力管桩，不得有环缝和纵向裂纹。

（4）桩的混凝土强度必须大于设计强度。

（5）桩的材料（含其他半成品）进场后，应按规格、品种、牌号堆放，抽样检验，检验结果与合格证相符者方可使用，未经进货检验或未经检验合格的物资不得投入使用。

2）主要工机具

（1）机械设备

常用的机械设备有：WJY 型、ZYJ 型或 YZY 型（1200～2000kN）全液压静力压桩机、轮胎式起重机、运输载重汽车、电焊机等。

（2）主要工具

钢丝绳吊索、卡环、撬杠、砂浴锅、铁盘、长柄勺、浇灌壶、扁铲、台秤、温度计等。

3）作业条件

（1）静压桩施工现场三通一平，处理静压桩地基场地上面障碍物，清理、整平时要将雨水排出沟渠，附近有建筑物的要挖隔震沟，预先充分了解桩场地，清理障碍桩的高空和地下障碍物。

（2）静压桩场地整平用压路机碾压平整，并在地表铺 10～20cm 厚石子使地基承载力达到 0.2～0.3MPa。

（3）控制点的设置应尽可能远离施工现场，以减少施工土体扰动对基准点的影响。

（4）施工现场的轴线、水准控制点、桩基布点必须经常检查，妥善保护，设控制点和水准点的数量不应少于 2 个。

（5）测量放线使用的全站仪、经纬仪、水准仪、钢盘尺、线锤应计量检查合格，多次使用应为同一计量器具

（6）桩位布点与验收：按基础纵横交点和设计图的尺寸确定桩位，用小方木桩入并在上面用小圆钉做中心套样桩箍，然后在样箍的外侧撒石灰，以示桩位标记。测量误差 10mm。

（7）按总图设置的水、电、汽管线不应与桩相互影响，特别是供水、汽管线和地下电缆要防止桩土体隆起的破坏作用。

4）作业人员

（1）施工作业人员必须在上岗前进行岗位培训考核合格，持证上岗。

（2）施工作业人员施工前，必须充分了解地质资料、施工图纸和设计说明以及有关资料．必须熟知桩规范、质量评定标准、施工程序、验收标准以及组织分工等。

（3）施工作业人员应按国家规定的时间内容进行体格检查，必须持有健康检查合格证、高血压、心脏病、癫痫病患者不得参加桩作业。

2. 施工工艺

1）工艺流程

施工流程如图5-23所示。

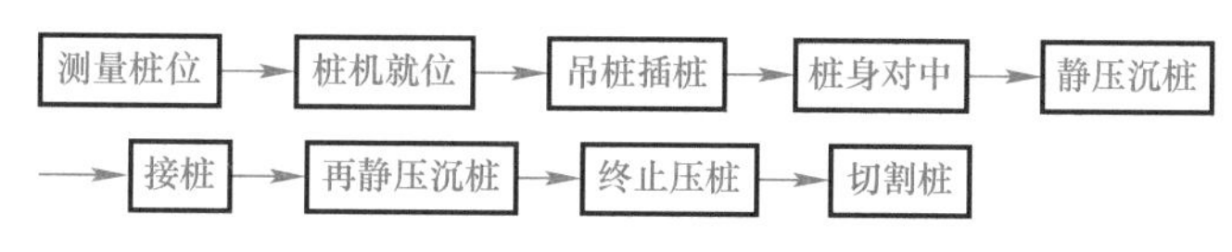

图5-23　静压式钢筋混凝土预制桩施工流程图

定桩位（测量、编号、复合）→压桩机到位（确定型号、标定技术参数）→吊桩、对中（控制吊点、垂直度）→焊桩尖（查焊接）→压第一节桩（确保桩垂直度）→焊接接桩（查电焊工资质、焊条、焊序、焊接层数、质量、自然冷却时间等）→压第 n 节桩（进行全过程测量、调控）→送桩、终桩（对送桩压力与标高进行双控）→移机（地压耐力、压桩顺序）→截桩（锯桩器截割）→记录、核查压桩及桩基检测相关资料。

2）操作工艺

（1）压桩机的安装必须按有关程序及说明书进行。压桩机就位时应对准桩位，启动平台支腿油缸，校正平台处于水平状态。

（2）施工前，样桩的控制应按设计原图，并以轴线为基准对样桩逐根复核，作好测量记录，复核无误后方可试桩、压桩施工。

（3）起动门架支撑油缸，使门架作微倾15°，以便吊插预制桩。

（4）起吊预制桩。用索具捆绑住桩上部50cm处，启动机器起吊预制桩，使桩尖对准桩位中心，缓慢下插入土中，回复门架在桩顶上扣好桩帽，可卸去索具，桩帽与桩周围应有5～10mm的间隙，桩帽与桩顶之间要有相应的硬木衬垫，厚度10cm左右。

（5）稳桩和压桩当桩尖插入桩位，扣好桩帽后，微微启动压桩油缸，当桩入土50cm时，再次校正桩的垂直度和平台的水平度，保证桩的纵横双向垂直偏差不得超过0.5%。然后启动压桩油缸，把桩缓慢下压，控制压桩速度，一般不宜超过2m/min。

（6）压桩的顺序要根据地质及地形桩基的设计布置密度进行，在粉质黏土及黏土地基施工，应尽量避免沿单一方向进行，以避免其向一边挤压造成压入深度不一，地基挤密程度不均。

（7）接桩

a. 钢筋混凝土预制方桩可采用浆锚法接桩，接桩时吊起上节桩，矫直外露锚固钢筋，对准下节桩缓慢下放，使上节桩的外露钢筋全部插入下节桩的预留孔中保其垂直和接触面吻合。微提上桩保持上下桩间有20～25mm的间隙，装上特制的箍，灌入熔融的硫黄水泥砂浆，灌入时间不得超过2min，冷却时间不得超过5～10min后，拆除箍继续压桩。

b. 钢筋混凝土预应力管桩宜采用焊接接桩，接桩采用的焊接材料按设计要求。接桩处的焊缝自然冷却10～15min后，对外露的铁件刷防腐漆后，继续压入土中。

c. 接桩一般在距地面1m左右进行。上下桩的中心线偏差应小于10mm，节点弯曲矢高不得大于1%桩长。

d. 设计要求送桩时，送桩的工具中心线应与桩身的中心线一致方可进行送桩，送桩深度一般不宜超过2m。

e. 压桩施工应连续进行，同一根桩的中间停歇时间不宜超过30min。

f. 当压桩力已达到设计荷载的两倍或桩尖已达到持力层时，应随即进行稳压。当桩长大于15m或密实砂土持力层时，宜取两倍设计荷载作为最后的稳压力，并稳压不少于三次每次1min；当桩长小于15m或黏土持力层时宜取两倍设计荷载作为最后的稳压力，并稳压不少于五次，每次1min。测定其最后各次稳压的贯入度。如设计有要求按设计要求执行。

g. 单排桩的轴线误差应控制在10mm以内，待桩压平于地面时，必须对每根桩的轴线进行中间验收，符合允许标准偏差范围的方可送桩到位。

h. 压桩施工时，应有专人或开启自动记录仪作好施工记录。

3. 静压高强预应力管桩施工质量控制措施

1）压桩前的质量控制

（1）审核施工方案。主要看其施工人员配备及持证上岗情况；选用的压桩机型是否符合场地地质情况、是否符合设计图纸中选用的管桩规格及单桩竖向极限承载力的要求；压桩顺序安排是否符合建筑桩基有关技术规范要求；质量、安全、控制措施是否到位等。

（2）现场检查压桩机是否安装调试好，油压表是否按期检测，配重是否满足大于1.2～1.5倍单桩竖向极限承载力的要求，是否会产生沉机、走位等现象；边桩、角桩是否有足够压桩位置和是否会对邻近建筑物产生侧向挤压影响；施工现场架空和地下障碍物是否已经处理。

（3）管桩进场时应检查其出厂合格证、检验报告和产品说明按不同规格、长度及施工顺序合理堆放在坚实平整的地上（一般宜单层堆放，叠层堆放时不得超过4层），并采用可靠的防滚、防滑措施。

（4）检查电焊条、焊丝、桩尖等其他进场材料质量证明文件，并现场核对实物。

（5）复核轴线、桩位、控制标高的准确性。桩位复测允许存在偏差值，单桩为10mm，全桩为20mm。桩位可用打入短钢筋、系上红色胶带和洒一圈白石灰水来做醒目标志。

（6）正式压桩前应组织设计、地质、建设、监理、质监和施工等单位在现场共同进行工艺性试压桩，以确定持力层强度、桩长、终压值、复压次数和复压时沉降量等收桩标准的重要参数。

2）压桩过程中的质量控制

（1）桩在起吊时应保持平稳，保护桩身质量，避免砸、撞、拖造成断裂，起吊时同时检查桩身有无裂纹，是否完好，对断裂桩进行报废处理，桩在现场翻运后堆放平整。

（2）应严格按照施工方案及有关技术规范的要求进行施工。施工顺序应考虑群桩的挤土效应，一般不同的桩基应先深后浅、先大后小、先长后短；同一单体建筑或全桩承台应先施压场地中央的桩，后施压周边的桩；当毗邻其他建筑物时，由毗邻建筑物向另一方向施压；如周围为基坑的支护时，其支护结构应在主体桩施工完成后再行施工。

（3）第一节桩吊桩到位后应核对其桩心是否对准桩位中心，若地面土体被桩机碾压变形导致桩位标识位移时，应重新拉轴线确定桩位。

（4）当管桩插入地面1m左右或接桩时施工人员应利用桩机驾驶室现地面垂成90°角的侧面进行观察，调整好桩的垂直度，垂直度偏差不宜大于0.5%。在施压桩过程中决不允许用桩机拖桩来调整桩位和垂直度，以免造成桩倾斜、折断，从而影响成桩的质量。

（5）为防止由于桩管内水渗入至持力层使其风化岩岩体软化，发生管桩承载力下降、沉降加大的现象，焊接桩尖时焊缝应饱满连续，并在第一次接桩前向下节管桩内灌入1.2～1.5m高的素混凝土。

（6）管桩对接前应用钢刷将上下端板清刷干净，用导向箍引导上节管桩就位，使上下节顺直后才开始施焊。焊接时，宜先在坡口圆偶周上对称点焊4～6个点固定，拆除导向箍后再行施焊，焊接层数不得少于二层，并且焊缝应饱满连续，焊好后应自然冷却8min以上方可施压，严禁用水冷却和焊接后立即施压。

（7）沉桩过程中应根据地质资料和设计图纸要求进行控制。沉桩速度不能过快，一般控制在每分钟1.8m左右为宜；沉桩过程中，当桩尖遇到硬土层或砂层而发生沉桩阻力突然增大时，可采取忽停忽压的冲击施压法，使桩缓慢下沉直至穿透硬土或砂层。当遇到持力层岩面起伏较大时，可采用调整静压力或反复施压法使桩尖逐渐进入岩层内，然后再加大静压力，这样就可以避免桩头侧向受力较大而发生断桩现象。沉桩过程中除接桩停留外宜连续施压，接桩停留时间也不宜大于30min。

（8）在沉桩过程中如果压力值突然下降、沉降量突然增大或桩身污染、倾斜、跑位，可能是断桩。对于配置封口型桩尖的管桩，可通过吊线锤丈量桩长或吊低压照明灯直接观察来判断是否断桩。沉桩过程中如有断桩、桩身混凝土出现裂缝、地面隆起、邻桩上浮或压桩至设计桩长但仍未达到收桩的终压值要求，或终压值满足收桩要求但桩长不能达到设计要求时，应与设计、地质等有关单位人员联系，分析原因采取相应措施处理后方可继续压桩。压桩时如遇地下障碍物，可根据其深度分别采用除障、引孔、避让等措施解决。

（9）压桩过程中应采用水准仪定点、定人、定仪器，对已完成的桩点标高及时测量，待压桩全面完成后，再行复测，如两次测量差大于20mm，表明浮桩较严重，必须复压。

（10）压桩时应合理配制桩长，尽量使同一承台桩接头位置相互错开，并避免接桩时桩尖处于砾砂层内。截断后的短桩被重新利用时其长度不宜小于3m，同时要认真检查其是否有裂缝，当需要送桩时，送桩深度不宜大于2m。

（11）沉桩过程中应认真观察压力表读数，做好原始数据记录。应记录所压桩号、节数，每节配桩长度，每节桩压力表的读数和稳压时贯入度、终压值等，以判断桩的质量和承载力，防止错压、漏压现象发生。

（12）收桩是整个压桩过程的关键，应严格按照工艺试桩确定的收桩标准要求进行。一般情况下，桩长应达到设计图纸要求，终压值略高于2倍单桩承载力特征值，然后利用2倍单桩承载力特征值进行3～5次复压，每次持荷时间1～2min，其最后两次沉降量总和应小于设计要求或小于5mm。

3）桩基检测

桩基检测采用低应变法来判断桩身完整性，用单桩竖向抗压静载试验确定单桩竖向抗压极限承载力。抽检数量应根据建筑物的重要性、地质条件、成桩质量可靠性和相关规范规定来确定。一般先取20%以上且不得少于10根有代表性的桩做低应变检测，对于3桩或3桩以下承台抽检桩数不得少于1根。低应变检测完后，应根据其检测结果，选择有代表性的Ⅰ、Ⅱ、Ⅲ类桩做静载；静载试验的检测数量不应少于3根，且不宜少于总桩数的1%，当工程总桩数在50根以内时不应少于2根；静载检测完后，用Ⅰ类优质桩、Ⅱ类合格桩的静载试验结果来统计工程桩承载力特征值；对于Ⅲ类有问题的桩应进行验证后酌情处理；Ⅳ类不合格桩必须进行处理。

4. 静压管桩施工安全控制措施

建立健全的工程项目有关安全管理制度，对于所有进场施工人员进行上岗前的安全文明教育和安全技术交底，并核对特种作业人员上岗证，具体安全措施如下：

(1) 桩机安装完成后，应组织相关人员进行检查验收。主要检查各部件在空载时运转是否自如，有无异常响声，有无振动破坏现象，配重铁块是否锁紧，并检查用电设备是否安装了漏电保护开关，电缆是否有乱搭、乱接及拖地现象等。

(2) 压桩作业时，非工作人员须离桩机20m以外。施工人员应配齐各就各位，不得随意串岗或进行与作业无关事情；起吊重物时需有专人指挥，且起重臂下严禁站人。

(3) 起重机其中范围不得超过起重性能规定的指标。起吊管桩时，索具应吊在管桩0.3l（l为管桩长）以上位置，但离桩端必须大于1m；起重机吊桩进入夹持机构后，在压桩开始之前，起吊钢丝绳必须放松，压桩时则随沉桩速度不断放松，使吊钩始终处于不受力状态，最后通过司索工人工脱钩，这样既可以避免拉断钢丝绳或拉弯起重机吊臂，又可避免因强行摆臂脱钩或过长的管桩倾斜造成管桩折断，从而发生断桩从高处倒下的意外事故。

(4) 接桩焊接用焊机操作时应加装防护罩，并设有专用有效地线；各种气瓶应作标识，气瓶距明火点10m以上，气瓶间距必须大于5m；气瓶必须加防震圈和防护帽，其使用和存放时严禁平放或倒放。

(5) 施工完毕的桩头上面要加盖，以防行人或杂物等掉入。

5. 质量检查与验收

静压预制桩质量检验标准应符合表5-8的规定。

静压预制桩质量检验标准　　表5-8

项目	序号	检查项目	允许值或允许偏差		检查方法
			单位	数值	
主控项目	1	承载力	不小于设计值		静载试验、高应变法等
	2	桩身完整性	—		低应变法
一般项目	1	成品桩质量	表面平整，颜色均匀，掉角深度小于10mm，蜂窝面积小于总面积的0.5%		查产品合格证
	2	桩位	见表5-6		全站仪或用钢尺量
	3	电焊条质量	设计要求		查产品合格证
	4	接桩：焊缝质量	无气孔、无焊瘤、无裂缝		目测法
		电焊结束后停歇时间	min	≥6（3）	用表计时
		上下节平面偏差	mm	≤10	用钢尺量
		节点弯曲矢高	同桩体弯曲要求		用钢尺量

续表

项目	序号	检查项目	允许值或允许偏差		检查方法
			单位	数值	
一般项目	5	终压标准	设计要求		现场实测或查沉桩记录
	6	桩顶标高	mm	±50	水准测量
	7	垂直度	≤1/100		经纬仪测量
	8	混凝土灌芯	设计要求		查灌注量

注：电焊结束后停歇时间项括号中为采用二氧化碳气体保护焊时的数值。

6. 常见的质量问题及处理措施

1）桩身上抬

因为静压桩是挤土桩，在场地桩数量较多、桩距较密的情况下，经常会出现后压的桩对已压的桩产生挤土效应，使桩上抬，特别对于短桩，很容易形成所谓的“吊脚桩”。这种桩在做静载荷试验时，开始沉降较大，Q-S（荷载-沉降）曲线较陡，但当桩端达到持力层时，承载力又有明显增加，即沉降曲线又趋于平缓，这是桩身上抬的典型曲线。桩身上抬产生的后果是：静载沉降偏大；桩的接头可能会被拉断；桩端脱空；同时还会大大加强对四周桩的水平挤压力，导致桩倾斜偏位等。

处理措施：施工前合理安排打桩顺序，同一单体建筑物一般要求先打场地中央的桩，后打周边的桩；先打持力层较深的桩，后打较浅的桩。当出现桩身上抬后时，一般采用复压的办法使桩基恢复正常使用，但对承受水平荷载的基础要慎重。

2）桩顶（端）开裂

对于土质较硬的场地，管桩有可能还压不到设计标高，而在反复施压的情况下，管桩桩身产生强烈的横向应力，如果桩还是按常规配箍筋，桩顶会因混凝土抗拉强度不足而开裂，产生垂直裂缝，为处理带来很大困难。另外，管桩由软弱土层突然进入坚硬持力层，没有经过过渡层，桩机施压速度过快，桩身受瞬间冲击力也容易引起桩顶开裂，如果坚硬持力层面不平整，桩端卡不进土引起桩头折断破碎，桩机施压速度下降，再压时压力不稳定，吊线测量桩长比入土部分短。

处理措施：事前改进桩端形式（圆锥形桩端易滑），事后用压力灌浆把桩底破碎混凝土粘结住，适当折减承载力设计值。

3）桩接头断离

当设计桩较长时，因运输及施工工艺的要求，桩分段预制，分段沉入，各段之间常用钢制焊接连接件做桩接头。这种桩接头的断离现象也较为常见。其原因：预制桩质量差，其中桩顶面倾斜和桩端位置不正或变形，使桩倾斜；桩距过小，打桩顺序不当而产生强烈的挤土效应；上、下节桩中心线不重合；桩接头施工质量差，如焊缝尺寸不足等原因。

处理措施：当桩距较小时，可采用先钻孔，后置桩，再沉桩的方法施工；桩身倾斜，但未断裂，且桩长较短，或因基坑开挖造成桩身倾斜，而未断裂时，可采用局部开挖后用千斤顶纠偏复位法进行处理。

4）桩位偏差过大

桩位偏差过大的常见原因：测量放线差错；沉桩工艺不良，如桩身倾斜造成竣工桩位出现较大的偏差。

处理措施：采用扩大承台法。即当原有的桩基承台平面尺寸满足不了构造要求或基础承载力的要求时，则需要扩大桩基承台的面积。

5）引孔压桩

为了防止桩间的挤土效应太大，或土质太硬而使桩身较短，施工中常采用引孔压桩的工艺，即先钻比管桩直径略小规格的钻孔，深度是桩长的（2/3～1）l，然后将管桩沿预钻孔压下去。引孔应随引随压，中间间隔时间不宜太长，否则孔内积水会导致：①软化桩端土，待水消散后孔底会留有一定空隙；②积水往桩外壁冒，削弱了桩的侧摩阻力。

处理措施：对于较硬土质中引孔压桩还会有桩尖达不到引孔孔底的现象，施工完成后孔底积水使土体软化，从而使承载力达不到设计要求。

6）桩端封口不实

当桩端有缝隙，地下水水头差的压力可使桩外的水通过缝隙进入桩管内腔，若桩端附近的土质是泥质土，遇水易软化，从而直接影响桩的承载力。

处理措施：工程上比较有效的补救技术措施是采用“填芯混凝土”法，即在管桩施压完毕后立即灌入高度为1.2m左右的C20细石混凝土封底，桩端不漏水，桩端附近水压平衡，桩端土承受三相压力，承载力能保持稳定。

单元小结

桩基施工图，是组织桩基施工、进行工程验收和制定桩基施工方案和进行工程预、决算的重要依据。本单元介绍了桩基施工相关知识，包括桩基施工工艺流程、各道工序的质量控制要点、常见问题处理及验收规范。以实际工程的管理过程为例，培养学生理论联系实际和进行交底工作的职业能力。

习　题

5-2 单元自测

一、简答题

1. 试述泥浆护壁成孔灌注桩的施工工艺。
2. 试述泥浆护壁成孔灌注桩施工的验收规范。
3. 试述泥浆护壁成孔灌注桩常见的质量问题并说明产生原因及处理措施。
4. 试述沉管灌注桩的施工工艺。
5. 试述沉管灌注桩施工的验收规范。
6. 试述沉管灌注桩施工常见的质量问题并说明产生原因及处理措施。
7. 试述锤击预制桩的施工工艺。
8. 试述锤击预制桩的验收规范。
9. 试述锤击预制桩施工常见的质量问题并说明产生原因及处理措施。
10. 试述静压式钢筋混凝土预制桩的施工工艺。

11. 试述静压式钢筋混凝土预制桩施工的验收规范。

12. 试述静压式钢筋混凝土预制桩施工常见的质量问题并说明产生原因及处理措施。

二、单选题

1. 在极限承载力状态下，桩的荷载由桩侧承受的桩是（　　）。

A. 端承摩擦桩　　B. 摩擦桩　　C. 摩擦端承桩　　D. 端承桩

2. 施工时无噪声，无振动，对周围环境干扰小，适合城市中施工的是（　　）。

A. 锤击沉桩　　B. 振动沉桩　　C. 射水沉桩　　D. 静力压桩

3. 清孔时沉渣厚度对于摩擦桩来说不能大于（　　）。

A. 100mm　　B. 200mm　　C. 300mm　　D. 400mm

三、多选题

1. 泥浆护壁成孔灌注桩施工的工艺流程中，在"下钢筋笼"之前完成的工作有（　　）。

A. 测定桩位　　B. 埋设护筒　　C. 制备泥浆

D. 绑扎承台钢筋　　E. 成孔

2. 打桩质量控制主要包括（　　）。

A. 贯入度控制　　B. 桩尖标高控制　　C. 桩锤落距控制

D. 打桩后的偏差控制　　E. 打桩前的位置控制

实训任务　某灌注桩工程施工专项方案编制

宁波东钱湖 02-4 中部地块项目位于东钱湖韩岭古村太平池西侧，工程为 19 号楼～56 号楼共 38 个单体工程，其中 18 个单体基础设计采用 Φ600 钻孔灌注桩，持力层为⑤-2 层含角砾粉质黏土，桩基施工时，钻孔灌注桩以桩长控制为主，共 215 枚，设计桩长 14m、15m、16m、17m 四种。桩基工程场地周围有影响工作的建筑物和障碍物，施工场地还未平整，施工道路正在铺设中。本工程桩为混凝土灌注桩，以桩长控制为主；同时注意持力层是否与地质报告相符合，若有异常情况及时与设计师联系，桩端入持力层的深度不小于 1.0m，以⑤-2 层含角砾粉质黏土为桩端持力层。单桩参数表如表 5-9 所示。

单桩参数表-1　　表 5-9

编号	桩径（mm）	持力层	单桩承载力特征值（kN）	单桩承载力极限值（kN）	根数	备注
ZJ	ϕ600	⑤-2含角砾粉质黏土	680	1360	215	C25 混凝土

本工程采用混凝土灌注桩，设计桩径及桩长见单桩参数表 5-10。桩身混凝土强度为 C25，所有桩基按规范进行动测，静载荷要求检测。桩端进入⑤-2 层含砾粉质黏土层的深度不小于 1.0m（见单桩参数表 5-10）。

单桩参数表-2　　表 5-10

序号	楼号	桩型编号	桩长	桩数	备注
1	30 号	ZKZ-D600-16-16（B2）-C25	16m	12	
2	31 号	ZKZ-D600-16-16（B2）-C25	16m	8	

续表

序号	楼号	桩型编号	桩长	桩数	备注
3	32 号	ZKZ-D600-16-16（B2）-C25	16m	11	
4	35 号	ZKZ-D600-17-17（B2）-C25	17m	39	
5	37 号	ZKZ-D600-15-15（B2）-C25	15m	12	
6	38 号	ZKZ-D600-16-16（B2）-C25	16m	8	
7	39 号	ZKZ-D600-16-16（B2）-C25	16m	10	
8	40 号	ZKZ-D600-15-15（B2）-C25	15m	8	
9	41 号	ZKZ-D600-15-15（B2）-C25	15m	10	
10	42 号	ZKZ-D600-16-16（B2）-C25	16m	18	
11	43 号	ZKZ-D600-16-16（B2）-C25	16m	8	
12	44 号	ZKZ-D600-16-16（B2）-C25	16m	8	
13	45 号	ZKZ-D600-15-15（B2）-C25	15m	6	
14	46 号	ZKZ-D600-15-15（B2）-C25	15m	12	
15	51 号	ZKZ-D600-16-16（B2）-C25	16m	16	
16	52 号	ZKZ-D600-16-16（B2）-C25	16m	15	
17	53 号	ZKZ-D600-16-16（B2）-C25	16m	4	
18	56 号	ZKZ-D600-14-14（B2）-C25	14m	10	
合计				215	

工程地质情况

1）地基土构成与分布特征

本次勘察查明了场地工程地质条件。根据有关勘察规范，将场地勘探深度范围内的地基土层按其成因类型、埋藏分布规律、岩性特征及物理力学性质差异划分 5 个工程地质层，现自上到下分述如下：

① 杂填土

灰黄色，杂色，主要由建筑垃圾、碎石、块石，角砾和黏性土组成，碎块石一般粒径 10～100mm，最大粒径 1000mm。

② 游泥

灰黑色，流塑，含较多腐殖物，泥含量约 15%，局部含少量角砾，高干强度，高韧性。

③ 角砾

灰黄色，主要由石芙、长石等组成，一般粒径 5～20mm，最大粒径 10mm，颗粒氧配较差，多呈棱角状，局部夹少量碎石，局部黏性土含量较高，湿，稍密，局部中密。

④ 淤泥质黏土

灰色，流塑，含少量贝壳碎片，局部夹少量角砾，高干强度，高韧性，无摇振反应，切面有光泽，局部相变为淤泥质粉质黏土。

⑤ 淤泥

灰色，流塑，含少量贝壳碎片，局部夹少量角砾，高干强度，高韧性，无摇振反应，切面有光泽。

⑤-1 淤泥质黏土

灰色，流塑，含少量贝壳碎片，局部夹少量角砾，高干强度，高韧性，无摇振反应，切面有光泽，局部相变为淤泥质粉质黏土。

⑤-2 含角砾粉质黏土

灰褐色，灰紫色，可塑，角砾及碎石含量不均，相变为含粉质黏土角砾，呈中度状，中等干强度，中等韧性，无摇振反应，切面稍有光泽，排列杂乱，多呈棱角状。

⑥含粉质黏土角砾

黄褐色，主要由角砾，碎石，砂及黏性土组成，颗粒极配一般，多呈棱角状，局部粉质黏土含量较高，稍密-中密。

2）水文条件

（1）地表水

在施工场地内有一条河流穿过场地，河流宽度约 5m，河流水面高程 3.35m，河流底部标高约 2.5m，流向东钱湖。需要做好防洪措施。需要注意渗透情况并做好防护措施。

（2）孔隙潜水

主要赋予于上部人工填土、淤泥、粉质黏土、淤泥质黏土、③$_1$ 层含角砾粉质黏土、含粉质黏土角砾、③$_2$ 层角砾及以下地层中。淤泥、粉质黏土、淤泥质黏土，其透水性较差，水量极贫乏；③$_1$ 层含角砾粉质黏土、含粉质黏土角砾、其透水性一般，且不均匀；人工填土及角砾透水性较好，水量较多。场地内孔隙潜水主要受大气降水的竖向渗入补给和河流侧向入渗补给。地下水位受季节及气候条件影响，勘察期间测得地下静止水位埋深介于 0.6～1.8m 之间，年变化幅度一般在 1.5m 左右。在桩基施工过程中有较大影响。

请根据本工程情况编写灌注桩专项施工方案。

单元 6

软弱地基处理

【教学目标】

在浅基础施工过程中，当遇到地基土质过软或过硬，不符合设计要求时，应对基础底部土质进行处理及加固，减小地基不均匀沉降对建筑物的影响，确保建筑物地基达到设计要求。学生在学习本单元内容后，能够了解软弱地基处理的特点、处理目的，能够掌握换填土地基、夯实地基、挤密桩地基、深层搅拌桩地基的施工工艺和适用条件。

【教学要求】

能力目标	知识要点	权重	自测分数
能够根据工程具体特点和条件，正确选择软弱地基处理方法	熟悉常用软弱地基处理的特点、适用范围和适用条件	30%	
能根据工程设计文件要求，编制软弱地基处理施工方案	掌握换填土地基、夯实地基、挤密桩地基、深层搅拌桩地基的施工工艺	40%	
具备软弱地基工程施工质量验收与安全检查的能力	掌握软弱地基工程施工质量验收标准和安全技术	30%	

案例导入

拟在某市开发区兴建一个大型工业项目，场地上部土层以淤泥、黏土为主，土层厚度4.5～5.0m，下部为沙土，厚度为5～8m，地下水位－1.0m，基础埋置深度－2.1m，根据地质勘测报告和设计文件要求，持力层为沙土层。

试问，此工业项目地基是否处理？如需处理应选择什么地基处理方法？并说明选用此方法的理由及施工要点。软弱地基处理有哪些方法及其适用范围？

任务6.1　软弱地基处理的特点、处理目的

6.1.1　软弱地基处理的特点

1. 软弱地基

软弱地基系指主要由淤泥、淤泥质土、冲填土、杂填土或其他高压缩性土层构成的地基。这种地基天然含水量过大，承载力低，在荷载作用下易产生滑动或固结沉降 。

软弱地基是一种不良地基。由于软土具有强度较低、压缩性较高和透水性很小等特性，在软弱地基上的建筑物往往会出现地基强度和变形不能满足设计要求的问题，因而常常需要采取措施，进行地基处理。处理的目的是要提高软弱地基的强度，保证地基的稳定，降低软弱土的压缩性，减少基础的沉降和不均匀沉降。因此在软土地基上修建建筑物，必须重视地基的变形和稳定问题。

对建在软弱地基上的建筑物，在工程设计和地基处理方案确定前，应进行工程地质和水文地质勘察，查明软弱土层的组成、地质成因、分布范围、均匀性、软弱土层厚度、持力层位置及状况以及地基土的物理和化学性质等。对冲填土还应了解均匀性和排水固结条件；对杂填土应查明堆载历史年代，明确自重下稳定性和湿陷性等基本因素；对其他特殊土应查明其特征、工程性质、成层情况等，以作为工程设计和选用地基处理方案的依据。

特别提示

·根据《建筑地基基础设计规范》GB 50007—2011 第 7.1.1 条规定，软弱地基系指主要由淤泥、淤泥质土、冲填土、杂填土或其他高压缩性土层构成的地基。当地基压缩层主要由淤泥、淤泥质土、冲填土、杂填土或其他高压缩性土层构成时应按软弱地基进行设计。在建筑地基的局部范围内有高压缩性土层时，亦应按局部软弱土层考虑。

2. 软弱地基土层的特性

(1) 淤泥及淤泥质土

淤泥及淤泥质土是在净水或缓慢流水环境中沉积的、经生物化学作用形成的、天然含水量高的、承载力（抗剪强度）低的、软塑到流塑状态的饱和黏性土。其含水量一般大于液限（40%～90%）；天然孔隙比一般大于等于1.0；当土由生物化学作用形成，并含有机质，其天然孔隙比 e 大于 1.5 时为淤泥；天然孔隙比小于 1.5 而大于 1.0 时称为淤泥质土，淤泥和淤泥质土总成软（黏）土。广泛分布在我国东南沿海，如天津、上海、杭州、宁波、温州、福州、厦门、广州等地区及内陆、湖泊、平原和地区。其工程特性主要是具有触变性、高压缩性、低透水性、不均匀性以及流变性等。在荷载作用下，地基承载能力低，地基沉降变形大，不均匀沉降也大，而且沉降稳定时间比较长。

(2) 冲填土

冲填土是由水力冲填泥沙沉积形成的填土。常见于沿海地带和江河两岸。冲填土的特性与其颗粒组成有关，此类土含水量较大，压缩性较高，强度低，具有软土性质。它的工程性质随土的颗粒组成、均匀性和排水固结条件不同而异，当含砂量较多时，其性质基本上合粉细砂相同或类似，就不属于软弱土；当黏土颗粒含量较多时，往往欠固结，其强度和压缩性指标都比天然沉积土差，则应进行地基处理。

（3）杂填土

杂填土是指含有大量建筑垃圾、工业废料及生活垃圾等杂物的填土。常见于一些较古老城市和工矿区。它的成因没有规律，成分复杂，分布极不均匀，厚度变化大，有机质含量较多，性质也不相同，且无规律性。它的主要特性是土质结构比较松散，均匀性差，变形大，承载力低，压缩性高，有浸水湿陷性，就是在同一建筑物场地的不同位置，地基承载力和压缩性也有较大的差异，一般需要经处理才能作建筑物地基。对有机质含量较多的生活垃圾和对基础油侵蚀性的工业废料等杂填土地基，未经处理，不宜做持力层。

（4）其他高压缩性土

饱和的松散粉细沙（含部分粉质黏土），亦属于软弱地基的范畴。当受到机械振动和地震荷载重复作用时，将产生液化现象；基坑开挖时会产生流砂或管涌；再由于建筑物的荷重及地下水的下降，也会促使砂土下沉。其他特殊土如湿陷性黄土、膨胀土、盐渍土、红黏土以及季节性冻土等特殊土的不良地基现象，亦属于需要地基处理的软弱地基范畴。

3. 软弱地基的处理特点

软弱地基的处理方法应坚持经济适用、就地取材的原则。施工中由于软土地基的承载力不能满足设计要求，因此在基础施工中经常对软土地基采取一定的处理方法，从而达到设计规定的承载要求，目前常用的处理方法有换填地基、夯实地基、振冲地基、挤密桩地基、深层搅拌桩地基、堆载预压地基、化学加固地基等。施工中由于每个工程地基情况不同，采用的处理措施也不相同，每种处理方法也具有自身的特点。

（1）换填地基

换填地基是在浅基础施工中，软土地基不能满足地基承载力要求，采用将软土挖出换成承载力较高的地基土进行回填压实而形成新的地基土，如：灰土地基、砂石地基等。

（2）夯实地基

夯实地基施工主要针对低饱和度的非软弱土，由于其密实度较低，通过采用夯实加固后，地基承载力可以达到设计要求的地基土，如：处理碎石土、砂土、低饱和度的粉土和黏性土、湿陷性黄土、素填土和杂填土等。夯实地基一般包括重锤夯实法、强夯法。

（3）振冲地基

振冲地基施工是利用高频振冲设备高压水成孔，然后分批填以砂石骨料形成一根根桩体，桩体与原地基构成复合地基。该法是国内应用较普遍和有效的地基处理方法，适用于各类可液化土的加密和抗液化处理，以及碎石土、砂土、粉土、黏性土、人工填土、湿陷性土等地基的加固处理。采用振冲法地基处理技术，可以达到提高地基承载力、减小建（构）筑物地基沉降量、提高土石坝（堤）体及地基的稳定性、消除地基液化的目的。

（4）挤密桩地基

挤密桩地基是软土地基加固处理的方法之一。通常在湿陷性黄土地区使用较广，用冲击或振动方法，把圆柱形钢质桩管打入原地基，拔出后形成桩孔，然后进行素土、灰土、石灰土、水泥土等物料的回填和夯实，从而达到形成增大直径的桩体，并同原地基一起形成复合地基。如：素土挤密桩地基、灰土挤密桩地基等。

（5）深层搅拌桩地基

深层搅拌桩地基是利用水泥作为固化剂，通过深层搅拌机械在地基将软土或沙等和固化剂强制拌合，使软基硬结而提高地基强度。该方法适用于软基处理，效果显著，处理后可成桩、墙等。深层水泥搅拌桩适用于处理淤泥、砂土、淤泥质土、泥炭土和粉土。当用于处理泥炭土或地下水具有侵蚀性时，应通过试验确定其适用性。冬期施工时应注意低温对处理效果的影响。

（6）堆载预压地基

堆载预压地基是软土地基处理的方法之一。堆载预压法即堆载预压排水固结法。该方法通过在场地加载预压，使土体中的孔隙水沿排水板排出，逐渐固结，地基发生沉降，同时强度逐步提高。

堆载预压法对各类软弱地基均有效；使用材料、机具简单，施工操作方便。但堆载预压需要一定的时间，适合工期要求不紧的项目。对于深厚的饱和软土，排水固结所需要的时间很长，同时需要大量的堆载材料，在使用上会受限。

（7）化学加固地基

化学加固法是利用某些化学溶液注入地基土中，通过化学反应生成胶凝物质或使土颗粒表面活化，在接触处胶结固化，以增强土颗粒间的连结，提高土体的力学强度的方法。常用的加固方法有硅化加固法、碱液加固法、电化学加固法和高分子化学加固法。

如：硅化加固法是通过打入带孔的金属灌注管，在一定的压力下，将硅酸钠（俗称水玻璃）溶液注入土中；或将硅酸钠及氯化钙两种溶液先后分别注入土中。前者称为单液硅化；后者称为双液硅化。单液硅化适用于加固渗透系数为 0.1～2.0m/d 的湿陷性黄土和渗透系数为 0.3～5.0m/d 的粉砂。

6.1.2　软弱地基处理目的

处理的目的是要提高软弱地基的强度，保证地基的稳定，降低软弱土的压缩性，减少基础的沉降和不均匀沉降。因此在软土地基上修建建筑物，必须重视地基的变形和稳定问题。

对建在软弱地基上的建筑物，在工程设计和地基处理方案确定前，应进行工程地质和水文地质勘察，查明软弱土层的组成、地质成因、分布范围、均匀性、软弱土层厚度、持力层位置及状况以及地基土的物理和化学性质等。对冲填土还应了解均匀性和排水固结条件；对杂填土应查明堆载历史年代，明确自重下稳定性和湿陷性等基本因素；对其他特殊土应查明其特征、工程性质、成层情况等，以作为工程设计和选用地基处理方案的依据。

任务6.2　软弱地基处理的方法、步骤、适用条件

6.2.1　换填地基工程施工

1. 换填地基的概念与应用

6-1 地基处理-换填垫层法

换填地基即换填垫层法地基，也称换填法地基，是将基础下一定深度范围内的软弱土层全部或部分挖除，然后分层回填砂、碎石、素土、灰土、粉煤灰、高炉干渣等强度较大，性能稳定且无侵蚀性的材料，并分层夯实（或振实）至要求的密实度。换填法还包括低洼地域筑高（平整场地）或堆填筑高（道路路基）。

当软弱地基的承载力和变形不能满足建筑物要求，且软弱土层的厚度又不很大时，换填垫层法是一种较为经济、简单的软土地基浅层处理方法。根据不同的回填材料，可分为

砂垫层、碎石垫层、素土或灰土垫层、粉煤灰垫层及煤渣垫层等。换填垫层法可就地取材、施工方便、机械设备简单、工期短、造价低。

特别提示

根据《建筑地基处理技术规范》JGJ 79—2012 术语规定，换填垫层是指挖去表面浅层软弱土层或不均匀土层，回填坚硬、较粗粒径的材料，并夯压密实形成的垫层。

2. 换填垫层法适用范围

《建筑地基处理技术规范》JGJ 79—2012，中规定：换填垫层法适用于浅层软弱地基及不均匀地基的处理。工程实践表明，换填垫层法主要适用于淤泥、淤泥质土、湿陷性黄土、素填土、杂填土地基及暗沟、暗塘等的浅层处理。

换土垫层法的处理深度常控制在 3～5m。若换土垫层太薄，其作用不甚明显，因此换填垫层的厚度不宜小于 0.5m，也不宜大于 3m。换填法各种垫层的适用范围见表 6-1。

各种垫层的适用范围　　表 6-1

垫层种类	适用范围
砂垫层（碎石、砂砾）	中、小型建设工程的滨、塘、沟等局部处理；软弱土和水下黄土处理（不适用于湿陷性黄土）；也可有条件用于膨胀土地基
素土垫层	中小工程，大面积回填，湿陷性黄土
灰土垫层	中小型工程，膨胀土，尤其湿陷性黄土
粉煤灰垫层	厂房、机场、港区路线和堆场等大、中小型大面积填筑
干渣垫层	中小型建筑工程，地坪、堆场等大面积地基处理和场地平整；铁路、道路路基处理

3. 加固机理

换土垫层处理软土地基，其加固机理和作用主要体现在以下几个方面：①提高浅层地基承载力；②减少地基的变形量；③加速软土层的排水固结；④防止土的冻胀；⑤消除地基土的湿陷性、胀缩性或冻胀性。换土垫层法在处理一般软弱地基时，主要作用为前 3 种，在某些工程中也可能几种作用同时发挥。

4. 设计计算

垫层的设计内容主要包括垫层厚度和宽度两方面，要求有足够的厚度以置换可能被剪切破坏的软弱土层，有足够的宽度防止砂垫层向两侧挤出。主要起排水作用的砂（石）垫层，一般厚度要求 30cm，并需在基底下形成一个排水面，以保证地基土排水路径的畅通，促进软弱土层的固结，从而提高地基强度。

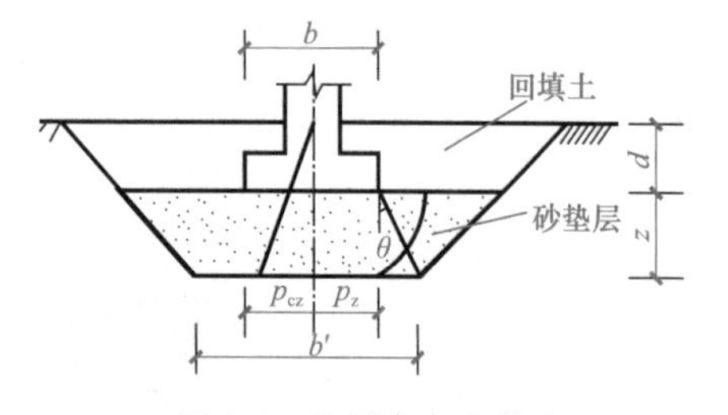

图 6-1　垫层内应力分布

（1）垫层的厚度确定

如图 6-1 所示，垫层厚度 z 应根据垫层底部下卧土层的承载力确定，并符合式（6-1）要求：

$$p_z + p_{cz} \leqslant f_{az} \tag{6-1}$$

式中　p_z——相应于荷载效应标准组合时，垫层底面处的附加压力值（kPa）；

p_{cz}——垫层底面处土自重压力值（kPa）；

f_{az}——垫层底面处经深度修正后的地基承载力特征值（kPa）。

垫层底面处的附加压力设计值 p_z 可按压力扩散角 θ 进行简化计算：

条形基础
$$p_z=\frac{b(p_k-p_c)}{b+2z\tan\theta} \tag{6-2}$$

矩形基础
$$p_z=\frac{bl(p_k-p_c)}{(b+2z\tan\theta)+(l+2z\tan\theta)} \tag{6-3}$$

式中　b——矩形基础或条形基础底面的宽度（m）；

l——矩形基础底面的长度（m）；

p_k——相应于荷载效应标准组合时，基础底面处的平均压力值（kPa）；

p_c——基础底面处土的自重压力值（kPa）；

z——基础底面下垫层厚度（m）；

θ——垫层的压力扩散角（°），宜通过试验确定，当无试验资料时，可按表6-2选用。

（2）垫层的宽度确定

垫层底面的宽度应以满足基础底面应力扩散和防止垫层向两侧挤出为原则确定，可按式（6-4）计算或根据当地经验确定。

$$b'\geqslant b+2z\tan\theta \tag{6-4}$$

式中　b'——垫层底面宽度（m）；

θ——压力扩散角（°），可按表6-2选取，当 $z/b<0.25$ 时，仍按 $z/b=0.25$ 取值。

压力扩散角　　表6-2

换填材料 z/b	中砂、粗砂、砾砂、圆砾、角砾、石屑、卵石、碎石、矿渣	粉质黏土类、粉煤灰	灰土
0.25	20	6	28
≥0.50	30	23	

注：1. 当 $z/b<0.25$ 时，除灰土取 $\theta=28°$ 外，其余材料均取 $\theta=0°$，必要时，宜由试验确定；
2. 当 $0.25<z/b<0.5$ 时，θ 值可内插求得。

垫层顶面每边宜比基础底面大0.3m，或从垫层底面两侧向上按当地开挖基坑经验的要求放坡，整片垫层的宽度可根据施工要求适当加宽。

（3）垫层承载力的确定

垫层承载力宜通过现场载荷试验确定。当无试验资料时，可按表6-3选用，并应进行下卧层承载力验算。

各种垫层的承载力　　表6-3

施工方法	换填材料类别	压实系数 λ_c	承载力特征值 f_{ak}(kPa)
碾压、振密或重锤夯实	碎石卵石	0.94～0.97	200～300
	砂夹石其中碎石卵石占全重的30%～50%		200～250
	土夹石其中碎石卵石占全重的30%～50%		150～200
	中砂、粗砂、砾砂、圆砾、角砾		150～200
	粉质黏土		130～180
	灰土	0.93～0.95	200～250
	粉煤灰	0.90～0.95	120～150

续表

施工方法	换填材料类别	压实系数 λ_c	承载力特征值 f_{ak}(kPa)
碾压、振密或重锤夯实	石屑	0.94～0.97	150～200
	矿渣	—	200～300

注：1. 压实系数小的垫层，承载力标准值取低值，反之取高值；原状矿渣垫层取低值，分级矿渣或混合矿渣垫层取高值；

2. 采用轻型击实试验时，压实系数 λ_c 宜取高值；采用重型击实试验时，压实系数 λ_c 宜取低值。重锤夯实土的承载力标准值取低值，灰土取高值；

3. 矿渣垫层的压实指标为最后两遍压实的压陷差小于 2mm；

4. 压实系数 λ_c，为土控制干密度 ρ_d 与最大干密度 ρ_{dmax} 的比值，土的最大干密度宜采用击实试验确定，碎石或卵石的最大干密度可取 (2.0～2.2)×10^3kg/m^3。

(4) 垫层材料的选用

① 砂石 (gravel)：砂石垫层材料宜选用碎石、卵石、角砾、圆砾、砾砂、粗砂、中砂或石屑（粒径小于 2mm 的部分不应超过总重的 45%），且级配良好，不含植物残体、垃圾等杂质，其含泥量不应超过 5%。当使用粉细砂或石粉（粒径小于 0.075mm 的部分不超过总重的 9%）时，应掺入不少于总重 30%的碎石或卵石。砂石的最大粒径不宜大于 50mm。对湿陷性黄土地基，不得选用砂石等透水材料。

② 粉质黏土 (silty clay)：粉质黏土中有机质含量不得超过 5%，不得含有冻土或膨胀土。当含有碎石时，其粒径不宜大于 50mm。对湿陷性黄土或膨胀土地基的粉质黏土垫层，土料中不得夹有砖、瓦和石块。

③ 灰土：灰土体积配合比宜为 2∶8 或 3∶7。土料宜用粉质黏土，不宜使用块状黏土和砂质粉土，不得含有松软杂质，并应过筛，其颗粒不得大于 15mm。石灰宜用新鲜的消石灰，其颗粒不得大于 5mm。

④ 粉煤灰：粉煤灰可用于道路、堆场，以及小型建筑、构筑物等的换填垫层。粉煤灰垫层上宜覆土 0.3～0.5m。粉煤灰垫层中采用掺加剂时，应通过试验确定其性能及适用条件。作为建筑物垫层的粉煤灰应符合有关放射性安全标准的要求。粉煤灰垫层中的金属构件、管网宜采取适当防腐措施。大量填筑粉煤灰时应考虑对地下水和土壤的环境影响。

⑤ 矿渣：垫层矿渣是指高炉重矿渣，可分为分级矿渣、混合矿渣及原状矿渣。矿渣垫层主要用于堆场、道路和地坪，也可用于小型建筑、构筑物地基。矿渣的松散重度不小于 11kN/m^3，有机质及含泥总量不超过 5%。设计、施工前必须对选用的矿渣进行试验，在确认其性能稳定并符合安全规定后方可使用。作为建筑物垫层的矿渣应符合放射性安全标准的要求。易受酸、碱影响的基础或地下管网不得采用矿渣垫层。填筑矿渣时，应考虑对地下水和土壤的环境影响。

⑥ 其他工业废渣：在有可靠试验结果或成功工程经验时，对质地坚硬、性能稳定、无腐蚀性和放射性危害的工业废渣等亦可用于填筑换填垫层。工业废渣的粒径、级配和施工工艺等应通过试验确定。

⑦ 土工合成材料：由分层铺设的土工合成材料与地基土构成加筋垫层。土工合成材料的品种、性能及填料的土类应根据工程特性和地基土条件，按照《土工合成材料应用技术规范》GB 50290—2014 的要求，通过设计并进行现场试验后确定。

加筋的土工合成材料应采用抗拉强度较高，受力时伸长率不大于 4%～5%，耐久性好，抗腐蚀的土工格栅、土工格室、土工垫或土工织物等土工合成材料。垫层填料宜用碎石、角砾、砾砂、粗砂、中砂或粉质黏土等材料。当工程要求垫层具有排水功能时，垫层材料应具有良好的透水性。在软土地基上使用加筋垫层时，应保证建筑稳定并满足允许变形的要求。

5. 施工技术

按密实方法和施工机械，换填垫层法有机械碾压法、重锤夯实法和振动压实法。垫层施工应根据不同的换填材料选择施工机械。

（1）机械碾压法

机械碾压法是采用各种压实机械来压实地基土的密实方法。此法常用于基坑底面积宽大开挖土方量较大的工程。

机械碾压法的施工设备有平碾、振动碾、羊足碾、振动压实机、蛙式夯、插入式振动器和平板振动器等。一般粉质黏土、灰土宜采用平碾、振动碾或羊足碾；中小型工程也可采用蛙式夯、柴油夯；砂石等宜用振动碾；粉煤灰宜采用平碾、振动碾、平板振动器、蛙式夯；矿渣宜采用平板振动器或平碾，也可采用振动碾。

工程实践中，对垫层碾压质量的检验，要求获得填土最大干密度。其关键在于施工时控制每层的铺设厚度和最优含水量，其最大干密度和最优含水量宜采用击实试验确定。所有施工参数（如施工机械、铺填厚度、碾压遍数与填筑含水量等）都必须由工地试验确定，对现场试验应以压实系数 λ_c 与施工含水量进行控制。不具备试验条件的场合，可按表 6-4 选用垫层的每层铺填厚度及压实遍数。

垫层的每层铺填厚度及压实遍数　　表 6-4

施工设备	每层铺填厚度（mm）	压实遍数
平碾	200～300	6～8
羊足碾 516	200～350	8～16
蛙式夯 200kg	200～250	3～4
振动碾 815	600～1300	6～8
振动压力机 2t，振动力 98kN	1200～1500	1～0
插入式振动器	200～500	—
平板振动器	150～250	—

为获得最佳夯压效果，宜采用垫层材料的最优含水量 w_{op} 作为施工控制含水量。对于粉质黏土和灰土，现场可控制在最优含水量 $w_{op}\pm2\%$ 的范围内；当使用振动碾压时，可适当放宽下限范围值，即控制在最优含水量 w_{op} 的 $-6\%\sim+2\%$ 的范围内。

最优含水量可按《土工试验方法标准》GB/T 50123—2019 中轻型击实试验的要求求得。在缺乏试验资料时，也可近似取 0.6 倍液限值，或按照经验采用塑限 $w_p\pm2\%$ 的范围值作为施工含水量的控制值。粉煤灰垫层不应采用浸水饱和施工法，其施工含水量应控制在最优含水量 $w_{op}\pm4\%$ 范围内。若土料湿度过大或过小，应分别予以晾晒、翻松、掺加吸水材料或洒水湿润以调整土料的含水量。

为了保证有效压实深度，机械碾压速度控制范围为：平碾为 2km/h，羊足碾 3km/h，振动碾 2km/h，振动压实机 0.5km/h。

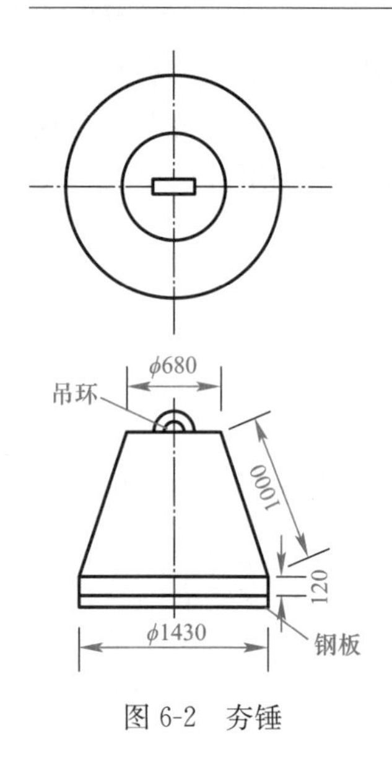

图 6-2　夯锤

(2) 重锤夯实法

重锤夯实法是用起重机将夯锤提升到某一高度，然后自由落锤，不断重复夯击以加固地基。重锤夯实法一般适用于地下水位距地表 0.8m 以上稍湿的黏性土、砂土、湿陷性黄土、杂填土和分层填土。重锤夯实法的主要设备为起重机械、夯锤、钢丝绳和吊钩等。

当直接用钢丝绳悬吊夯锤时，吊车的起重能力一般应大于锤重的 3 倍；采用脱钩夯锤时，起重能力应大于夯锤重量的 1.5 倍。

夯锤宜采用圆台形，如图 6-2 所示。锤重宜大于 2t，锤底面单位静压力宜为 15～20kPa，夯锤落距宜大于 4m。垫层施工中，应进行现场试验，确定符合夯击密实度要求的最少夯击遍数、最后下沉量（最后两击的平均下沉量）、总下沉量及有效夯实深度等。黏性土、粉土及湿陷性黄土最后下沉量不超过 10～20mm，砂土不超过 5～10mm 时应停止夯击。施工时夯击遍数应比试夯时确定的最少夯击遍数增加 1 或 2 遍。实践经验表明，夯实的有效影响深度约为锤底直径的 1 倍。

重锤夯实法施工要点如下：

① 重锤夯实施工前应在现场试夯，试夯面积不小于 10m×10m，试夯层数不少于 2 层。

② 夯击前应检查坑（槽）中土的含水量，并将土的含水量进行处理。

③ 在条基或大面积基坑内夯击时，第一遍宜一夯挨一夯进行，第二遍应在第一遍的间隙点夯击，如此反复，最后两遍应一夯套半夯；在独立柱基基坑内，宜采用先外后里或先周围后中间的顺序进行夯打；当基坑底面标高不同时，应先深后浅逐层夯实。

④ 注意边坡稳定及夯击对邻近建筑物的影响，必要时应采取有效措施。

(3) 平板振动法

平板振动法是使用振动压实机来处理无黏性土或黏粒含量少、透水性较好的松散杂填土地基的一种方法。

如图 6-3 所示，振动压实机的工作原理是由电动机带动两个偏心块以相同速度反向转动，由此产生较大的垂直振动力。这种振动机的频率为 1160～1180r/min，振幅为 3.5mm，激振力可达 50～100kN。该振动压实机可通过操纵使之前后移动或转弯。

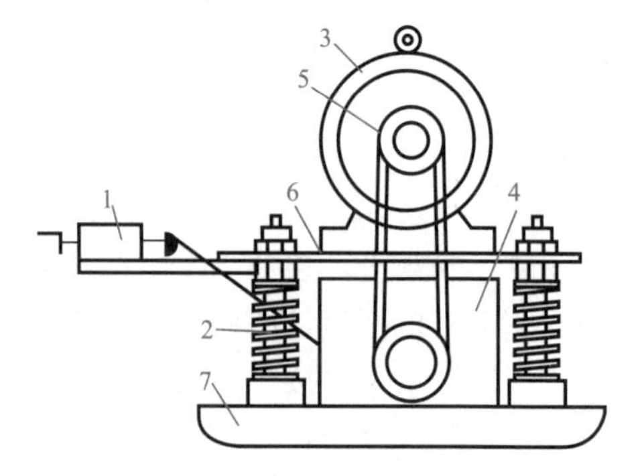

图 6-3　振动压实机示意

1—操纵机构；2—弹簧减振器；3—电动机；4—振动器；5—振动机槽轮；6—减振架；7—振动夯板

振动压实的效果与填土成分、振动时间等因素有关，但振动时间超过某一值后，振动引起的下沉基本稳定，再继续振动压实作用已不明显。为此，需要施工前进行试振，得出稳定下沉量和时间的关系。一般，对建筑垃圾，振动时间在 1min 以上；对含炉灰等细粒填土，为 3～5min，有效振实深度为 1.2～1.5m。施工时若地下水位太高，将影响振实效果。

振实范围应超出基础边缘0.6m左右，先振基槽两边，后振中间，其振动标准是以振动机原地振实不再继续下沉为合格，并辅以轻便触探试验检验其均匀性及影响深度。振实后的地基承载力宜通过现场载荷试验确定。一般经振实的杂填土地基承载力可达100～120kPa。

（4）砂石垫层施工

砂石垫层的施工要点为：

① 砂石垫层施工宜采用振动碾和振动压实机等机具，其压实效果、分层铺填厚度、压实遍数、最优含水量等，应根据具体施工方法及施工机具等通过现场试验确定。当无试验资料时，可参考表2-4选取。

② 对于砂石料可按经验控制适宜的施工含水量，用平板式振动器时可取15%～20%，用平碾或蛙式夯时可取8%～12%，当用插入式振动器时，宜为饱和的碎石、卵石。

③ 垫层底部存在古井、古墓、洞穴、旧基础、暗塘等软硬不均的部位时，应先予清理，再用砂石或好土逐层回填夯实，经检查合格后，再铺填垫层。

④ 严禁扰动垫层下卧的淤泥和淤泥质土层，防止践踏、受冻、浸泡或暴晒过久。如淤泥和淤泥质土层厚度过小，在碾压荷载下抛石能挤入该土层底面时，可先在软弱土层面上堆填块石、片石等，然后将其压入以置换或挤出软弱土。

⑤ 砂石垫层的底面宜铺设在同一标高上。若如果深度不同，基底应挖成阶梯或斜坡搭接，并按先浅后深的顺序施工，搭接处应夯压密实。垫层竣工后，应及时施工基础，回填基坑。

⑥ 地下水高于基坑底面时，宜采取排降水措施，并注意边坡稳定，以防坍土混入垫层中。

（5）土垫层施工

土垫层的施工要点为：

① 素土及灰土料垫层的施工，其施工含水量应控制在$w_{op}\pm2\%$的范围内。w_{op}可通过室内击实试验确定，或根据当地经验取用。

② 土垫层施工时，不得在柱基、墙角及承重窗间墙下接缝，上下两层的缝距不得小于0.5m，接缝处应夯压密实，灰土、二灰土应拌合均匀并应当日铺填压实，灰土压实后3天内不得受水浸泡，冬季应防冻。

③ 其他要求参见砂垫层的施工要点。

6. 工程实例

某基础底面积和埋深如图6-4所示。$b\times l=4\text{m}\times5\text{m}$，埋深$d=3\text{m}$，作用基础顶面竖向荷载$F=10000\text{kN}$，土层0～8m皆为细砂，6个细砂试样的内摩擦角平均值为21.7°，变异系数为0.1，重度为17kN/m^3。试问：是否要进行地基处理？若采用换填垫层法进行地基处理，填料为碎石，重度为19.5kN/m^3，换填垫层厚度为2m，分层压实，使土的内摩擦角达到36°时。下卧层承载力是否满足要求？若换填的碎石的最大干重度为1.60t/m^3，分层压实的每层控制干密度不应小于多少？

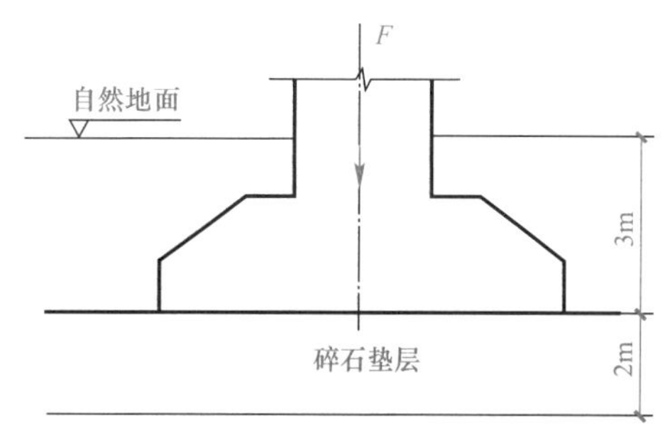

图6-4 基础及垫层情况

【解】（1）是否要进行地基处理（地基承载力验算）

① 垫层底面处的附加压力值：

$$p_k=\frac{F+G}{A}=\frac{10000\text{kN}+4\text{m}\times5\text{m}\times3\text{m}\times20\text{kN/m}^3}{4\text{m}\times5\text{m}}=560\text{kPa}$$

② 由砂土抗剪强度确定地基承载力特征值：

$$\varphi_m=21.7°,\quad \delta_\varphi=0.1,\quad n=6$$

统计修正系数：

$$\phi_\varphi=1-\left(\frac{1.704}{\sqrt{n}}+\frac{4.678}{n^2}\right)\delta_\varphi=1-\left(\frac{1.704}{\sqrt{6}}+\frac{4.678}{6^2}\right)\times0.1=0.917$$

则细砂土的内摩擦角标准值为：

$$\varphi_k=\varphi_m\times\phi_\varphi=21.7°\times0.917=20°$$

查《建筑地基基础设计规范》GB 50007—2011 表 5.2.5，得承载力系数：

$$M_b=0.51,\quad M_d=3.06$$

则由砂土抗剪强度确定的地基承载力特征值为：

$f_a=M_b\gamma b+M_d\gamma_m d=0.5117\text{kN/m}^3\times4\text{m}+3.06\times17\text{kN/m}^3\times3\text{m}=190.8\text{kPa}$

由于 $p_k=560\text{kPa}>f_a=190.8\text{kPa}$

故天然地基承载力不满足要求，需要进行地基处理。

（2）下卧层承载力验算

① 由碎石垫层 $\varphi_k=36°$查《建筑地基基础设计规范》GB 50007—2011 表 5.2.5，得承载力系数：

$M_b=4.2$，$M_d=8.25$，则有

$$\begin{aligned}f_a&=M_b\gamma b+M_d\gamma_m d\\&=4.2\times19.5\text{kN/m}^3\times4\text{m}+8.25\times17\text{kN/m}^3\times3\text{m}=748.4\text{kPa}>560\text{kPa}\end{aligned}$$

② 下卧层承载力验算

查表压力扩散角 $\theta=30°$，有：

$$p_{cz}=19.5\text{kN/m}^3\times2\text{m}+17\text{kN/m}^3\times3\text{m}=90\text{kPa}$$

$$\begin{aligned}p_z&=\frac{bl(p_k-p_c)}{(b+2z\tan\theta)(l+2z\tan\theta)}\\&=\frac{4\text{m}\times5\text{m}\times(560\text{kPa}-17\text{kN/m}^3\times3\text{m})}{(4\text{m}+2\times2\text{m}\times\tan30°)\times(5\text{m}+2\times2\text{m}\times\tan30°)}\\&=220.8\text{kPa}\end{aligned}$$

由于 $\eta_b=2$，$\gamma_m=\frac{(17\times3+19.5\times2)}{5}\text{kN/m}^3=18\text{kN/m}^3$　$\eta_d=3$，则有：

$$\begin{aligned}f_{az}&=f_{ak}+\eta_b\gamma(b-3)+\eta_d\gamma_m(d-0.5)\\&=190.8\text{kPa}+2\times17\times(4-3)\text{kPa}+3\times18\times(5-0.5)\text{kPa}=467.8\text{kPa}\end{aligned}$$

$p_z+p_{cz}=220.8\text{kPa}+90\text{kPa}=310.8\text{kPa}<f_{az}=467.8\text{kPa}$

故下卧层承载力满足要求。

（3）分层压实的每层控制干密度确定

各层压实系数：　$\lambda_c=\frac{\rho_d}{\rho_{dmax}}=0.94\sim0.97$

则每层控制干密度为：　$\rho_d = \lambda_c \rho_{dmax} = 1.50 \sim 1.55 t/m^3$

故每层控制干密度不应小于 $1.50 t/m^3$。

6.2.2　夯实地基工程施工

1. 夯实地基的概念与应用

夯实地基是指采用强夯法或强夯置换法处理的地基。强夯法是利用起重机械吊起夯锤（8～40t），从高处（6～30m）自由落下，迫使土层孔隙压缩，土体局部液化，孔隙水和气体逸出，土粒重新排列，经时效压密达到固结。加固深度10～40m，强度提高2～5倍。

强夯置换法是指利用强夯施工方法，边夯边填碎石在地基中设置碎石墩，在碎石墩和墩间土上铺设碎石垫层形成复合地基以提高地基承载力和减少沉降的一种地基处理方法。强夯置换除在土中形成墩体外，当加固土层为深厚饱和粉土、粉砂时，还对墩间土和墩底端以下土有挤密作用，因此，强夯置换的加固深度应包括墩体置换深度和墩下加密范围。同时，墩体本身也是一个特大直径排水体，有利于加快土层固结。因此，强夯置换墩的加固原理，相当于强夯（加密）、碎石墩、特大直径排水井三者之和。

特别提示

根据《建筑地基处理技术规范》JGJ 79—2012 术语规定，夯实地基是反复将夯锤提到高处使其自由落下，给地基以冲击和振动能量，将地基土密实的处理地基。

2. 夯实地基适用范围

《建筑地基处理技术规范》JGJ 79—2012 中规定：强夯法适用于处理碎石土、砂土、低饱和度的粉土与黏性土、湿陷性黄土、素填土和杂填土等地基。强夯置换法适用于高饱和度的粉土与软塑～流塑的黏性土等地基上对变形控制要求不严的工程。强夯置换法在设计前必须通过现场试验确定其适用性和处理效果。强夯法和强夯置换施工前，应在施工现场有代表性的场地上选取一个或几个试验区，进行试夯或试验性施工。试验区数量应根据建筑场地复杂程度、建筑规模及建筑类型确定。

3. 加固机理

强夯法是利用强大的夯击能给地基一冲击力，并在地基中产生冲击波，在冲击力作用下，夯锤对上部土体进行冲切，土体结构破坏，形成夯坑，并对周围土进行动力挤压，从而达到地基处理的目的。目前，强夯法加固地基有三种不同的加固机理：动力密实、动力固结和动力置换。对具体种类地基土的加固机理取决于地基土的类别和强夯施工工艺。

强夯置换法的加固机理与强夯法不同，它是利用重锤高落差产生的高冲击能将碎石、片石、矿渣等性能较好的材料强力挤入地基中，在地基中形成一个一个的粒料墩，墩与墩间土形成复合地基，以提高地基承载力，减小沉降。在强夯置换过程中，土体结构破坏，地基土体产生超孔隙水压力，但随着时间的增加，土体结构强度会得到恢复。粒料墩一般都有较好的透水性，利于土体中超孔隙水压力消散产生固结。

4. 强夯法设计计算

（1）有效加固深度

有效加固深度既是选择地基处理方法的重要依据，又是反映处理效果的重要参数。可采用经修正后的梅那（Menard）公式来估算强夯法加固地基的有效加固深度 H。

$$H = \alpha\sqrt{\frac{Mh}{10}} \tag{6-5}$$

式中 H——有效加固深度（m）；

M——夯锤重（kN）；

h——落距（m）；

α——修正系数，一般取 $\alpha = 0.34 \sim 0.8$，α 值与地基土性质有关，软土可取 0.5，黄土可取 0.34～0.8。

实际上影响有效加固深度的因素很多。除了锤重和落距外，还有地基土性质、不同土层厚度和埋藏顺序、地下水位以及其他强夯设计参数等都与有效加固深度有着密切关系。因此，对于同一类土，采用不同能量夯击时，其修正系数并不相同。单击夯击能越大时系数越小。

鉴于有效加固深度目前尚无适合的计算公式，《建筑地基处理技术规范》JGJ 79—2012 规定有效加固深度应根据现场试夯或当地经验确定。在缺少经验或试验资料时，可按表 6-5 预估。

强夯的有效加固深度 （m） 表 6-5

单击夯击能（kN·m）	碎石土、砂土等粗颗粒土	粉土、黏性土、湿陷性黄土等细颗粒土
1000	4.0～5.0	3.0～4.0
2000	5.0～6.0	4.0～5.0
3000	6.0～7.0	5.0～6.0
4000	7.0～8.0	6.0～7.0
5000	8.0～8.5	7.0～7.5
6000	8.5～9.0	7.5～8.0
8000	9.0～9.5	8.0～9.0
10000	10.0～11.0	9.5～10.5
12000	11.5～12.5	11.0～12.0
14000	12.5～13.5	12.0～13.0
15000	13.5～14.0	13.0～13.5
16000	14.0～14.5	13.5～14.0
18000	14.5～15.5	—

注：1. 强夯的有效加固深度应从最初起夯面算起；

2. 单击夯击能（锤重和落距的乘积）范围为 1000～3000kN·m，可满足当前绝大多数工程的需要。

（2）夯锤和落距

在强夯法设计中，应首先根据需要加固的深度初步确定单击夯击能，然后在根据机具条件因地制宜地确定锤重和落距。

① 单击夯击能：为夯锤重 M 与落距 h 的乘积。一般来说，夯击时最好锤重和落距都大，则单击能量大，夯击击数少，夯击遍数也相应减少，加固效果和技术经济都较好。

② 单位夯击能：为整个加固场地的总夯击能量（即锤重×落距×总夯击数）除以加固面积。强夯的单位夯击能应根据地基土类别、结构类型、荷载大小和要求处理的深度等综合考虑，并可通过试验确定。在一般情况下，对粗颗粒土可取 $1000 \sim 3000(kN \cdot m)/m^2$，对细颗粒土可取 $1500 \sim 4000(kN \cdot m)/m^2$。

对于饱和黏性土，所需的能量不能一次施加，否则土体会产生侧向挤出，强度反而有所降低，且难以恢复。根据需要可分几遍施加，两遍之间可间歇一段时间。

③夯锤选择：国内夯锤一般重为10～25t。夯锤材质最好用铸钢，也可用钢板为外壳内灌混凝土的锤。夯锤平面一般为圆形或方形，夯锤的底可为平底、锥底或球形底等。一般锥底锤、球底锤的加固效果好，适用于加固较深层土体，平底锤则适用于浅层及表层地基加固。夯锤中设置若干个上下贯通的气孔，孔径可取250～300mm，它可减小起吊夯锤时的吸力（夯锤的吸力可达3倍锤重），又可减少夯锤着地前的瞬时气垫的上托力。

夯锤的底面积对加固效果的影响很大。当锤底面积过小时，静压力就大，夯锤对地基土的作用以冲切为主；锤底面积过大时，静压力太小，达不到加固效果。为此，夯锤底面积宜按土的性质确定，锤底静压力可取25～40kPa。

④落距选择：夯锤确定后，根据要求的单点夯击能量，就能确定夯锤的落距。国内通常采用的落距是8～25m。对相同的夯击能量，常选用大落距的施工方案，这是因为增大落距可增加深层夯实效果，减少消耗在地表土层塑性变形的能量。

（3）夯击点布置及间距

① 夯击点布置：夯击点布置是否合理与夯实效果有直接关系。夯击点布置可根据基底平面形状，采用等边三角形、等腰三角形或正方形布置。

强夯处理范围应大于建筑物基础范围，具体的放大范围可根据建筑物类型和重要性等因素考虑决定。对一般建筑物，每边超出基础外缘的宽度宜为设计处理深度的1/2～2/3，并不宜小于3m。

② 夯击点间距：夯击点间距一般根据地基土的性质和要求处理的深度而定。对于细颗粒土，为便于超静孔隙水压力的消散，夯点间距不宜过小。当要求处理深度较大时，第一遍的夯击间距不宜过小，以免夯击时在浅层形成密实层而影响夯击能往深层传递，并且在夯击时上部土体易向侧向已夯成的夯坑中挤出而造成坑壁坍塌，夯锤歪斜或倾倒，影响效果。

一般来说，第一遍夯击点间距通常为5～15m（或取夯锤直径的2.5～3.5倍），以保证使夯击能量传递到土层深处，并保护夯坑周围所产生的辐射向裂隙为基本原则。第二遍夯击点位于第一遍夯击点之间，以后各遍夯击点间距可适当减小。

（4）夯击击数和遍数

单点夯击击数指单个夯点一次连续夯击的次数。一次连续夯完后算为一遍，夯击遍数即是指对强夯场地中同一编号的夯击点，进行一次连续夯击的遍数。

① 夯击击数的确定：每遍每夯点的夯击击数应按现场试夯得到的夯击击数和夯沉量关系曲线确定，且应同时满足下列条件：

a. 最后两击的夯沉量不宜大于下列数值：当单击夯击能小于4000 kN·m时为50mm；当单击夯击能为4000～6000 kN·m时为100mm；当单击夯击能大于6000 kN·m时为200mm。

b. 夯坑周围地面不应发生过大隆起。

c. 不因夯坑过深而发生起锤困难。

夯击击数应使土体竖向压缩量最大，侧向位移最小为原则，一般为3～10击比较合适。

② 夯击遍数的确定：夯击遍数应根据地基土的性质和平均夯击能确定。一般为1～8遍，对于粗颗粒土夯击遍数可少些，而对于细颗粒黏土特别是淤泥质土则夯击遍数要求多

些。国内大多数工程夯 2～3 遍，并进行低能量“搭夯”，即“锤印”彼此搭接。对于渗透性弱的细颗粒土地基，必要时夯击遍数可适当增加。

由于表层土是基础的主要持力层，如处理不好，将会增加建筑物的沉降和不均匀沉降。因此，必须重视满夯的夯实效果，除了采用 2 遍满夯外，还可采用轻锤或低落距锤多次夯击，以及锤印搭接等措施。

（5）间歇时间

两边夯击之间应有一定的时间间隔，间隔时间取决于土中超静孔隙水压力的消散时间。有条件时最好能在试夯前埋设孔隙水压力传感器，通过试夯确定超静孔隙水压力的消散时间，从而决定两遍夯击之间的间隔时间。当缺少实测资料时，可根据地基土渗透性确定。对于渗透性较差的黏性土地基，间隔时间不应少于 3～4 周；对于渗透性较大的砂性土，孔隙水压力的峰值出现在夯完后的瞬间，消散时间只有 2～4min，即可连续夯击。

（6）垫层铺设

强夯前要求拟加固的场地必须具有一层稍硬的表层，使其能支承起重设备，亦便于所施工的“夯击能”得到扩散。对场地地下水位在－2m 深度以下的砂砾石土层，可直接施行强夯，无需铺设垫层；对地下水位较高的饱和黏性土与易液化流动的饱和砂土，均需要铺设砂、砂砾或碎石垫层才能进行强夯。垫层厚度一般为 0.5～2.0m。

5. 强夯法施工技术

（1）施工机械

强夯施工机械宜采用带有自动脱钩装置的履带式起重机或其他专用设备。采用履带式起重机时，可在臂杆端部设置辅助门架，或采取其他安全措施，防止落锤时机架倾覆。如果夯击工艺采用单缆锤击法，则 100t 的吊机最大只能起吊 20t 的夯锤。若起重机起吊能力不足，可通过设置滑轮组来提高卷扬机的起吊能力，并利用自动脱钩装置使锤形成自由落体运动。

自动脱钩装置工作原理如图 6-5 所示。拉动脱钩器的钢丝绳的一端拴在桩架的盘上，以钢丝绳的长短控制夯锤的落距。当吊钩提升到要求的高度时，张紧的钢丝绳将脱钩器的伸臂拉转一个角度，致使夯锤突然下落。可在履带起重机的臂杆端部设置辅助门架，或采取其他安全措施，防止落锤时机架倾覆。自动脱钩装置应具有足够的强度且施工灵活。

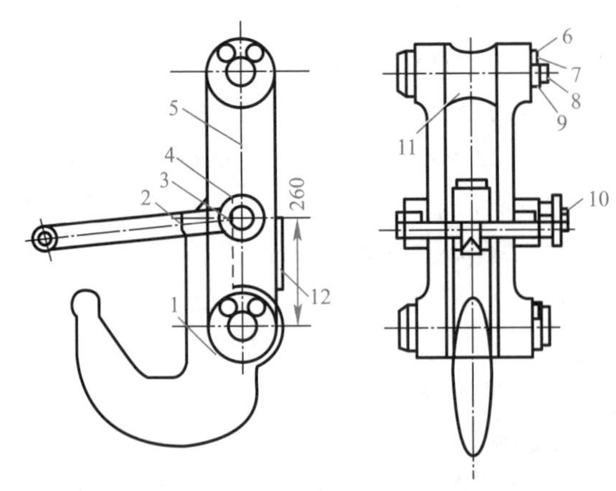

图 6-5　强夯自动脱钩装置工作原理

1—吊钩；2—锁卡焊合件；3、6—螺栓；4—开口销；5—架板；7—垫圈；8—止动板；9—销轴；10—螺母；11—鼓形轮；12—护板

（2）施工步骤

① 清理并平整施工场地，防线、埋设水准点和各夯点标桩。

② 铺设垫层，在地表形成硬层，用以支承起重设备，确保机械通行和施工，同时可加大地下水和表层面的距离，防止夯击的效率降低。

③ 标出第一遍夯点位置，并测量场地高度。

④ 起重机就位，使夯锤对夯点位置。

⑤ 测量夯前锤顶高程。

⑥ 将夯锤起吊到预定高度，待夯锤自由下落后，放下吊钩、测量锤顶高程。

⑦ 重复步骤⑥按设计规定次数及控制标准，完成一个夯点的夯击。

⑧ 重复步骤④～⑦完成第一遍全部夯点的夯击。

⑨ 用推土机将夯坑填平，并测量场地高程。

⑩ 按上述步骤逐次完成全部夯击遍数，最后用低能量锤，将场地表层松土夯实，并测量夯后场地高程。

知识拓展——强夯置换法施工

根据《建筑地基处理技术规范》JGJ 79—2012 第 6.2.5 条规定，强夯置换地基的施工应符合下列规定：

1. 强夯置换夯锤底面形式宜采用圆柱形，夯锤底静接地压力值宜大于 100 kPa。

2. 强夯置换施工应按下列步骤进行：

1）清理并平整施工场地，当表土松软时可铺设一层厚度为 1.0～2.0m 的砂石施工垫层；

2）标出夯点位置，并测量场地高程；

3）起重机就位，夯锤置于夯点位置；

4）测量夯前锤顶高程；

5）夯击并逐击记录夯坑深度。当夯坑过深而发生起锤困难时停夯，向坑内填料直至与坑顶平，记录填料数量，如此重复直至满足规定的夯击次数及控制标准完成一个墩体的夯击。当夯点周围软土挤出影响施工时，可随时清理并在夯点周围铺垫碎石，继续施工；

6）按由内而外，隔行跳打原则完成全部夯点的施工；

7）推平场地，用低能量满夯，将场地表层松土夯实，并测量夯后场地高程；

8）铺设垫层，并分层碾压密实。

6.2.3　挤密地基施工

挤密地基是指利用沉管、冲击、夯扩、振冲、振动沉管等方法在土中挤压、振动成孔，使桩孔周围土体得到挤密、振密，并向桩孔内分层填料形成的地基。适用于处理湿陷性黄土、砂土、粉土、素填土和杂填土等地基。

当以消除地基土的湿陷性为主要目的时，宜选用土桩挤密法。当以提高地基土的承载力或增强其水稳性为主要目的时，宜选用灰土桩（或其他具有一定胶凝强度桩如二灰桩、水泥土桩等）挤密法。当以消除地基土液化为主要目的时，宜选用振冲或振动挤密法。

对重要工程或在缺乏经验的地区，施工前应按设计要求，在现场进行试验。如土性基本相同，试验可在一处进行，如土性差异明显，应在不同地段分别进行试验。

按照桩孔内的填料不同，挤密桩一般分为素土、灰土、二灰（粉煤灰与石灰）或水泥土挤密桩等，本节主要介绍灰土和砂石挤密桩施工。

特别提示

• 根据《建筑地基处理技术规范》JGJ 79—2012 术语规定，挤密地基是利用横向挤压设备成孔或采用振冲器水平振动和高压水共同作用下，将松散土层密实的处理地基。

1. 灰土挤密桩地基施工

1）灰土挤密桩地基的概念与应用

灰土挤密桩是利用锤击将钢管打入土中侧向挤密成孔，将管拔出后，在桩孔中分层回填 2∶8 或 3∶7 灰土夯实而成，与桩间土共同组成复合地基以承受上部荷载。灰土强度较高，桩身强度大于周围地基土，可以分担较大部分荷载，使桩间土承受的应力减小，而到深度 2～4m 以下则与土桩地基相似。一般情况下，如为了消除地基湿陷性或提高地基的承载力或水稳性，降低压缩性，宜选用灰土桩。

2）灰土挤密桩地基适用范围

适于加固地下水位以上、天然含水量 12%～25%、厚度 5～15m 的新填土、杂填土、湿陷性黄土以及含水率较大的软弱地基。当地基土含水量大于 23%及其饱和度大于 0.65 时，打管成孔质量不好，且易对邻近已回填的桩体造成破坏，拔管后容易缩颈，遇此情况不宜采用灰土挤密桩。

3）加固机理

灰土挤密桩与其他地基处理方法比较，有以下特点：灰土挤密桩成桩时为横向挤密，可同样达到所要求加密处理后的最大干密度指标，可消除地基土的湿陷性，提高承载力，降低压缩性；与换土垫层相比，不需大量开挖回填，可节省土方开挖和回填土方工程量，工期可缩短 50%以上；处理深度较大，可达 12～15m；可就地取材，应用廉价材料，降低工程造价 2/3；机具简单，施工方便，工效高。

4）灰土挤密桩施工技术

（1）桩的构造和布置

① 桩孔直径

根据工程量、挤密效果、施工设备、成孔方法及经济等情况而定，一般选用 300～600mm。

② 桩长

根据土质情况、桩处理地基的深度、工程要求和成孔设备等因素确定，一般为 5～15m。

③ 桩距和排距

桩孔一般按等边三角形布置，其间距和排距由设计确定。

④ 处理宽度

处理地基的宽度一般大于基础的宽度，由设计确定。

⑤ 地基的承载力和压缩模量

灰土挤密桩处理地基的承载力标准值，应由设计单位通过原位测试或结合当地经验确定。灰土挤密桩地基的压缩模量应通过试验或结合本地经验确定。

（2）机具设备及材料要求

① 成孔设备

一般采用 0.6t 或 1.2t 柴油打桩机或自制锤击式打桩机，亦可采用冲击钻机或洛阳铲成孔。

② 夯实机具

常用夯实机具有偏心轮夹杆式夯实机和卷扬机提升式夯实机两种，后者工程中应用较多。夯锤用铸钢制成，重量一般选用100～300kg，其竖向投影面积的静压力不小于20kPa。夯锤最大部分的直径应较桩孔直径小100～150mm，以使填料顺利通过夯锤4周。夯锤形状下端应为抛物线形锥体或尖锥形锥体，上段成弧形。

③ 桩孔内的填料

桩孔内的填料应根据工程要求或处理地基的目的确定。土料、石灰质量要求和工艺要求、含水量控制等同灰土垫层。夯实质量应用压实系数λ_c控制，λ_c应不小于0.97。

（3）施工工艺要点

① 施工前应在现场进行成孔、夯填工艺和挤密效果试验，以确定分层填料厚度、夯击次数和夯实后干密度等要求。

② 桩施工一般采取先将基坑挖好，预留20～30cm土层，然后在坑内施工灰土桩。桩的成孔方法可根据现场机具条件选用沉管（振动、锤击）法、爆扩法、冲击法或洛阳铲成孔法等。沉管法是用打桩机将与桩孔同直径的钢管打入土中，使土向孔的周围挤密，然后缓慢拔管成孔。桩管顶设桩帽，下端做成锥形约呈60°角，桩尖可以上下活动（图6-6），以利空气流动，可减少拔管时的阻力，避免坍孔。成孔后应及时拔出桩管，不应在土中搁置时间过长。成孔施工时，地基土宜接近最优含水量，当含水量低于12%时，宜加水增湿至最优含水量。本法简单易行，孔壁光滑平整，挤密效果好，应用最广。但处理深度受桩架限制，一般不超过8m。爆扩法系用钢钎打入土中形成直径25～40mm孔或用洛阳铲打成直径60～80mm孔，然后在孔中装入条形炸药卷和2～3个雷管，爆扩成直径20～45cm。本法工艺简单，但孔径不易控制。冲击法是使用冲击钻钻孔，将0.6～3.2t重锥形锤头提升0.5～2.0m高后落下，反复冲击成孔，用泥浆护壁，直径可达50～60cm，深度可达15m以上，适于处理湿陷性较大的土层。

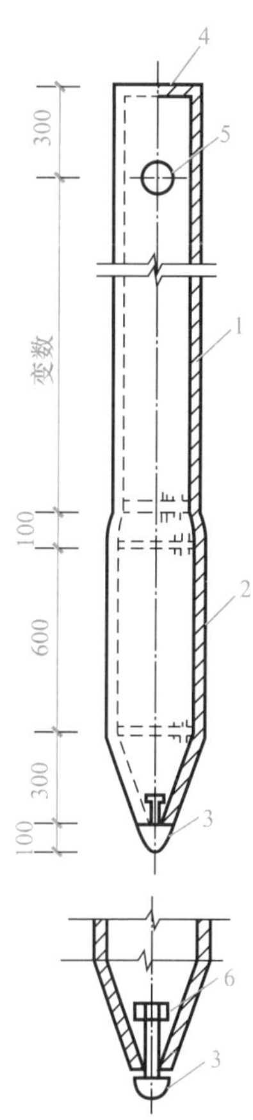

图6-6 桩管构造

1—ϕ275mm无缝钢管；2—ϕ300mm×10mm无缝钢管；3—活动桩尖；4—10mm厚封头板（设ϕ300mm排气孔）；5—ϕ45mm管焊于桩管内，穿M40螺栓；6—重块

③ 桩施工顺序应先外排后里排，同排内应间隔1～2孔进行；对大型工程可采取分段施工，以免因振动挤压造成相邻孔缩孔或坍孔。成孔后应清底夯实、夯平，夯实次数不少于8击，并立即夯填灰土。

④ 桩孔应分层回填夯实，每次回填厚度为250～400mm，人工夯实用重25kg，带长柄的混凝土锤，机械夯实用偏心轮夹杆或夯实机或卷扬机提升式夯实机（图6-7），或链条传动摩擦轮提升连续式夯实机，一般落锤高度不小于2m，每层夯实不少

于10锤。施打时，逐层以量斗定量向孔内下料，逐层夯实。当采用连续夯实机时，则将灰土用铁锹不间断地下料，每下2锹夯2击，均匀地向桩孔下料、夯实。桩顶应高出设计标高15cm，挖土时将高出部分铲除。

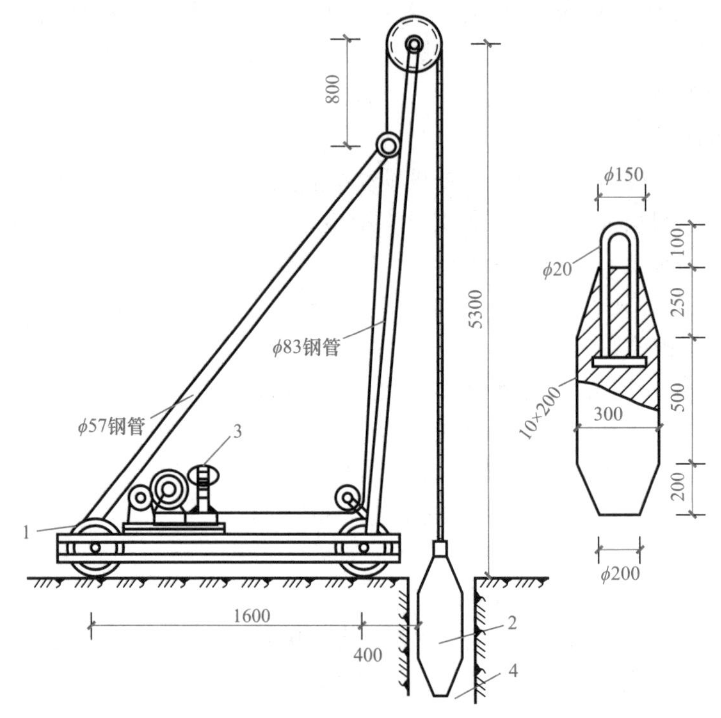

图6-7 灰土桩夯实机构造（桩直径350mm）

1—机架；2—铸钢夯锤，重45kg；3—1t卷扬机；4—桩孔

⑤ 若孔底出现饱和软弱土层时，可加大成孔间距，以防由于振动而造成已打好的桩孔内挤塞；当孔底有地下水流入时，可采用井点降水后再回填填料或向桩孔内填入一定数量的干砖渣和石灰，经夯实后再分层填入填料。

（4）质量控制

① 施工前应对土及灰土的质量、桩孔放样位置等进行检查。

② 施工中应对桩孔直径、桩孔深度、夯击次数、填料的含水量等进行检查。

③ 施工结束后应对成桩的质量及地基承载力进行检验。

④ 灰土挤密桩地基质量检验标准如表6-6所示。

灰土挤密桩地基质量检验标准 **表6-6**

项目	序号	检查项目	允许偏差或允许值		检查方法
			单位	数值	
主控项目	1	桩体及桩间土干密度	设计要求		现场取样检查
	2	桩长	mm	+500 0	测桩管长度或垂球测孔深
	3	地基承载力	设计要求		按规定的方法
	4	桩径	mm	−20	尺量

续表

项目	序号	检查项目	允许偏差或允许值		检查方法
			单位	数值	
一般项目	1	土料有机质含量	%	≤5	试验室焙烧法
	2	石灰粒径	mm	≤5	筛分法
	3	桩位偏差	mm	满堂布桩≤0.4D 条基布桩≤0.25D	用钢尺量，D为桩径
	4	垂直度	%	≤1.5	用经纬仪测桩管
	5	桩径	mm	−20	用钢尺量

注：桩径允许偏差负值是指个别断面。

2. 砂石挤密桩地基施工

1）砂石挤密桩地基的概念与应用

砂桩和砂石桩统称砂石挤密桩，是指用振动、冲击或水冲等方式在软弱地基中成孔后，再将砂或砂卵石（或砾石、碎石）挤压入土孔中，形成大直径的砂或砂卵石（碎石）所构成的密实桩体，它是处理软弱地基的一种常用的方法。

用于处理软黏土地基，可起到置换和排水砂井的作用，加速土的固结，形成置换桩与固结后软黏土的复合地基，显著地提高地基抗剪强度；而且，这种桩施工机具常规，操作工艺简单，可节省水泥、钢材，就地使用廉价地方材料，速度快，工程成本低，故应用较为广泛。

2）砂土挤密桩地基适用范围

适用于挤密松散砂土、素填土和杂填土等地基，对建在饱和黏性土地基上主要不以变形控制的工程，也可采用砂石桩作置换处理。

3）加固机理

这种方法经济、简单且有效。对于松砂地基，可通过挤压、振动等作用，使地基达到密实，从而增加地基承载力，降低孔隙比，减少建筑物沉降，提高砂基抵抗震动液化的能力。

4）砂石挤密桩施工技术

（1）构造要求与布置

① 桩的直径

根据土质类别、成孔机具设备条件和工程情况等而定，一般为30cm，最大50～80cm，对饱和黏性土地基宜选用较大的直径。

② 桩的长度

当地基中的松散土层厚度不大时，可穿透整个松散土层；当厚度较大时，应根据建筑物地基的允许变形值和不小于最危险滑动面的深度来确定；对于液化砂层，桩长应穿透可液化层。

③ 桩的布置和桩距

桩的平面布置宜采用等边三角形或正方形。桩距应通过现场试验确定，但不宜大于砂石桩直径的4倍。

④ 处理宽度

挤密地基的宽度应超出基础的宽度，每边放宽不应少于1～3排；砂石桩用于防止砂层液化时，每边放宽不宜小于处理深度的1/2，并且不应小于5m。当可液化层上覆盖有厚度大于3m的非液化层时，每边放宽不宜小于液化层厚度的1/2，并且不应小于3m。

⑤ 垫层

在砂石桩顶面应铺设30～50cm厚的砂或砂砾石（碎石）垫层，满布于基底并予以压实，以起扩散应力和排水作用。

⑥ 地基的承载力和变形模量

砂石桩处理的复合地基承载力和变形模量可按现场复合地基载荷试验确定。

（2）机具设备及材料要求

① 振动沉管打桩机或锤击沉管打桩机，配套机具有桩管、吊斗、1t机动翻斗车等。

② 桩填料用天然级配的中砂、粗砂、砾砂、圆砾、角砾、卵石或碎石等，含泥量不大于5%，并且不宜含有大于50mm的颗粒。

（3）施工工艺要点

① 打砂石桩地基表面会产生松动或隆起，砂石桩施工标高要比基础底面高1～2m，以便在开挖基坑时消除表层松土；如基坑底仍不够密实，可辅以人工夯实或机械碾压。

② 砂石桩的施工顺序，应从外围或两侧向中间进行，如砂石桩间距较大，亦可逐排进行，以挤密为主的砂石桩同一排应间隔进行。

③ 砂石桩成桩工艺有振动成桩法和锤击成桩法两种。振动法系采用振动沉桩机将带活瓣桩尖的砂石桩同直径的钢管沉下，往桩管内灌砂石后，边振动边缓慢拔出桩管；或在振动拔管的过程中，每拔0.5m高停拔振动20～30s；或将桩管压下然后再拔，以便将落入桩孔内的砂石压实，并可使桩径扩大。振动力以30～70kN为宜，不应太大，以防过分扰动土体。拔管速度应控制在1.0～1.5m/min范围内，打直径500～700mm砂石桩通常采用大吨位KM2-1200A型振动打桩机（图6-8）施工，因振动是垂直方向的，所以桩径扩大有限。本法机械化、自动化水平和生产效率较高（150～200m/d），适用于松散砂土和软黏土。锤击法是将带有活瓣桩靴或混凝土桩尖的桩管，用锤击沉桩机打入土中，往桩管内灌砂后缓慢拔出，或在拔出过程中低锤击管，或将桩管压下再拔，砂石从桩管内排入桩孔成桩并使密实。由于桩管对土的冲击力作用，使桩周围土得到挤密，并使桩径向外扩展。但拔管不能过快，以免形成中断、缩颈而造成事故。对特别软弱的土层，亦可采取二次打入桩管灌砂石工艺，形成扩大砂石桩。如缺乏锤击沉管机，亦可采用蒸汽锤、落锤或柴油打桩机沉桩管，另配一台起重机拔管。本法适用于软弱黏性土。

④ 施工前应进行成桩挤密试验，桩数宜为7～9根。振动法应根据沉管和挤密情况，以确定填砂石量、提升高度和速度、挤压次数和时间、电机工作电流等，作为控制质量的标准，以保证挤密均匀和桩身的连续性。

⑤ 灌砂石时含水量应加控制，对饱和土层，砂石可采用饱和状态，对非饱和土或杂填土，或能形成直立的桩孔壁的土层，含水量可采用7%～9%。

⑥ 砂石桩应控制填砂石量。砂石桩孔内的填砂石量可按下式计算：

$$S=\frac{A_{p}\cdot l\cdot d_{s}}{1+e}(1+0.01w) \tag{6-6}$$

式中　S——填砂石量（以重量计）；

A_p——砂石桩的截面积；

l——桩长；

d_s——砂石料的相对密度；

e——地基挤密后要求达到的孔隙比；

w——砂石料的含水量（%）。

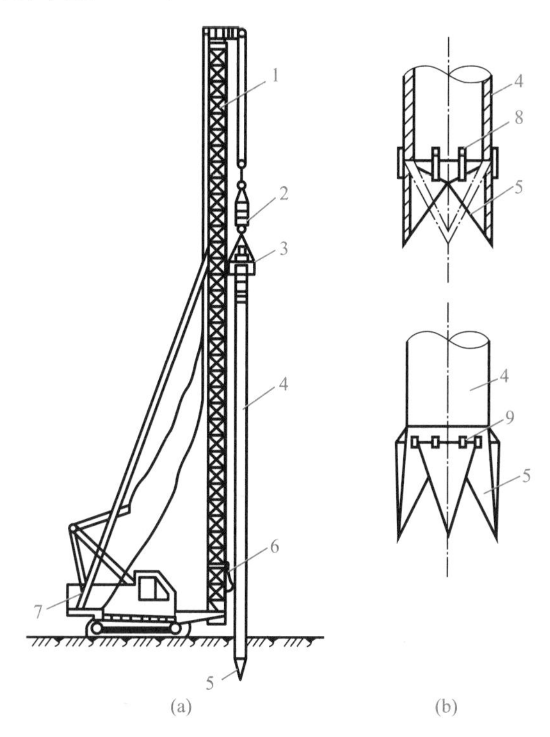

图6-8　振动打桩机打砂石桩

（a）振动打桩机沉桩；（b）活瓣桩靴

1—桩机导架；2—减震器；3—振动锤；4—桩管；5—活瓣桩尖；6—装砂石下料斗；7—机座；8—活门开启限位装里；9—锁轴

砂桩的灌砂量通常按桩孔的体积和砂在中密状态时的干密度计算（一般取2倍桩管入土体积）。砂石桩实际灌砂石量（不包括水重），不得少于设计值的95%。如发现砂石量不够或砂石桩中断等情况，可在原位进行复打灌砂石。

（4）质量控制

① 施工前应检查砂、砂石料的含泥量及有机质含量、样桩的位置等。

② 施工中检查每根砂桩、砂石桩的桩位、灌砂、砂石量、标高、垂直度等。

③ 施工结束后检查被加固地基的强度（挤密效果）和承载力。桩身及桩与桩之间土的挤密质量、可用标准贯入、静力触探或动力触探等方法检测，以不小于设计要求的数值为合格。桩间土质量的检测位置应在等边三角形或正方形的中心。

④ 施工后应间隔一定时间方可进行质量检验。对饱和黏性土应待超孔隙水压基本消散后进行，间隔时间宜为1～2周；对其他土可在施工后2～3d进行。

⑤ 砂桩、砂石桩地基的质量检验标准如表6-7所示。

砂桩、砂石桩地基的质量检验标准　　表 6-7

项目	序号	检查项目	允许偏差或允许值		检查方法
			单位	数值	
主控项目	1	灌砂、砂石量	%	≥95	实际用砂、砂石量与计算体积比
	2	地基强度	设计要求		按规定的方法
	3	地基承载力	设计要求		按规定的方法
一般项目	1	砂、砂石料的含泥量	%	≤3	试验室测定
	2	砂、砂石料的有机质含量	%	≤5	焙烧法
	3	桩位	mm	≤50	用钢尺量
	4	砂桩、砂石桩标高	mm	±150	水准仪
	5	垂直度	%	≤1.5	经纬仪检查桩管垂直度

6.2.4　深层搅拌法地基施工

1. 深层搅拌法地基的概念与应用

深层搅拌法（deep mixing method）加固软土技术是利用水泥、石灰等材料作为固化剂的主剂，通过特制的深层搅拌机械，在地基深处直接将软土和固化剂强制拌合，使软土硬结而形成强度较高的补强桩体，使补强桩体和桩间天然地基共同组成承载力较高、压缩性较低的复合地基。目前常用的深层搅拌桩桩径多数为 500mm，加固深度从数米到数十米不等。可用于增加软土地基承载力，减少沉降量和提高边坡的稳定性。

特别提示

• *根据《建筑地基处理技术规范》JGJ 79—2012 术语规定，水泥搅拌桩复合地基是以水泥作为固化剂的主要材料，通过深层搅拌机械，将固化剂和地基土强制搅拌形成增强体的复合地基。*

2. 深层搅拌法地基适用范围

深层搅拌法适用于处理正常固结的淤泥与淤泥质土、粉土、饱和黄土、素填土、黏性土以及无流动地下水的饱和松散砂土等地基。常用于建（构）筑物地基、大面积的码头、公路和坝基加固及地下防渗墙等工程。处理后的复合地基承载力可达 200kPa，甚至更高。

3. 深层搅拌法地基的加固机理

深层搅拌加固法就是利用深层搅拌机械，在软土地基内边钻进边喷射浆液和外加剂，并且利用搅拌轴的旋转充分拌合，使固化剂和土体之间发生一系列的物理和化学反应，改变原状土的结构，使之硬结成具有整体性和水稳性及一定强度的水泥土，从而使土体的强度增加，达到加固目的。

4. 设计计算

深层搅拌法处理软土的固化剂可选用水泥，也可选用其他有效的固化材料。固化剂的掺入量宜为被加固土重的 7%～15%。外掺剂可根据工程需要选用具有早强、缓凝、减水、节约水泥等性能的材料，但应避免污染环境。

（1）单桩竖向承载力（vertical allowable load capacit）的计算

深层搅拌桩的单桩竖向承载力可通过下式进行计算，取其中的较小值：

$$N_{d1} = K \cdot f_{cu,k} A_p \tag{6-7}$$

$$N_{d2} = q_s v_p L + \alpha A_p f_k \tag{6-8}$$

式中　N_{d1}——搅拌桩单桩竖向承载力（kN）；

$f_{cu,k}$——与搅拌桩身加固土配比相同的室内加固土试块（边长为70.7mm的立方体，也可采用边长为50mm的立方体）的无侧限抗压强度平均值（kPa）；

K——强度折减系数，可取0.35～0.50；

A_p——搅拌桩的截面积（m^2）；

q_s——桩周围土的平均摩擦力，对淤泥可取5～8kPa，对淤泥质土可取8～12kPa，对黏性土可取12～15kPa；

v_p——搅拌桩加固周长（m）；

L——搅拌桩长度（m）；

f_k——桩端天然地基土的承载力标准值，可按国家标准《建筑地基基础设计规范》GB 50007—2011的有关规定确定；

α——桩端天然地基土的承载力折减系数，可取0.4～0.6。

（2）复合地基承载力（bearing capacity of composite foundation）的计算

搅拌桩复合地基承载力标准值应通过现场复合地基荷载试验确定，也可按下式计算：

$$f_{sp,k} = \frac{mN_d}{A_p} + \beta(1-m) f_{s,k} \tag{6-9}$$

式中　$f_{sp,k}$——复合地基的承载力标准值；

m——面积置换率（%）；

A_p——搅拌桩的截面积（m^2）；

$f_{s,k}$——桩间天然地基土承载力标准值；

β——桩间土承载力折减系数，当桩端土为软土时，可取0.5～1.0，当桩端土为硬土时，可取0.1～0.4，当不考虑桩间土的作用时，可取0；

N_d——单桩竖向承载力标准值，应通过现场单桩荷载试验确定。

（3）面积置换率（replacement ratio）的计算

进行加固设计时，可根据地基承载力要求按下式计算面积置换率：

$$m = (f_{sp,k} - \beta f_{s,k}) / (N_d / A_p - \beta f_{s,k}) \tag{6-10}$$

式中各符号的意义同前。

（4）搅拌桩数的计算

深层搅拌桩平面布置可根据上部建筑对变形的要求，采用柱状、壁状、格栅状、块状等处理形式。可只在基础范围内布桩。柱状处理可采用正方形或等边三角形布桩形式，其桩数可按下式计算：

$$n = \frac{mA}{A_p} \tag{6-11}$$

式中　n——桩数（根）；

A——基础底面积（m^2）。

当搅拌桩处理范围以下存在软弱下卧层时，可按国家标准《建筑地基基础设计规范》GB 50007—2011的有关规定进行下卧层强度验算；搅拌桩复合地基的变形包括复合土层的压缩变形和桩端以下未处理土层的压缩变形。其中复合土层的压缩变形值可根据上部荷载、桩长、桩身强度等按经验取 10～30mm。桩端以下未处理土层的压缩变形值可按国家标准《建筑地基基础设计规范》GB 50007—2011 的有关规定确定；深层搅拌壁状处理用于地下挡土结构时，可按重力式挡土墙设计。为了加强其整体性，相邻桩搭接宽度宜大于 100mm。

5. 施工技术

(1) 机械设备

国产水泥土搅拌机的搅拌头大多采用双层（或多层）十字杆形或叶片螺旋形。常用搅拌机有 SJB-1 型、SJB-2 型、GZB-600 型、ZKD65-3 型、ZKD85-3 型等。其配套机械主要有灰浆搅拌机、集料斗、灰浆泵、压力胶管、电器控制柜等。

(2) 施工工艺

① 定位：起重机（或搭架）悬吊搅拌机到达指定桩位并对中。

② 预搅下沉：待搅拌机冷却水循环后，启动搅拌机沿导向架搅拌切土下沉。

③ 制备水泥浆：按设计确定的配合比搅制水泥浆，待压浆前将水泥浆倒入集料中。

④ 提升喷浆搅拌：搅拌头下沉到达设计深度后，开启灰浆泵将水泥浆液泵入压浆管路中，边提搅拌头边回转搅拌制桩。

⑤ 重复上、下搅拌：搅拌机提升至设计加固深度的顶面标高时，集料斗中的水泥浆应正好排空。为使软土和水泥浆搅拌均匀，可再次将搅拌机边旋转沉入土中，至设计加固深度后再将搅拌机提升出地面。

⑥ 清洗：向集料斗中注入适量清水，开启灰浆泵，清洗全部注浆管路直至基本干净。

⑦ 移位：重复上述①～⑥步骤，再进行下一根桩的施工。

(3) 施工注意事项

① 深层搅拌机应基本保持垂直，要注意平整度和导向架垂直度。

② 深层搅拌叶下沉到一定深度后，即开始按设计配合比拌制水泥浆。

③ 水泥浆不能离析，水泥浆要严格按照设计的配合比配置，水泥要过筛，为防止水泥浆离析，可在灰浆机中不断搅动，待压浆前才将水泥浆倒入料斗中。

④ 要根据加固强度和均匀性预搅，软土应完全预搅切碎，以利于水泥浆均匀搅拌。

a. 压浆阶段不允许发生断浆现象，输浆管不能发生堵塞。

b. 严格按设计确定数据，控制喷浆、搅拌和提升速度。

c. 控制重复搅拌时的下沉和提升速度，以保证加固范围每一深度内，得到充分搅拌。

d. 在成桩过程中，凡是由于电压过低或其他原因造成停机，使成桩工艺中断的，为防止断桩，在搅拌机重新启动后，将深层搅拌叶下沉半米后再继续成桩。

e. 相邻两桩施工间隔时间不得超过 12h（桩状）。

f. 确保壁状加固体的连续性，按设计要求桩体要搭接一定长度时，原则上每一施工段要连续施工，相邻桩体施工间隔时间不得超过 25h（壁状）。

g. 考虑到搅拌桩与上部结构的基础或承台接触部分受力较大，因此通常还可以对桩顶板－1.5m 范围内再增加一次输浆，以提高其强度。

h. 在搅拌桩施工中，根据摩擦型搅拌受力特点，可采用变参数的施工工艺，即用不同的提升速度和注浆速度来满足水泥浆的掺入比要求或在软土中掺入不同水泥浆量。

6. 质量标准

1）主控项目

深层搅拌桩使用的水泥品种、强度等级、水泥浆的水灰比，水泥加固土的掺入比和外加剂的品种掺量，必须符合设计要求。

检验方法：检查出厂证明、合格证试验报告及施工记录。

2）一般项目

（1）深层搅拌桩的深度、断面尺寸、搭接情况整体稳定和墙体、桩身强度必须符合设计要求。

检验方法：

① 一般成桩后两周内用钻机取样检验，开挖检查断面尺寸，观察桩身搭接情况及搅拌均匀程度，桩身不能有渗水现象。

② 搅拌桩质量检验，使用轻便触探，根据触探击数判断各段水泥浆强度。

（2）现场载荷试验：用此法进行工程加固效果检验，因为搅拌桩的质量与成桩工艺、施工技术密切相关，用现场载荷试验所得到的承载力完全符合实际情况。

（3）定期进行沉降观测，对正式采用深层搅拌加固地基的工程，定期进行沉降观测、侧向位移观测，是直观检查加固效果的理想方法。

3）允许偏差

深层搅拌桩的质量允许偏差和检验方法应符合表 6-8 的要求。检查数量是按墙（柱）体数量抽查 5%。

深层搅拌桩质量检验标准　　表 6-8

项目	允许偏差（mm）	检查方法
桩体桩顶位移	10（20）	用尺量检查
桩（墙）体垂直度	$0.5H/100$	用测量仪器吊线和尺量检查为桩长度

注：H 为桩长。

4）检验方法

深层搅拌法工程竣工后的质量检验可采用以下方法：

（1）标准贯入试验或轻便触探等动力试验：用这种方法可通过贯入阻抗，估算土的物理力学指标，检验不同龄期的桩体强度变化和均匀性，所需设备简单，操作方便。

（2）静力触探试验：静力触探可连续检查桩体长度内的强度变化。

（3）取芯检验：用钻孔方法连续取水泥土搅拌桩桩芯，检验桩体强度和搅拌的均匀性。

（4）截取桩段做抗压强度试验：在桩体上部不同深度现场挖取 50cm 桩段，上、下截面用水泥砂浆整平，装入压力架后用千斤顶加压，即可测得桩身抗压强度及桩身变形模量。

（5）静荷载试验：适用于承受垂直荷载的水泥土搅拌桩。

（6）开挖检验：可根据工程设计要求，选取一定数量的桩体进行开挖，检查加固桩体的外观质量、搭接质量和整体性等。

7. 工程实例

营口港辽闽石化产品储运有限公司拟建一座保温库，该建筑场地属于吹填区。由于场地的地基承载力不能满足设计要求，经研究决定采用深层搅拌加固法进行加固处理。该建筑拟采用独立桩基础，基础底面积为 3.8m×4.0m，要求加固后的地基承载力不小于 160kPa。

1）场地的工程地质条件

场地的地基土主要由4层土组成，从上至下分别为

① 吹填砂层：黄褐色～灰白色，含少量砾石，稍湿～饱和，呈松散状态，层厚0.3～4.5m。该层承载力标准值 f_k=110kPa。

② 吹填淤泥质粉质黏土：杂色，饱和，局部混砂，呈较塑～流塑状态，属高压缩性土，层厚0.2～2.1m。该层承载力标准值 f_k=60kPa。

③ 粗砂：灰黑色～黄褐色，饱和，中密状态，级配较好，层厚0.6～1.5m。该层承载力标准值 f_k=200kPa。

④ 粉质黏土：黄褐色，夹砂砾及铁锰质结核，可塑状态，中压缩性，该层最大揭露厚度19m。该层承载力标准值 f_k=200kPa。

2）加固设计

（1）水泥掺入比的选择

为了选择合适的施工参数，分别钻取①层吹填砂、②层吹填淤泥质粉质黏土和④层粉质黏土，按水泥掺入比12%和15%进行室内配比试验，其中水灰比为0.5，掺入2%的石膏为外加剂，其试验结果如表6-9所示。最后经计算比较，决定采用水泥掺入比 α_w=15%，淤泥质土水泥试块的90d龄期抗压强度 q_0 取2000kPa。

（2）面积置换率的计算

按式（6-7）和式（6-8）计算得出 N_{d1}=137.2kN，N_{d2}=137.35kN，取 N_d=135kN。由于要求加固后的复合地基承载力不小于160kPa（按160kPa设计），所以按式（6-10）计算，可得 m=19.7%。

水泥掺入比试验　　表6-9

项目	土层											
	吹填砂				吹填淤泥质土				粉质黏土			
水泥掺入比（%）	12		15		12		15		12		15	
龄期（d）	7	28	7	28	7	28	7	28	7	28	7	28
平均抗压强度（kPa）	865	1428	1038	1650	789	1209	985	1416	815	1318	1100	1521

（3）每个独立柱下桩数的计算

每个独立柱下桩数根据式（6-11）进行计算得：n=15.5（根），施工时取整数 n=16根。

3）深沉搅拌施工

施工采用DJB-14D型单轴深层搅拌机及配套设备，施工桩长9.0m，有效桩长7.5m，固化剂采用强度等级42.5普通硅酸盐水泥，掺入比 α_w 取15%，水灰比为0.5～0.6。外加剂采用石膏，重量为水泥的2%。

单元小结

软弱地基处理是工程施工中经常遇到的一种地基加固形式。本单元介绍了地基处理的特点、处理目的和软弱地基处理的方法、步骤、适用条件，主要介绍了换填垫层地基、夯

实地基、挤密桩地基和深层搅拌桩地基的概念与应用、适用范围和加固机理，并详细地介绍施工技术和质量要求，包括《建筑地基处理技术规范》JGJ 79—2012 的施工要求、设计计算和工程案例。

为了提高学生职业岗位能力，课程设计采用实际工程项目施工过程步骤，不仅要求熟悉工程知识概念、设计计算原理，而且还要掌握施工技术、工艺过程、质量要求，通过课程的学习，能够培养学生在地基施工过程中，针对软弱地基处理中培养学生具有组织和指导施工的能力。

习　　题

6-2 单元自测

一、选择题

1. 下列地基中（　　）是不良地基。

A. 风化岩地基　　B. 砂石地基　　C. 素土地基　　D. 淤泥土质地基

2. 下列（　　）城市通常情况下存在较多软弱地基。

A. 北京　　B. 济南　　C. 杭州　　D. 海口

3. （　　）是由水力冲填泥沙沉积形成的填土，常见于沿海地带和江河两岸。

A. 杂填土　　B. 淤泥土　　C. 冲填土　　D. 砂土

4. 下列（　　）地基是换填地基。

A. 砂石地基　　B. 灰土挤密桩　　C. 深层搅拌桩　　D. 高分子化学加固

5. （　　）适用于浅层软弱地基及不均匀地基的处理。

A. 强夯法　　B. 挤密桩　　C. 深层搅拌桩　　D. 换填垫层法

6. 水泥搅拌桩复合地基是以（　　）作为固化剂的主要材料，通过深层搅拌机械，将固化剂和地基土强制搅拌形成增强体的复合地基。

A. 胶剂　　B. 水泥　　C. 胶粘剂　　D. 高分子

7. 深层搅拌法处理软土的固化剂可选用水泥，也可选用其他有效的固化材料。固化剂的掺入量宜为被加固土重的（　　）。

A. 5%～10%　　B. 10%～15%　　C. 7%～15%　　D. 8%～12%

8. 强夯施工机械宜采用带有自动脱钩装置的（　　）起重机或其他专用设备。

A. 桅杆式　　B. 轮胎式　　C. 桥式　　D. 履带式

9. 质量标准检验项目包括（　　）项目和一般项目。

A. 主要　　B. 保证　　C. 主控　　D. 重要

10. 深层搅拌法工程竣工后的质量检验不包括下列（　　）方法。

A. 标准贯入试验　　B. 取芯检验　　C. 开挖检验　　D. 探伤检验

二、填空题

1. 换填垫层是指挖去表面浅层______或不均匀土层，回填______、较粗粒径的材料，并______形成的垫层。

2. 软弱地基土层的特性包括______、______、______、______。

3. 强夯法落距选择，国内通常采用的落距是______～______ m。

4. 灰土挤密桩是利用锤击将钢管打入土中侧向挤密成孔，将管拔出后，在桩孔中分层回填比例为______或______灰土夯实而成。

5. 强夯法是利用起重机械吊起夯锤（______ t），从高处（______ m）自由落下。

6. 强夯置换夯锤底面形式宜采用______形，夯锤底静接地压力值宜大于______ kPa。

三、简答题

1. 软弱地基是指哪些地基？其特点有哪些？

2. 简述软弱地基处理目的？

3. 换填垫层法适用范围有哪些？

4. 什么是夯实地基？其加固机理是什么？

四、应用案例

1. 某场地为砂土地基，采用强夯法进行加固，夯锤的重量为 200kN，落距为 22m。试确定强夯处理地基的有效加固深度。

2. 某工程采用砂石桩挤密地基加固技术，砂石桩应控制填砂石量，试计算单根桩的填筑砂石量。已知：砂石桩的截面积＝706cm^2，桩长 6m，砂石料的相对密度 0.65，地基挤密后要求达到的孔隙比＝0.6845，砂石料的含水量＝2.5％。

实训任务一 《建筑地基处理技术规范》的学习与应用

一、任务对象

学习现行《建筑地基处理技术规范》JGJ 79。

二、任务要求

学生根据任务要求完成对现行《建筑地基处理技术规范》JGJ 79 的学习。

(1) 现行《建筑地基处理技术规范》JGJ 79 中包括哪些术语？

(2) 现行《建筑地基处理技术规范》JGJ 79 在软弱地基处理中包括哪些方法？

(3) 换填垫层施工中采用哪些材料进行换填？并叙述适用条件。

(4) 强夯法施工中夯锤和落距是怎样规定的？

(5) 换填垫层的施工有哪些规定？

(6) 土桩、灰土桩挤密地基的施工应符合哪些要求？

三、方案实施

(1) 学生分组，每组 6 人，以小组为单位组织实施。

(2) 下载并查阅《建筑地基处理技术规范》JGJ 79—2012，完成任务要求。

(3) 每组形成一份电子版成果报告。

实训任务二 砂石换填地基处理施工方案编制

一、研究对象

某场地地基为淤泥软弱土层，承载力不能满足设计要求，现采用换填垫层法进行地基处理，换填材料选用砂石，试编制砂石换填地基处理施工方案。

二、任务要求

（1）学生通过书籍、网络资源查阅砂石换填地基处理施工方案案例进行学习。

（2）根据砂石换填材料特点，进行砂石换填地基处理施工方案编制。

三、方案实施

（1）学生分组，每组 6 人，以小组为单位组织实施。

（2）每组完成电子版和纸质施工方案一份。

（3）以小组为单位，每组制作 PPT 课件，分别进行成果汇报。

参 考 文 献

［1］ 中华人民共和国住房和城乡建设部，国家市场监督管理总局．建筑与市政地基基础通用规范：GB 55003—2021［S］．北京：中国建筑工业出版社，2021.

［2］ 中华人民共和国住房和城乡建设部，中华人民共和国国家质量监督检验检疫总局．建筑地基基础设计规范：GB 50007—2011［S］．北京：中国建筑工业出版社，2012.

［3］ 中华人民共和国住房和城乡建设部，中华人民共和国国家质量监督检验检疫总局．建筑地基基础工程施工质量验收标准：GB 50202—2018［S］．北京：中国计划出版社，2018.

［4］ 中华人民共和国住房和城乡建设部，中华人民共和国国家质量监督检验检疫总局．建筑工程施工质量验收统一标准：GB 50300—2013［S］．北京：中国建筑工业出版社，2014.

［5］ 中华人民共和国住房和城乡建设部，中华人民共和国国家质量监督检验检疫总局．建筑地基基础工程施工规范：GB 51004—2015［S］．北京：兵器工业出版社，2015.

［6］ 中华人民共和国住房和城乡建设部，中华人民共和国国家质量监督检验检疫总局．混凝土结构工程施工质量验收规范：GB 50204—2015［S］．北京：中国建筑工业出版社，2015.

［7］ 中华人民共和国住房和城乡建设部，中华人民共和国国家质量监督检验检疫总局．混凝土结构工程施工规范：GB 50666—2011［S］．北京：中国建筑工业出版社，2012.

［8］ 中华人民共和国住房和城乡建设部，中华人民共和国国家质量监督检验检疫总局．大体积混凝土施工标准：GB 50496—2018［S］．北京：中国建筑工业出版社，2018.

［9］ 中华人民共和国住房和城乡建设部，中华人民共和国国家质量监督检验检疫总局．岩土工程勘察规范：GB 50021—2001（2009 年版）［S］．北京：中国建筑工业出版社，2009.

［10］ 中华人民共和国住房和城乡建设部，国家市场监督管理总局．土工试验方法标准：GB/T 50123—2019［S］．北京：中国计划出版社，2019.

［11］ 中华人民共和国住房和城乡建设部．建筑地基处理技术规范：JGJ 79—2012［S］．北京：中国建筑工业出版社，2013.

［12］ 中华人民共和国住房和城乡建设部．建筑桩基技术规范：JGJ 94—2008［S］．北京：中国建筑工业出版社，2008.

［13］ 中华人民共和国住房和城乡建设部．建筑基坑支护技术规程：JGJ 120—2012［S］．北京：中国建筑工业出版社，2012.

［14］ 中国建筑标准设计研究院．混凝土结构施工图平面整体表示方法制图规则和构造详图（现浇混凝土框架、剪力墙、梁、板）22G101—1［S］．北京：中国计划出版社，2022.

［15］ 中国建筑标准设计研究院．混凝土结构施工图平面整体表示方法制图规则和构造详图（独立基础、条形基础、筏形基础、桩基础）22G101—3［S］．北京：中国计划出版社，2022.

［16］ 王玮，郭玉．基础工程施工［M］．南京：南京大学出版社，2023.

［17］ 史艾嘉，陶峰．地基与基础工程施工［M］．北京：清华大学出版社，2023.

［18］ 董伟，侯琴．地基与基础工程施工［M］．郑州：黄河水利出版社，2022.